财经类专业"十四五"规划新形态教材

Python数据分析与可视化

张洪忠　赵儒林　宋丽丽　王庚／主编

孙丽昀　韩学鸿　赵丽／副主编

立信会计出版社

LIXIN ACCOUNTING PUBLISHING HOUSE

图书在版编目(CIP)数据

Python 数据分析与可视化 / 张洪忠等主编. —上海：
立信会计出版社，2023.9(2024.12 重印)
ISBN 978-7-5429-7431-0

Ⅰ. ①P… Ⅱ. ①张… Ⅲ. ①软件工具-程序设计
Ⅳ. ①TP311.561

中国国家版本馆 CIP 数据核字(2023)第 184065 号

策划编辑　　　王斯龙
责任编辑　　　王秀宇
美术编辑　　　吴博闻

Python 数据分析与可视化
Python SHUJU FENXI YU KESHIHUA

出版发行	立信会计出版社		
地　　址	上海市中山西路 2230 号	邮政编码	200235
电　　话	(021)64411389	传　　真	(021)64411325
网　　址	www.lixinaph.com	电子邮箱	lixinaph2019@126.com
网上书店	http://lixin.jd.com	http://lxkjcbs.tmall.com	
经　　销	各地新华书店		

印　　刷	常熟市人民印刷有限公司		
开　　本	787 毫米×1092 毫米	1/16	
印　　张	17.25		
字　　数	376 千字		
版　　次	2023 年 9 月第 1 版		
印　　次	2024 年 12 月第 3 次		
书　　号	ISBN 978-7-5429-7431-0/TP		
定　　价	49.90 元		

如有印订差错，请与本社联系调换

财经类专业"十四五"规划新形态教材
智能会计与金融系列教材
编写委员会

主任：

陈卫国　　山东经贸职业学院

委员：（排名不分先后）

王炳华　　山东经贸职业学院

王建花　　山东经贸职业学院

王　健　　山东水利职业学院

卢吉强　　山东外贸职业学院

叶晓青　　宁夏工商职业技术学院

毕　群　　中联集团教育科技有限公司

朱一强　　厦门网中网软件有限公司

朱文波　　潍坊工商职业学院

李　志　　山东商业职业技术学院

李　晶　　烟台职业学院

肖炳峰　　山东理工职业学院

吴晓莉　　宁夏财经职业技术学院

宋丽丽　　临沂职业学院

张长胜　　潍坊新纪元企业管理咨询有限公司

张　强　　山东经贸职业学院

季树安　　山东中启创优科技股份有限公司

金钱琴　　包头职业技术学院

法　宁　　新道科技股份有限公司

宗炳辰　　临沂职业学院

赵海霞　　东营职业学院

侯君邦　　山东经贸职业学院

宫胜利　　山东工业职业学院

高　洋　　新疆职业大学

麻鹏波　　滨州职业学院

董校玮　　航天信息股份有限公司

燕允学　　东营职业学院

前　言

Preface

在全球数字经济加速发展的大趋势下，党的二十大报告明确提出了"加快发展数字经济，促进数字经济和实体经济深度融合""推进教育数字化""实施国家文化数字化战略"等战略，强调加快网络强国、数字中国建设。与此同时，《中华人民共和国国民经济和社会发展第十四个五年规划和2035年远景目标纲要》列举了人工智能、大数据、区块链、云计算、网络安全等新兴数字产业，提出要打造具有国际竞争力的数字产业集群。党的二十大报告还提出加快建设网络强国、数字中国等战略性目标，以纲领性文件的形式回应了"十四五"时期重要规划。时代在进步，技术在不断更新迭代，教育和教学也在产业协同中发展，为了反映这些新的战略、新的需求，编者撰写了本书。

本书首先初步介绍了 Python 的各类基础知识、基本语法（1～5 章）；其次详细介绍了 Pandas 数据分析和以 Seaborn 为例的数据可视化（6～7 章）；最后结合财务应用（8～9 章）和数据科学应用（10 章）等，拓展介绍了 Python 在数据分析与可视化实务中的应用。

本书的主要特点如下：

1. 综合用途多

本书的内容设计最大程度做到与"岗课赛证"结合，可以作为读者学习的教科书、在备赛和工作中使用的工具书、贴近考试的参考书。

2. 理论与实践结合

本书将多学科内容结合，举例更加贴近实践。

3. 内容简洁，难度适中

本书设置的学习内容能与实际相适应，容易上手操作，减少了复杂但不常用的内容。

4. 课程资源完备，解决读者的后顾之忧

本书的课程资源包括微课、源代码、数据集、课件 PPT、练习题目等。课程资源由立信会计出版社提供，可联系索取。

5. 内容与时俱进

本书使用了 Visual Studio Code，Jupyter Notebook 等流行工具，能提高 Python 工具的使用效率。

　　本书由张洪忠、赵儒林、宋丽丽、王庚任主编,孙丽昀、韩学鸿、赵丽任副主编。本书在编写过程中得到了多方支持。同泰会计师事务所赵淑兴专家给予了很多宝贵意见。欧阳肇一同学参与了书稿修改的工作。同时,本书的编写还得到了立信会计出版社的大力支持。在此向大家表示诚挚的感谢!

　　本书虽然经过无数次增删批阅,但仍可能存在不妥之处。敬请广大读者批评指正! 如有其他疑问请联系编者(电子邮箱:gwdy3@foxmail.com)。

编者

2023 年 9 月

目　录

第1章

编程基础入门

 章节导读

欢迎来到编程入门课程！如果您从未写过一行代码，并且对学习数据科学和机器学习感兴趣，那么请开始使用 Python！

本书将带您学习如何使用代码让计算机执行某些任务。Python 是最流行的数据科学编程语言之一，也是您将在本书中学习的编程语言。

学习目标

学完本章后，你将能够做到：

1. 安装 Visual Studio Code 和 Anaconda。
2. 在计算机上安装并配置 Visual Studio Code 和扩展。
3. 创建并使用 Jupyter Notebook。
4. 在 Visual Studio Code 中编写并运行 Python 代码。

 1.1　**什么是 Python**

1.1　Python
介绍

1.1.1　Python 的特点和优势

Python 是全球最热门的编程语言之一。Python 创建于 20 世纪 80 年代末期，用途十分广泛，既可以用于自动执行重复性任务和编写 Web 应用，也可以用于构建机器学习模型和实现神经网络。Python 具有丰富且易于理解的语法和大量开源包，深受研究人员、数学家和数据科学家的喜爱。开源包是共享代码库，可供任何人免费使用。

Python 的语法简单易懂，强调可读性。使用 Python 编写的应用程序几乎可以在任何计算机上运行，包括运行 Windows、MacOS 和流行的发行版 Linux 的计算机。此外，Python 生态系统包含一组丰富的开发工具，可编写、调试和发布 Python 应用程序。

Python 有活跃的用户社区的支持。该社区渴望帮助新程序员学习 Python 的方法，不仅可以帮助新程序员正确理解语法,还可以促使他们按预期方式使用语言。

1.1.2　Python 代码的运行方式

Python 是一种解释型语言,该语言无须进行编译,因此缩短了"编辑—测试—调试"周期。为了运行 Python 应用,用户需要运行时环境/解释器来执行代码。

大多数运行时环境支持以下两种模式执行 Python 代码:

交互模式:在这种模式下,键入的每个命令都会被立即翻译并执行,并且每次按回车键时都会看到结果。交互模式是默认模式,除非将文件名传递到解释器。

脚本模式:在脚本模式下,可以将一组 Python 语句放入扩展名为". py"的文本文件,然后运行 Python 解释器并将其指向该文件。脚本模式执行方式下,程序逐行执行并显示输出,没有编译步骤,如图 1-1 所示。

图 1-1　脚本模式运行方式

1.2　Python 开发环境的构建

Python 的开发环境有很多,本书所使用的开发环境由 Visual Studio Code(以下简称 VS Code)和 Anaconda 两个部分构成。VS Code 能提供强大智能的代码文本编辑功能。Anaconda 能提供 Python 相关程序模块和库,免去使用者反复调试安装相关模块组件的烦恼。

目前 Win10 和 Win11 系统在安装 VS Code 和 Anaconda 时都可以选择最新版本。

Win7 系统对 VS Code 的最终支持版本是 1. 7. 1。由于受到 Python 的 Win7 最终支持版本限制的影响,Anaconda 的最终支持版本是 2019. 10 版本。

1.2.1　安装 VS Code

1. 2. 1　安装
VS Code

VS Code 是微软开发的免费的编码编辑器,可帮助用户快速开始编码。VS Code 可以对任何编程语言进行编码而无需切换编辑器。VS Code 支持多种语言,包括 Python、Java、C++、JavaScript 等。

在 Windows 上安装 VS Code 的流程如下:

(1) 在浏览器中,导航到 VS Code 下载页面,网址为"https://code.visualstudio.com/Download",该网页会显示 Windows、Linux 和 Mac 的徽标,如图 1-2 所示。

图 1-2　VS Code 下载页面

(2) 选择并下载用于 Windows 的 VS Code 安装程序。大多数浏览器会提供将文件保存到本地计算机(通常是在 Downloads 文件夹中)或选择立即运行安装程序文件的选项。

备注:下载安装程序后,可能需要打开文件资源管理器并导航到 Web 浏览器下载的位置。最常见的位置是"下载"文件夹。

(3) 双击安装程序文件以启动安装过程并运行设置。

安装完成后,系统将自动启动 VS Code。

1.2.2　VS Code 的安装扩展

在扩展市场(Extensions:Marketplace)中,用户可以通过扩展提高 VS Code 的功能。VS Code 包含的开箱即用功能只是一个开始,其通过安装扩展能实现众多强大的功能。

本书必须安装的扩展有:①Python。②Jupyter notebook。③Chinese 中文语言包。

这里将介绍如何从 VS Code Marketplace 拓展市场查找、安装和管理 VS Code 扩展。

1) 浏览扩展

用户可以从 VS Code 中浏览和安装扩展。通过单击 VS Code 一侧活动栏中的 Extensions(扩展)图标或"View:Extensions"命令(快捷键为 Ctrl+Shift+X)来调出 Extensions(扩展)图标,如图 1-3 所示。

图 1-4 显示最受欢迎的 VS Code 扩展的列表。

1.2.2　安装扩展

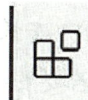

图 1-3　扩展图标

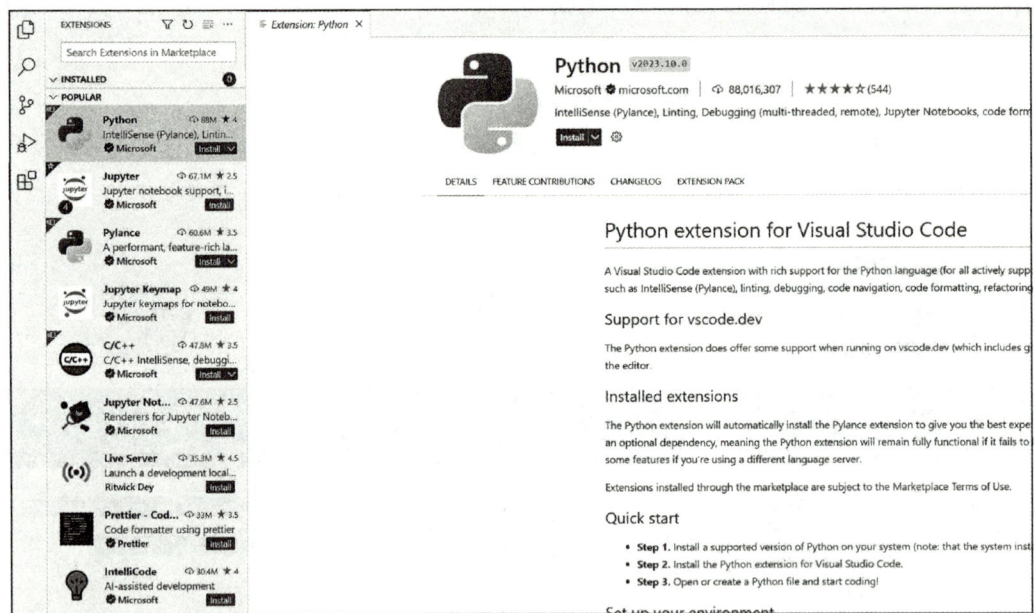

图 1-4　最受欢迎的 VS Code 扩展的列表

　　列表中的每个扩展都包括简要说明、发布者、下载次数和评级。用户可以选择扩展项以显示扩展的详细信息页面,并了解其详细信息。

　　2)搜索扩展程序

　　用户可以清除扩展视图顶部的搜索框,然后输入要查找的扩展、工具或编程语言的名称。例如,用户输入"python"将弹出 Python 的相关扩展列表,如图 1-5 所示。

图 1-5　Python 的相关扩展列表

　　3)安装扩展

　　若要安装扩展,请选择"Install"(安装)按钮。安装完成后,"Install"(安装)按钮将变成"管理齿轮"按钮。

4）安装 Python 扩展

在 VS Code 中，选择"View"（视图）＞"Extensions"（扩展）以打开扩展视图，如图 1-6 所示。

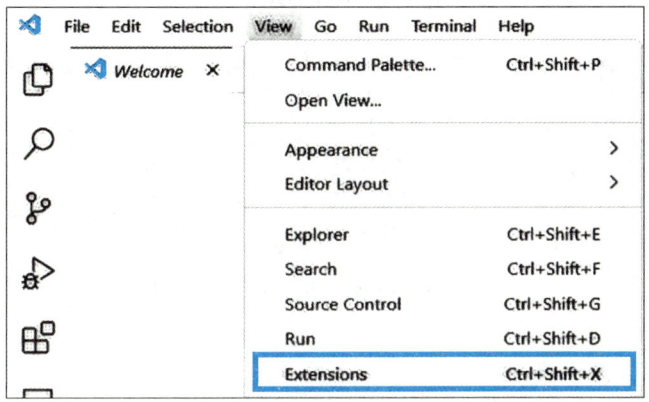

图 1-6　打开扩展视图

VS Code 的扩展视图列出了已安装的扩展和市场中最受欢迎的推荐扩展，如图 1-7 所示。

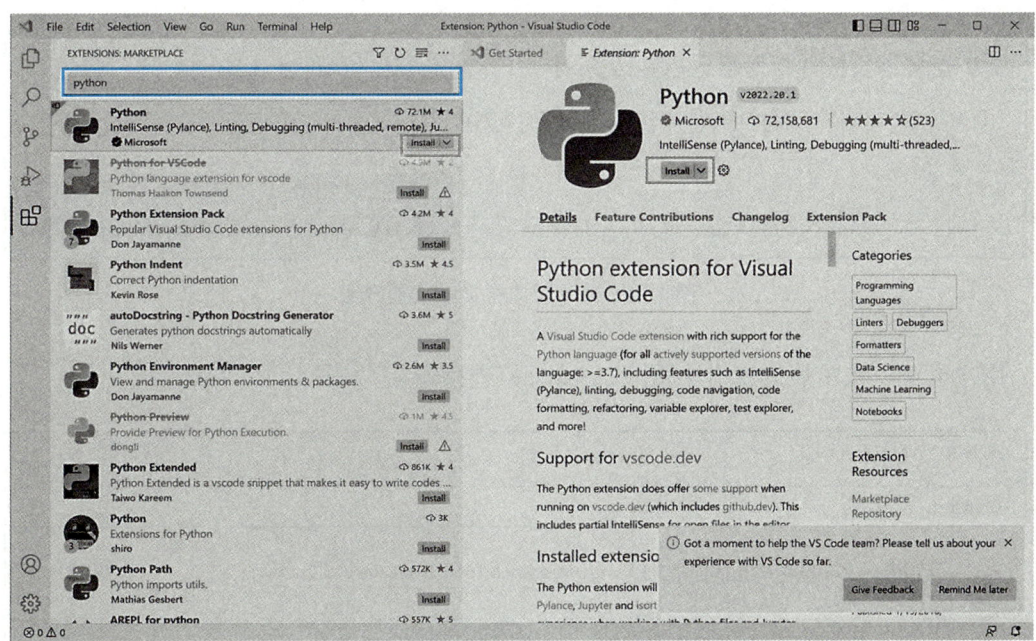

图 1-7　已安装的扩展和最受欢迎的推荐扩展

安装 Python 扩展的具体步骤如下：

（1）筛选可用扩展列表，先在扩展视图顶部的搜索框中输入"python"。

（2）选择 Microsoft 发布的"Python"扩展［描述为 IntelliSense（Pylance），通常是列表中

的第一个],有关该扩展的详细信息将出现在右侧的选项卡式面板中。

（3）在扩展面板或主面板中,选择"Install"（安装）按钮。

安装完成后,安装按钮变为扩展视图中的"✿"设置图标或主面板中的两个按钮,即禁用和卸载。此变化表明已成功安装了适用于 Windows 的 Python 扩展,如图 1-8 所示。

图 1-8　已成功安装 Python 扩展

5）安装中文语言扩展

默认情况下,VS Code 附带英语作为显示语言,其他语言依赖于扩展市场中提供的语言包扩展。

VS Code 检测操作系统的界面 UI 语言,并提示安装相应的语言包。推荐简体中文语言包的示例如图 1-9 所示。

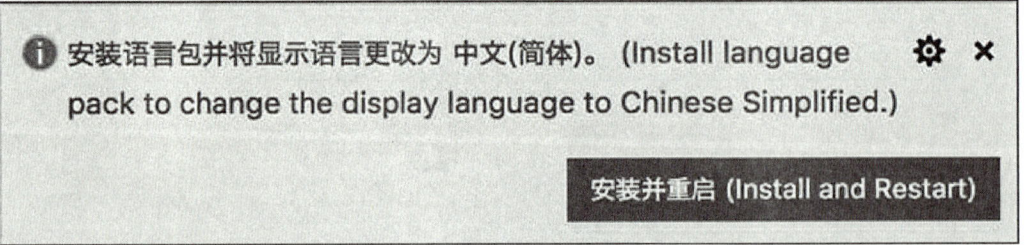

图 1-9　推荐简体中文语言包界面

用户也可以在扩展选项卡中搜索"Chinese"进行安装,如图 1-10 所示。

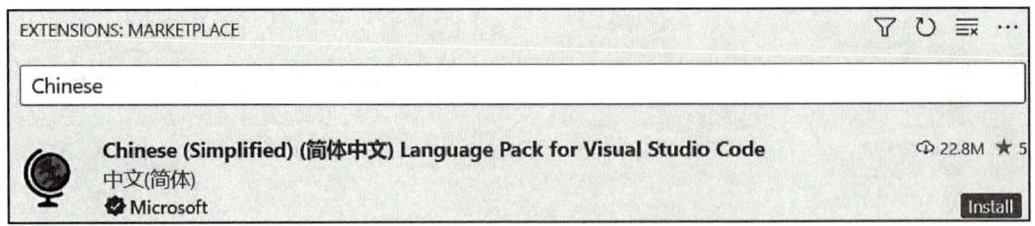

图 1-10　搜索"Chinese"界面

安装语言包扩展并按照提示重新启动后,VS Code 将使用与操作系统的界面 UI 语言匹配的语言包。（本书后续讲解仍以英文版为主,同时提供中文辅助教学资源）

6）安装 Jupyter 扩展

通过安装 Jupyter 扩展，用户可实现在 VS Code 中使用 Jupyter Notebook 功能。搜索安装 Jupyter 界面如图 1-11 所示。

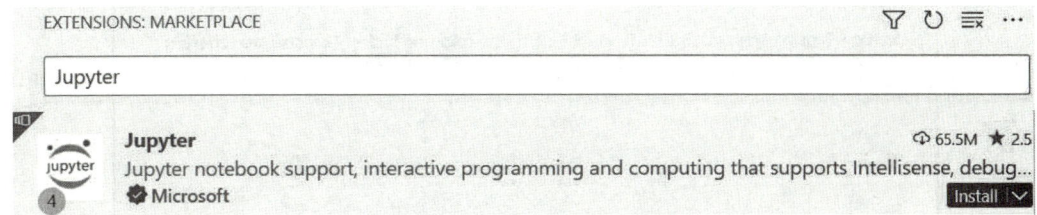

图 1-11　搜索安装 Jupyter 界面

1.2.3　安装 Anaconda

1.2.3　安装 Anaconda

安装 Anaconda 的具体步骤如下：

（1）下载 Anaconda 安装程序，安装网址是"https://www.anaconda.com/download♯downloads"。

（2）转到"下载"文件夹，然后双击安装程序以启动。

注意：如果在安装过程中遇到问题，请在安装过程中暂时禁用防病毒软件，然后在安装结束后重新启用它。

（3）单击"Next"按钮。

（4）阅读许可条款，然后单击"I Agree"按钮。

（5）建议选择为"Just Me"安装，这会将 Anaconda Distribution 安装到当前的用户账户。如果需要为计算机上所有用户的账户进行安装（这需要 Windows 管理员权限），请选择为"All Users"安装。

（6）单击"Next"按钮。

（7）选择要安装 Anaconda 的目标文件夹，然后单击"Next"按钮。将 Anaconda 安装到不包含空格或 unicode 字符的目录路径，如图 1-12 所示。

（8）对于是否将 Anaconda 添加到 PATH 环境变量（add Anaconda to your PATH environment variable）：本书不建议将 Anaconda 添加到 PATH 环境变量中，因为这会干扰其他软件。

对于将 Anaconda 注册为默认 Python（register Anaconda as default Python）的选项：请接受默认值并选中此框。除非计划安装和运行多个版本的 Anaconda 或多个版本的 Python，并通过从开始菜单打开 Anaconda Navigator 或 Anaconda Prompt 来使用 Anaconda 软件。将 Anaconda 注册为默认 Python 的选项界面如图 1-13 所示。

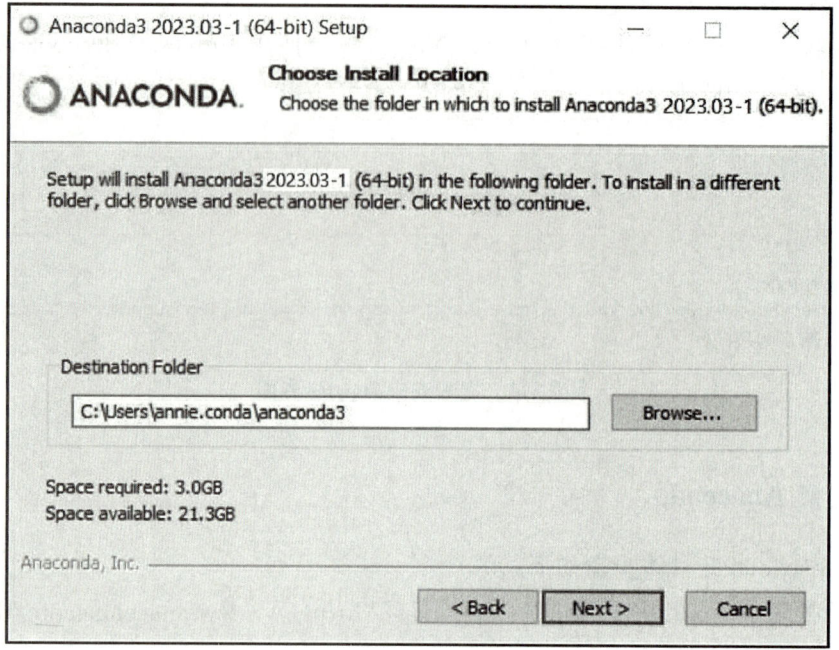

图 1-12　Anaconda 安装路径设置

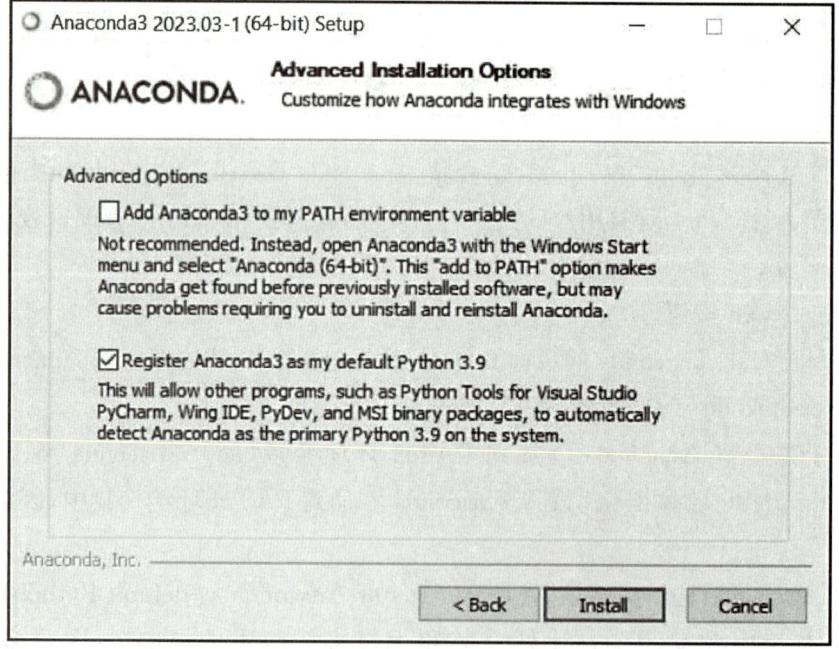

图 1-13　将 Anaconda 注册为默认 Python 的选项界面

（9）单击"Install"按钮。

（10）单击"Next"按钮，界面如图 1-14 所示。

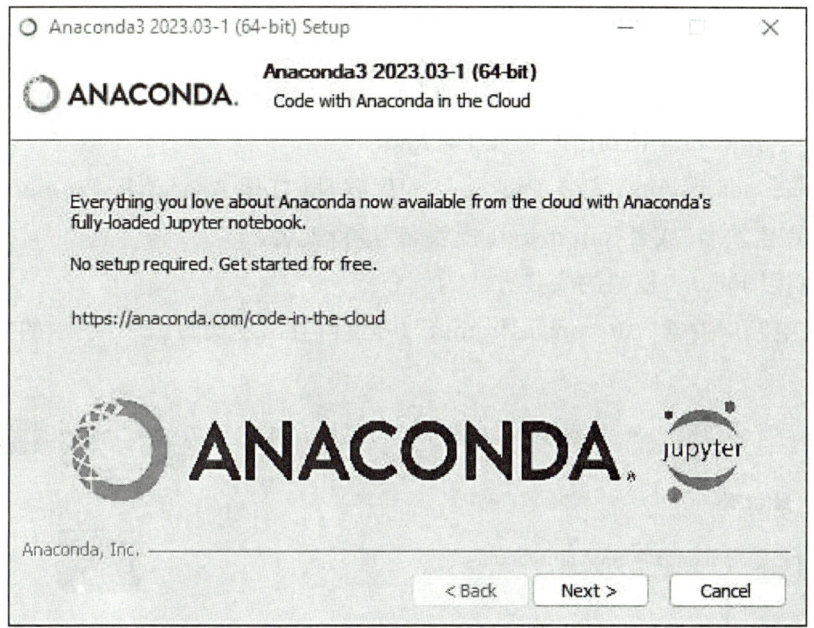

图 1-14 单击"Next"按钮

（11）成功安装后，将看到"Thank you for installing Anaconda Distribution"对话框，如图 1-15 所示。

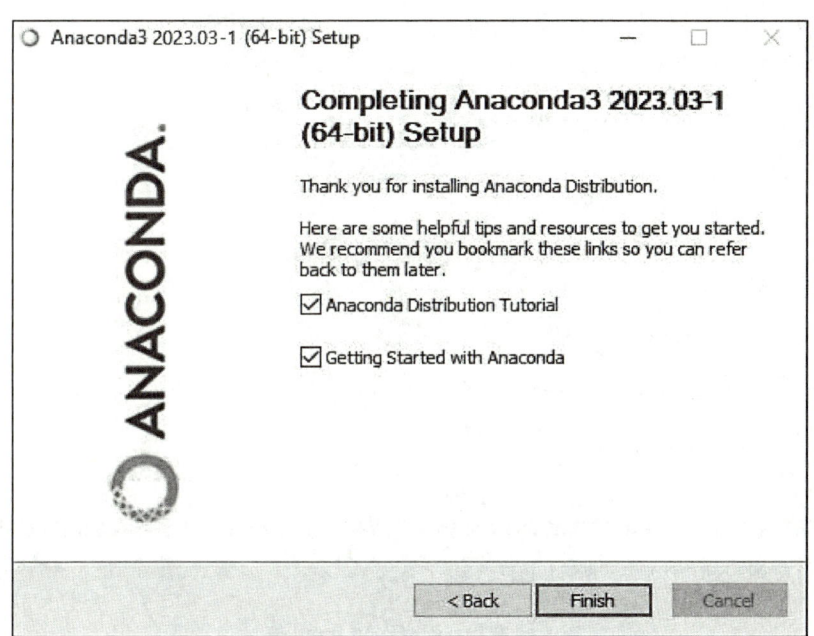

图 1-15 成功安装 Anaconda 界面

（12）单击"Finish"按钮，完成安装。

1.2.4　Anaconda Prompt 安装模块和库

1.2.4　安装模块和库

用户可以使用多种方法为 Python 添加 Packages(软件包、模块、库)。

1)通过 Anaconda Prompt 安装 Packages

通过 Anaconda Prompt 安装 Packages 的思路是:打开 Anaconda Prompt,再使用命令"conda install 模块名"或者"pip install 模块名"进行安装。

这里我们以 Pandas 模块的安装方法为例介绍。

首先,在电脑中搜索"Anaconda Prompt"并运行,会出现如图 1-16 所示的界面。

图 1-16　搜索"Anaconda Prompt"并运行界面

其次,在命令行输入"pip install 模块名",在这里我们输入"pip install pandas"到命令行,如图 1-17 所示,并按下回车键运行,命令行将会连接网络,下载 Pandas 模块相对应的组件。

图 1-17　输入命令行

2）通过 Anaconda Navigator 管理和添加 Packages

通过 Anaconda Navigator 管理和添加 Packages 时，需要检查已安装的软件包，检查哪些可用，并查找特定的软件包并安装它。具体操作步骤如下。

（1）查找已安装的软件包，用户需单击要搜索的环境（environment），已安装的软件包将显示在右窗格中。

（2）可以通过单击窗格上方的下拉框来选择要显示的软件包类别。用户可以从"Installed"（已安装）、"Not installed"（未安装）、"Updatable"（可更新）、"Selected"（已选择）或"All"（全部）中选择，如图 1-18 所示。每个选项都会显示不同的软件包信息。

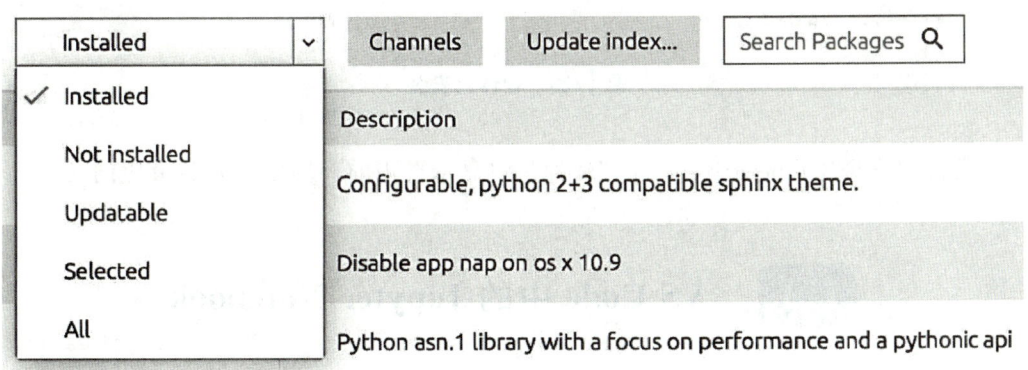

图 1-18　选择软件包类别

（3）检查是否安装了名为"beautifulsoup4"的软件包。用户可从 Anaconda 存储库获得软件包（此时须连接到互联网），在"Environments"（环境）选项卡上的"Search Packages"（搜索包）框中，键入，然后从"Channels"（频道）左侧的下拉框中选择"All"（全部）或"Not installed"（未安装），如图 1-19 所示。

（4）将软件包安装到当前环境中，用户需选中下一步复选框到软件包名称，然后单击"Apply"（应用）按钮，如图 1-20 所示。

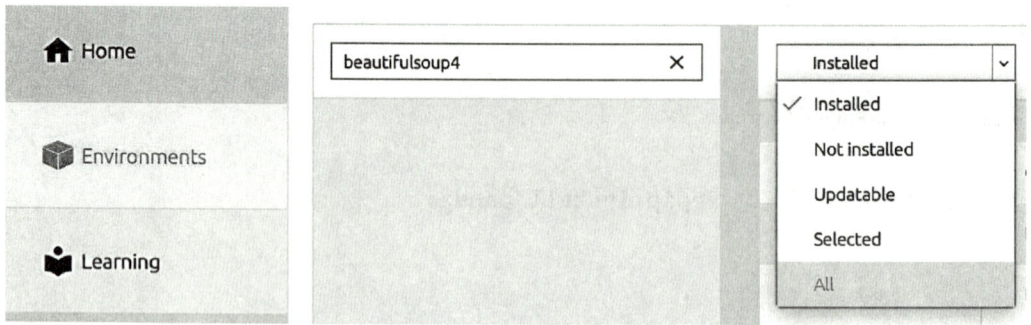

图 1-19　检查"beautifulsoup4"软件包安装情况

Name		T	Description	Version
☐ _ipyw_jlab_nb_ex...	○		A configuration metapackage for enabling anaconda-bundled jupyter extensions	0.1.0
☑ _mutex_mxnet	○			0.0.40
☐ _nb_ext_conf	○			0.4.0
☐ _py-xgboost-mutex	○			2.0
☑ _r-mutex	○			1.0.0
☐ _r-xgboost-mutex	○			2.0
☐ _tflow_1100_select	○			0.0.2

1783 packages available　2 packages selected　　Apply　Clear

图 1-20　软件包安装

完成后,新安装的"beautifulsoup4"软件包将显示在当前环境中已安装模块列表中。

1.3　VS Code 中的 Jupyter Notebook

Jupyter 是一个开源项目,它可以轻松地将 Markdown 文本和可执行的 Python 代码组合在一个 Jupyter Notebook 的界面上。VS Code 支持原生使用 Jupyter Notebook,并通过 Python 代码文件工作。本节将介绍可用于 Jupyter Notebook 的原生支持,并演示如何完成以下事项:

（1）创建、打开和保存 Jupyter Notebook。

（2）使用 Jupyter 代码单元。

（3）使用变量资源管理器和数据查看器查看、检查和筛选变量。

1.3.1　Jupyter Notebook 常用操作

1.3.1
Jupyter
Notebook
常用操作

1）工作区信任

用户开始使用 Jupyter Notebook 时，需要确保在受信任的工作区中工作。有害代码会嵌入 Jupyter Notebook 中，工作区信任（Workspace Trust）功能会指示哪些文件夹及其内容将允许或限制自动代码执行。

如果在 VS Code 处于运行受限模式（Restricted Mode）的不受信任工作区时尝试打开 Jupyter Notebook，将无法执行单元格，并且丰富的输出将被隐藏。

2）创建或打开 Jupyter Notebook

创建或打开 Jupyter Notebook 的方法主要有以下几种：

（1）用户可以通过从命令面板（快捷键为 Ctrl＋Shift＋P）运行"Create：New Jupyter Notebook"命令。

（2）用户也可在工作区中创建新文件来创建 Jupyter Notebook.ipynb。

（3）用户还可以通过最上方菜单中文件（File）＞新建文件（New File），在弹出的对话框中选择 Jupyter Notebook，如图 1-21 所示。创建文件后打开的界面如图 1-22 所示。

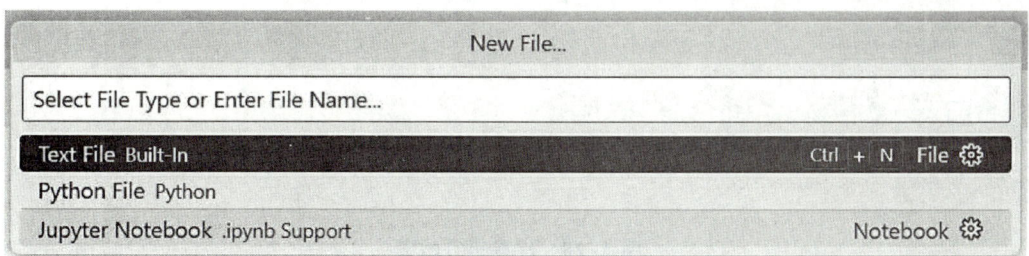

图 1-21　创建 Jupyter Notebook

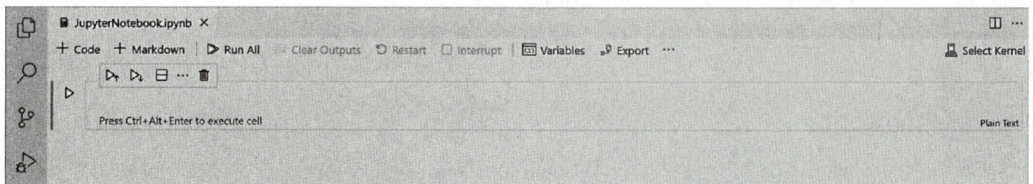

图 1-22　创建 Jupyter Notebook.ipynb 打开后的页面

接下来，使用右上角的内核选取器选择一个内核，如图 1-23 所示。

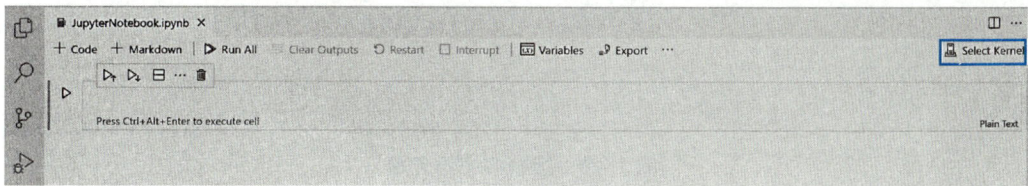

图 1-23　选择内核

选择内核后,位于每个代码单元格右下角的语言选取器将自动更新为内核支持的编程语言,如图 1-24 所示。

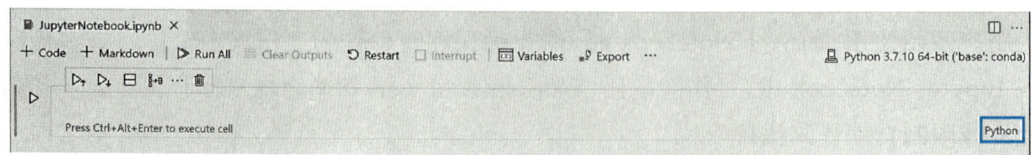

图 1-24　语言选取器自动更新界面

如果有一个现有的 Jupyter Notebook,用户可以通过右键单击该文件并使用 VS Code 打开或通过 VS Code 文件资源管理器打开它。

3) 运行代码单元格

拥有 Jupyter Notebook 后,用户可以单击单元格左侧的 Run(运行)图标运行代码单元格,输出将直接显示在代码单元格下方,如图 1-25 所示。用户还可以使用键盘快捷键运行代码,在命令或编辑模式下,使用 Ctrl+Enter 运行当前单元格,或使用 Shift+Enter 运行当前单元格并前进到下一个单元格。

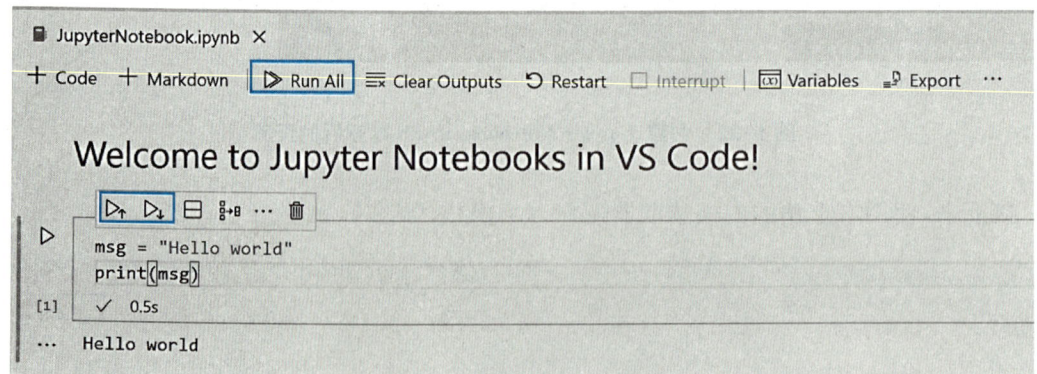

图 1-25　代码运行结果

用户可以通过选择"Run All"(全部运行)、"Run All Above"(上方全部运行)或"Run All Below"(在下面全部运行)来运行多个单元格,如图 1-26 所示。

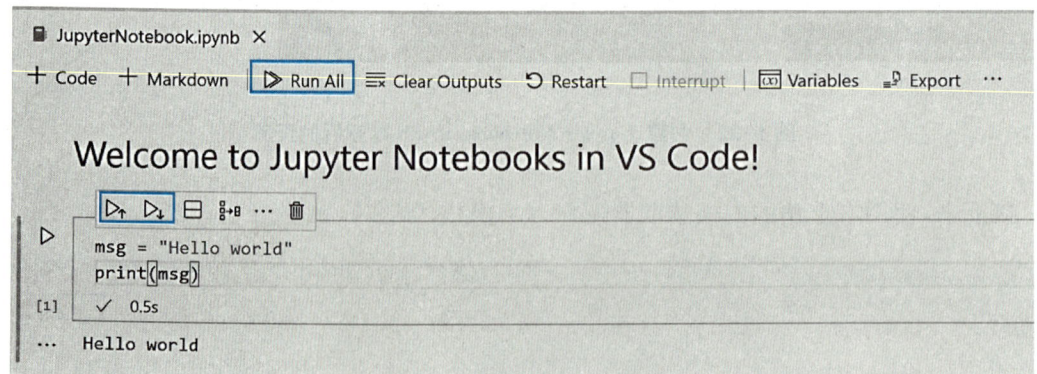

图 1-26　运行多个单元格

4）保存 Jupyter 笔记本

用户可以使用键盘快捷键 Ctrl＋S 或 File（文件）＞Save（保存）对 Jupyter 笔记本进行保存。

5）导出 Jupyter 笔记本

用户可以将 Jupyter Notebook 导出为 Python 文件（. py）、PDF 文件或 HTML 文件。用户如要导出文件，需选择主工具栏上的"Export"（导出），如图 1-27 所示，然后，将看到文件格式选项的下拉列表。

图 1-27　选择工具栏上的"Export"（导出）

1.3.2 代码单元格的使用

1.3.2 单元格使用

Jupyter Notebook Editor 笔记本编辑器可以轻松地在 Jupyter 笔记本中创建、编辑和运行代码单元格。

1）创建代码单元格

默认情况下，空白 Jupyter Notebook 中有一个空代码单元格，用户将代码添加到空代码单元格以开始使用，如图 1-28 所示。

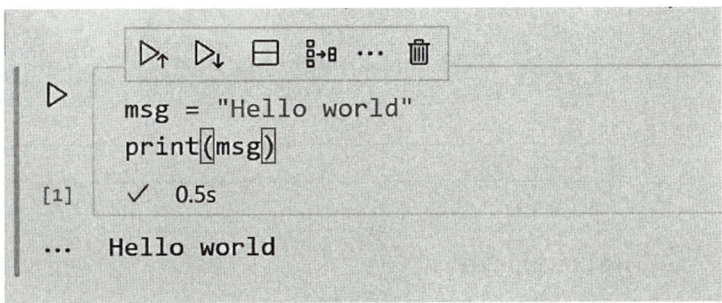

图 1-28　将代码添加到空代码单元格

2）代码单元格模式

使用代码单元格时，单元格可以处于三种状态：未选中模式（unselected）、命令模式（command）和编辑模式（edit）。单元格的当前状态由代码单元格和编辑器边框左侧的竖线指示。当没有可见的条形时，该单元格处于未选中状态，如图 1-29 所示。

选择单元格后，它可以处于两种不同的模式：命令模式或编辑模式。当单元格处于命令模式时，用户可以对其进行操作并接受键盘命令；当单元格处于编辑模式时，用户可以修改单元格的内容（代码或 Markdown）。

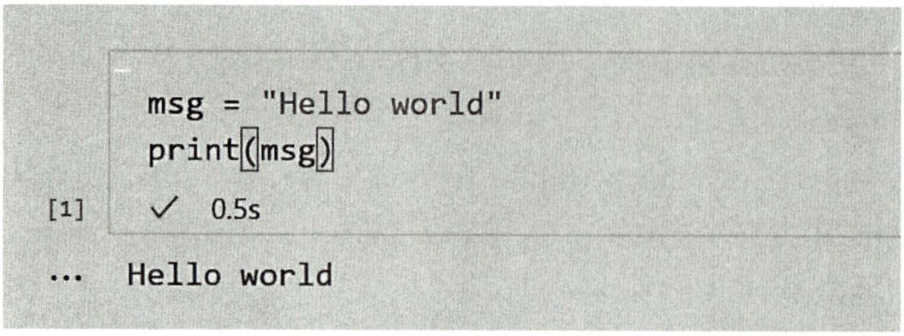

图 1-29   单元格处于未选中状态

当单元格处于命令模式时,单元格左侧将显示一个实心竖条,如图 1-30 所示。

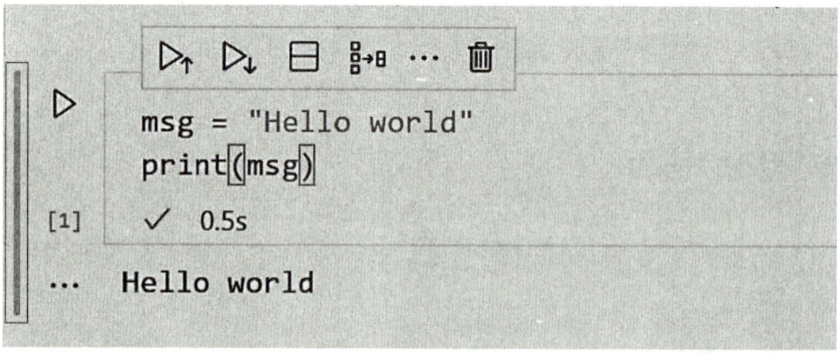

图 1-30   单元格处于命令模式

当处于编辑模式时,单元格编辑器周围的边框显示连接的方框,如图 1-31 所示。

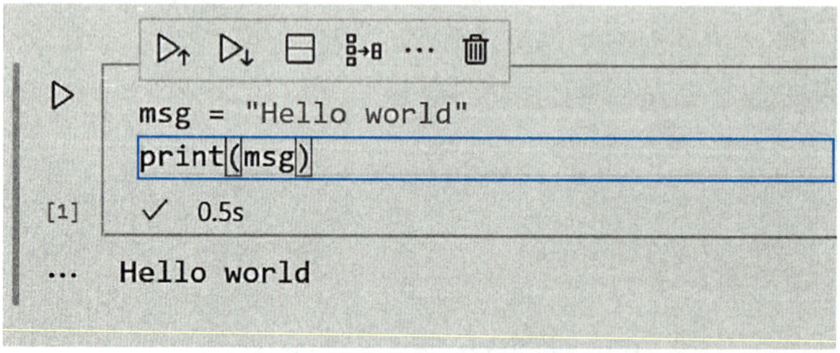

图 1-31   单元格处于编辑模式

用户要从编辑模式改变为命令模式,请按 Esc 键;要从命令模式改变为编辑模式,请按回车键。用户还可以使用鼠标更改模式,方法是单击单元格左侧的垂直条或单元格中的代码或 Markdown 区域之外的垂直条。

3)添加更多代码单元格

用户可以使用主工具栏、单元格的添加单元格工具栏(悬停时可见)以及通过键盘命令将代码单元格添加到 Jupyter Notebook 中,添加后如图 1-32 所示。

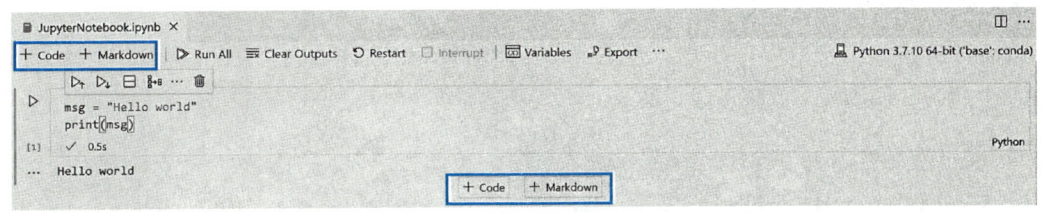

图 1-32　将代码单元格添加到 Jupyter Notebook

具体方法：用户可以使用主工具栏中的加号图标和单元格下方出现的悬停工具栏将直接在当前所选单元格下方添加一个新单元格。

当代码单元格处于命令模式时，A 键可用于在上方添加单元格，B 键可用于在所选单元格下方添加单元格。

4）选择代码单元格

用户可以使用鼠标、键盘上的向上/向下箭头键以及 K（向上）和 J（向下）键更改选定的代码单元格。若要使用键盘，单元格必须处于命令模式。

5）选择多个代码单元格

用户要选择多个单元格，需从选定模式下的一个单元格开始。如果要选择连续的单元格，请按住 Shift 并单击要选择的最后一个单元格。用户如果要选择任何一组单元格，请按住 Ctrl 并单击要添加的单元格。

选定的单元格将由填充背景指示，如图 1-33 所示。

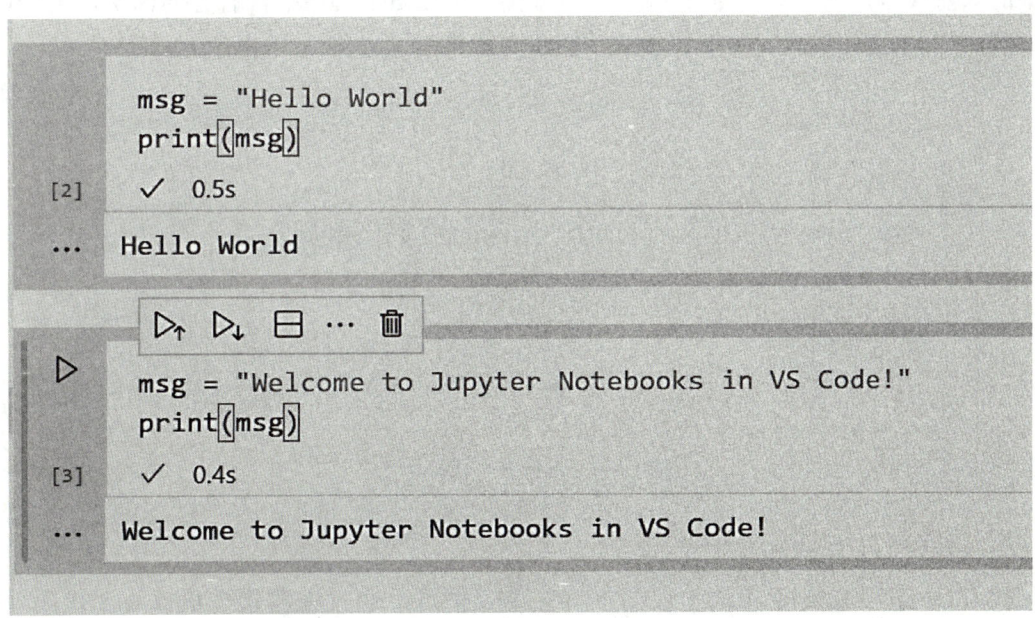

图 1-33　由填充背景指示选定的单元格

6）运行单个代码单元

添加代码后,用户可以单击单元格左侧的 Run(运行)图标运行单元格,输出将显示在代码单元格下方,如图 1-34 所示。

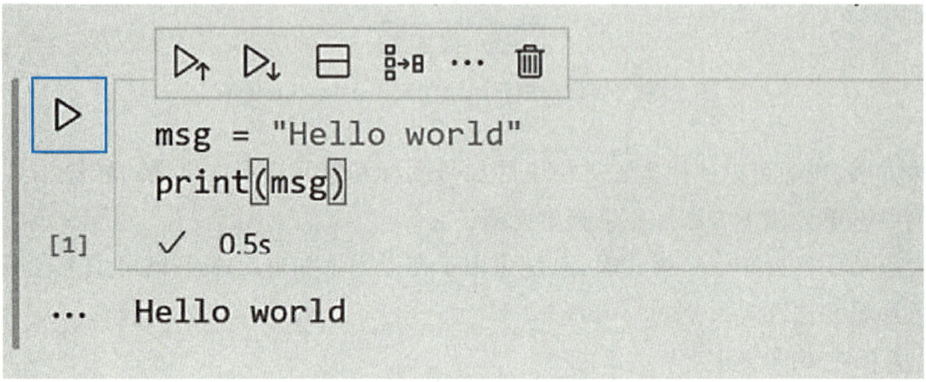

图 1-34　运行单个代码单元

用户还可以使用键盘快捷键运行选定的代码单元,即通过 Ctrl＋Enter 运行当前选定的单元格,Shift＋Enter 或 Alt＋Enter 运行当前选定的单元格并在下方插入一个新单元格(焦点移动到新单元格)。这些键盘快捷键可以在命令模式和编辑模式下使用。

7）运行多个代码单元

用户可以通过多种方式运行多个代码单元。可以使用 Jupyter Notebook 编辑器主工具栏中的双箭头运行笔记本中的所有单元格,或使用单元格工具栏中带有方向箭头的 Run(运行)图标运行当前代码单元格上方或下方的所有单元格,如图 1-35 所示。

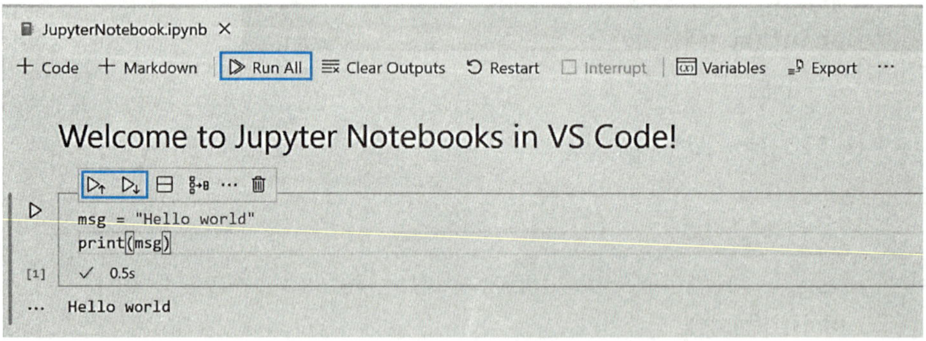

图 1-35　运行多个代码单元

8）移动代码单元格

在 Jupyter Notebook 中向上或向下移动单元格可以通过拖放来完成。对于代码单元格,拖放区域位于单元格编辑器的左侧,如图 1-36 所示。对于渲染的 Markdown 单元格,可以单击任意位置以拖放单元格。

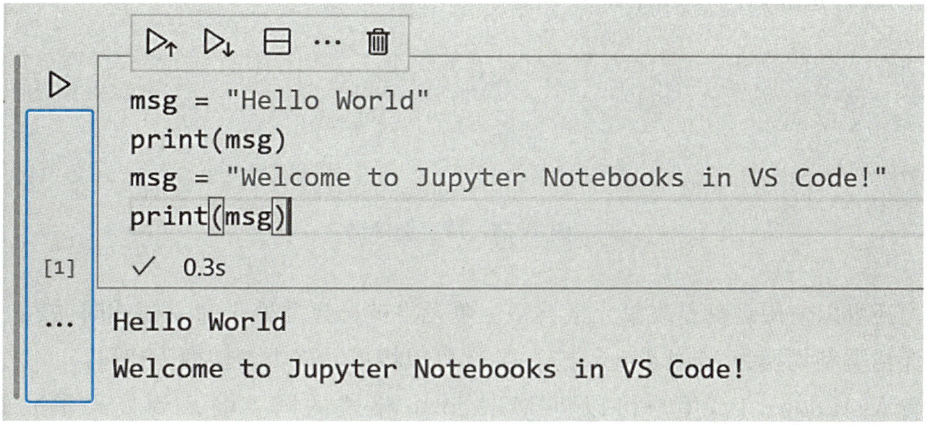

```
msg = "Hello World"
print(msg)
msg = "Welcome to Jupyter Notebooks in VS Code!"
print(msg)
[1]    ✓ 0.3s
...    Hello World
       Welcome to Jupyter Notebooks in VS Code!
```

图 1-36　单元格拖放区域

若要移动多个单元格,可以在所选内容中包含的任何单元格中使用相同的拖放区域,还可以使用键盘快捷键 Alt＋箭头移动一个或多个选定单元格。

9)删除代码单元格

删除代码单元格可以通过单击代码单元格工具栏中的 Delete(删除)图标来完成,如图 1-37 所示,或者在所选代码单元处于命令模式时通过键盘快捷键 DD(按 2 次 D 键)完成。

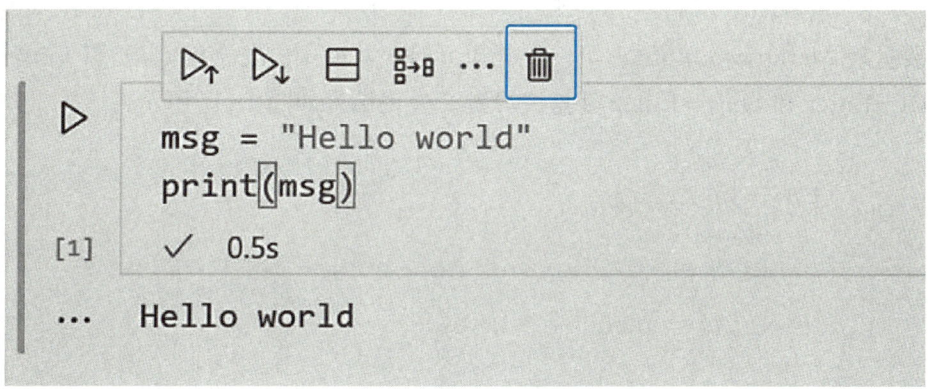

```
msg = "Hello world"
print(msg)
[1]    ✓ 0.5s
...    Hello world
```

图 1-37　删除代码单元格

10)撤销上次更改

用户可以使用 Z 键撤销以前的更改,如果进行了意外编辑,则可以将其撤销到以前的正确状态,或者如果意外删除了单元格,则可以恢复它。

11)在代码和 Markdown 之间切换

Jupyter Notebook 编辑器允许在代码和 Markdown 之间轻松更改代码单元格。选择单元格右下角的语言选择器将允许在 Markdown 和所选内核支持的任何其他语言(如果适用)

之间切换，语言选择器位置如图 1-38 所示。

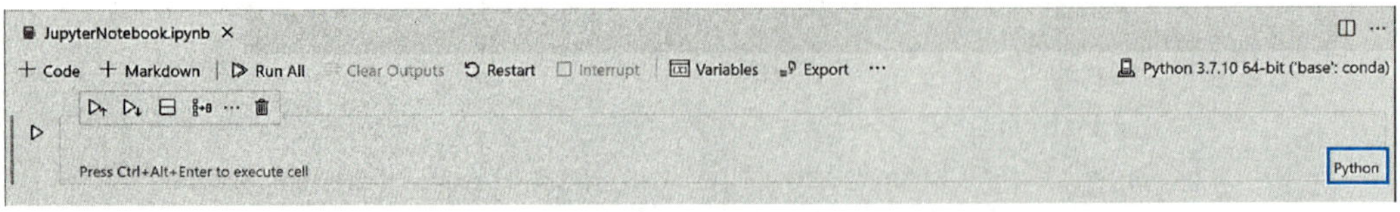

图 1-38　语言选择器

用户还可以使用键盘更改单元格类型。单元格被选择并处于命令模式时，按下 M 键可以将单元格类型切换为 Markdown，按下 Y 键可以将单元格类型切换为代码。

设置 Markdown 后，用户可以将 Markdown 格式的内容输入到代码单元格中，如图 1-39 所示。

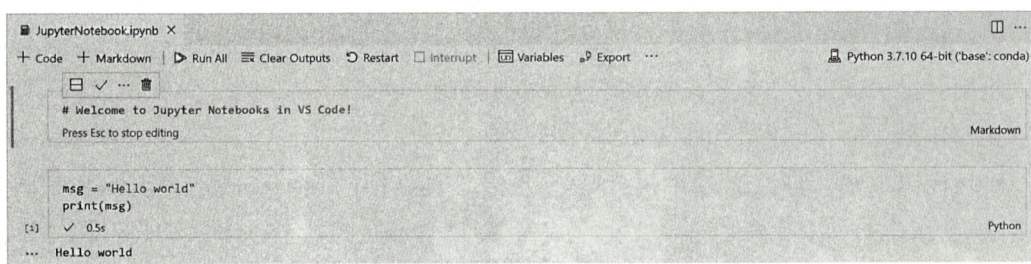

图 1-39　将 Markdown 格式的内容输入代码单元格

若要呈现 Markdown 单元格，可以选择单元格工具栏中的复选标记，如图 1-40 所示，或使用 Ctrl＋Enter 和 Shift＋Enter 键盘快捷键。呈现结果如图 1-41 所示。

图 1-40　单元格工具栏的复选标记

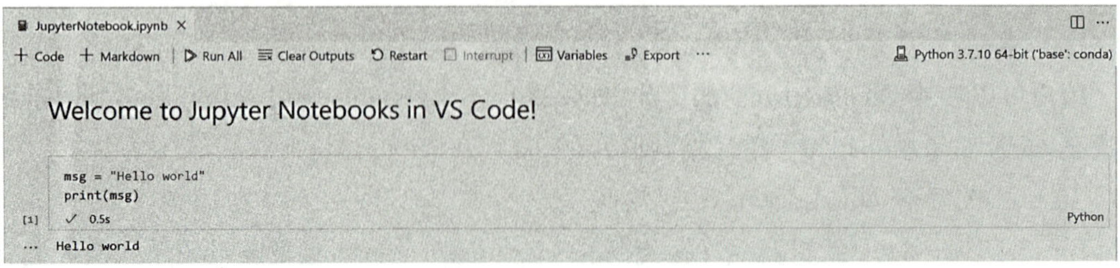

图 1-41　呈现结果

12）清除输出或重新启动/中断内核

如果要清除所有代码单元输出或重新启动/中断内核，可以使用 Jupyter Notebook 编辑器工具栏完成此操作，有关图标如图 1-42 所示。

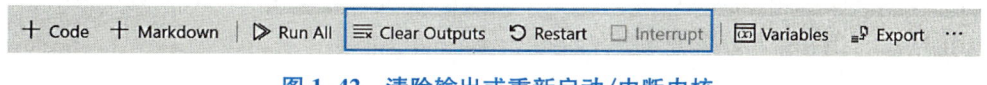

图 1-42　清除输出或重新启动/中断内核

13）启用/禁用行号

在命令模式下，可以使用 L 键在单个代码单元中启用或禁用行号，如图 1-43 所示。

```
1  import matplotlib.pyplot as plt
2  import numpy as np
3
4  x = np.linspace(0,20,100)
5  plt.plot(x, np.sin(x))
6  plt.show()
Press Ctrl+Alt+Enter to execute cell
```

图 1-43　启用/禁用行号

若要切换整个 Jupyter Notebook 的行号，请在任何单元格上处于命令模式时使用 Shift＋L，呈现结果如图 1-44 所示。

```
1  import matplotlib.pyplot as plt
2  import numpy as np
3
4  x = np.linspace(0,20,100)
5  plt.plot(x, np.sin(x))
6  plt.show()
Press Ctrl+Alt+Enter to execute cell


1  import matplotlib.mlab as mlab
2
3  x = [21,22,23,4,5,6,77,8,9,10,31,32,33,34,35,36,37,18,49,50,100]
4  num_bins = 5
5  n, bins, patches = plt.hist(x, num_bins, facecolor='blue', alpha=0.5)
6  plt.show()
```

图 1-44　切换行号呈现结果

1.3.3　Jupyter Notebook 的高级操作

1）大纲

用户若要在 Jupyter Notebook 中导航,需要在活动栏中打开文件资源管理器,然后打开侧栏中的"OUTLINE"(大纲)选项卡,如图 1-45 所示。

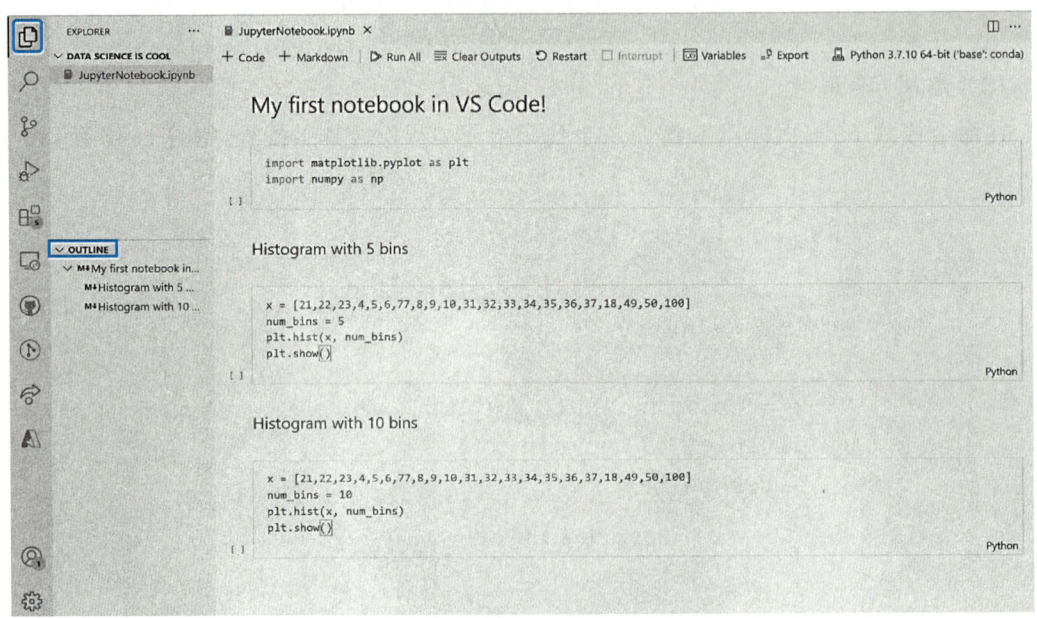

图 1-45　打开"OUTLINE"(大纲)选项卡

注意:默认情况下,大纲将仅显示 Markdown 单元格。若要显示代码单元格,请启用以下设置:Notebook＞Outline：Show Code Cells(笔记本＞大纲:显示代码单元格)。

2）Jupyter Notebook 编辑器中的智能感知支持

Python Jupyter Notebook 编辑器窗口具有完整的智能感知功能,包括代码补全、成员列表、方法(method)的快速信息和参数提示。用户可以在 Jupyter Notebook 编辑器窗口中像在代码编辑器中一样高效地键入内容,如图 1-46 所示。

3）变量资源管理器和数据查看器

在 Jupyter Notebook 中,用户可以查看、检查、排序和筛选当前 Jupyter 会话中的变量。在运行代码和单元格后单击主工具栏中的"Variables"(变量)图标,将看到当前变量的列表,该列表将在代码中使用变量时自动更新。变量窗格将在 Jupyter Notebook 底部打开,如图 1-47 和图 1-48 所示。

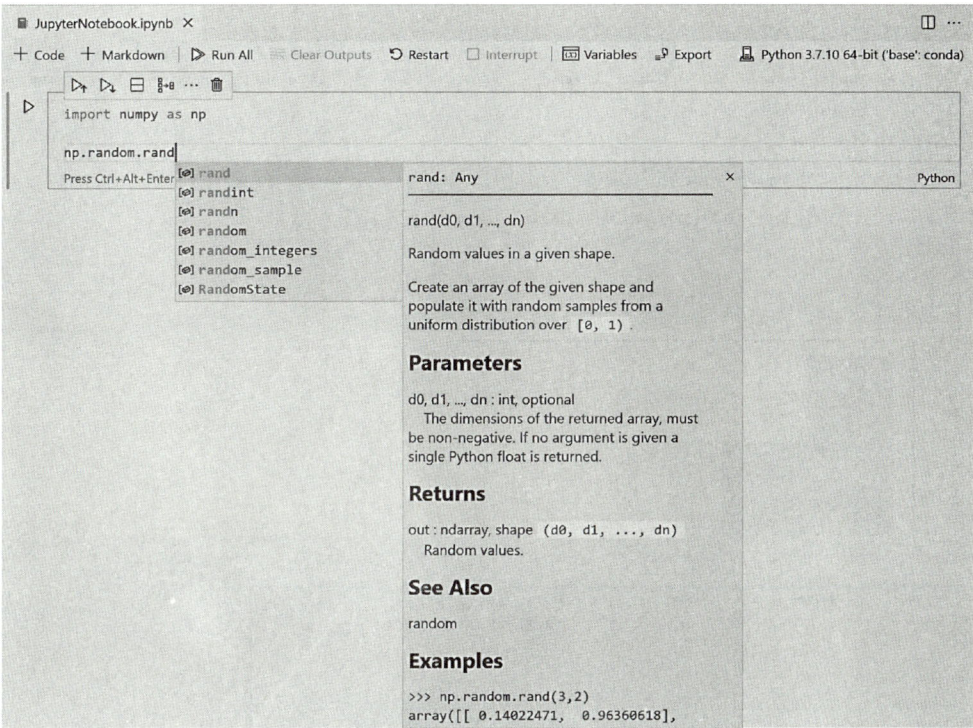

图 1-46　编辑器窗口的智能感知功能

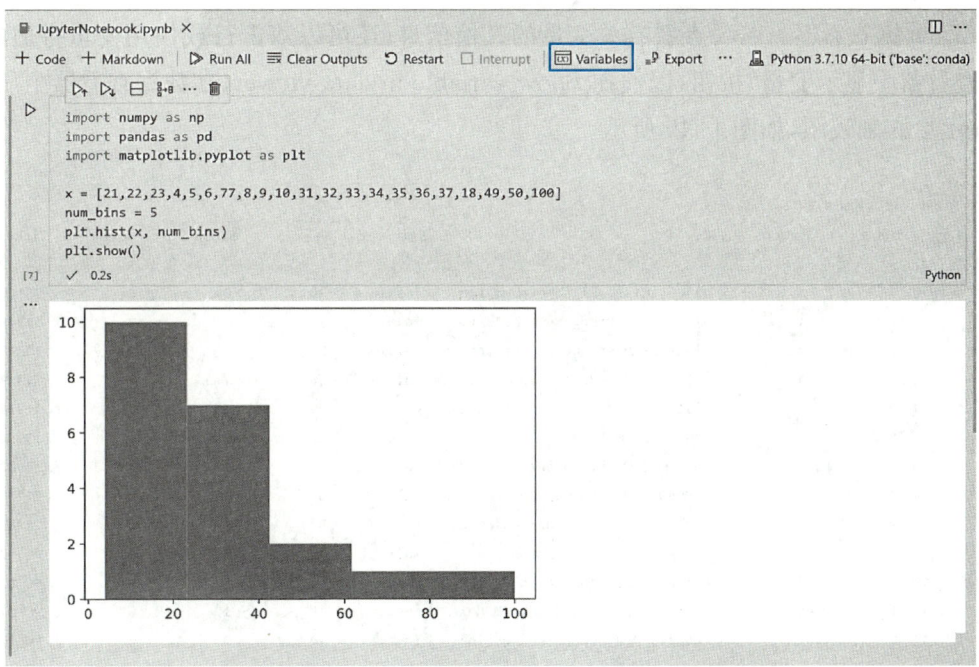

图 1-47　选择"Variables"(变量)图标

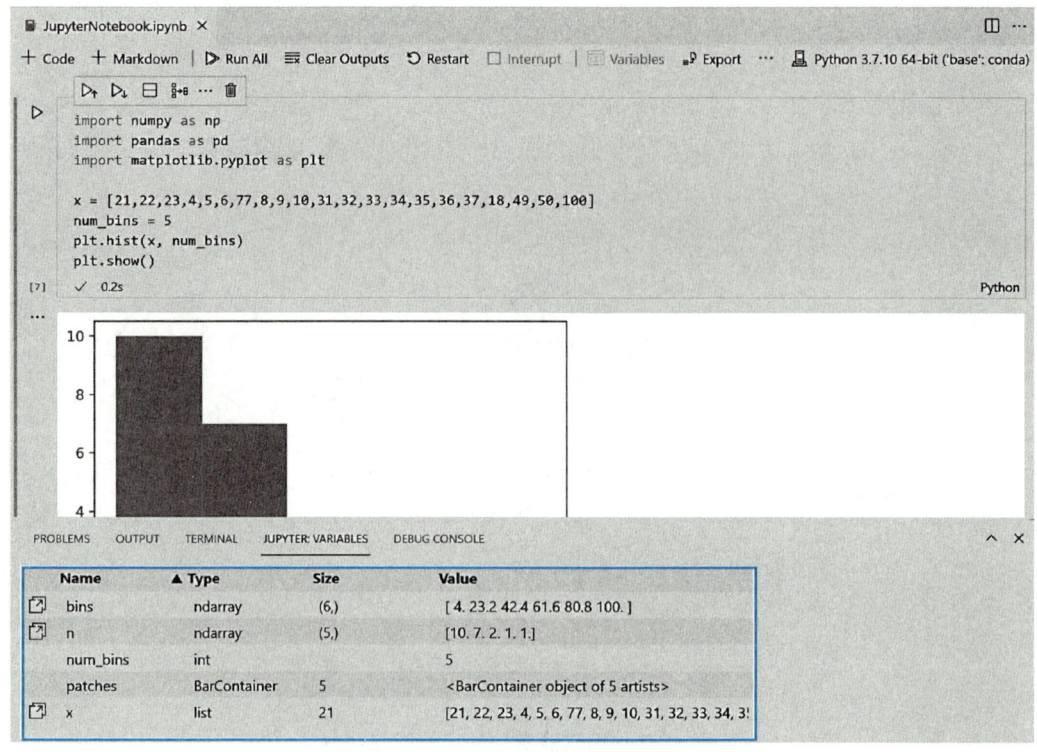

图 1-48　变量列表

（1）数据查看器。若要查看有关变量的其他信息，还可以双击行或使用变量旁边的"在数据查看器中显示变量"按钮，以便在 Show variable in data viewer（在数据查看器中显示变量）显示更详细视图，如图 1-49 所示。

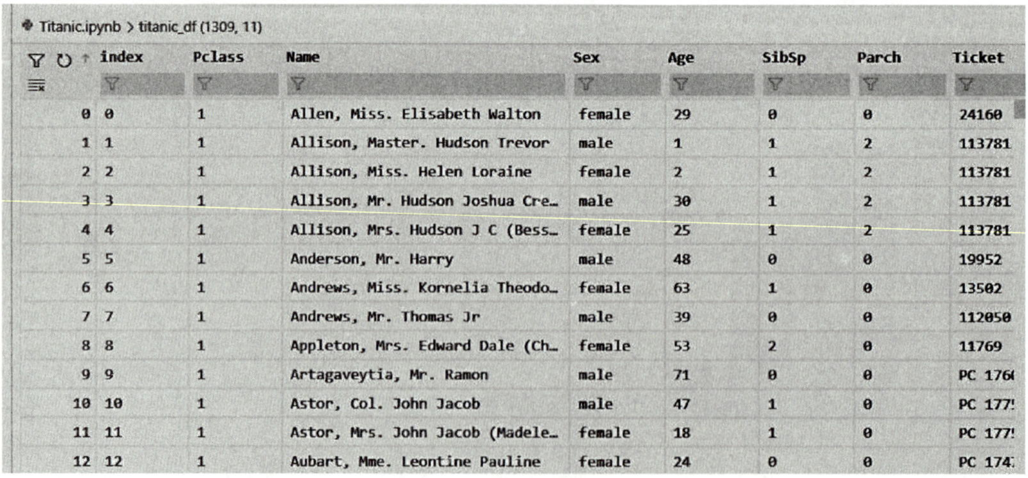

图 1-49　数据查看器

（2）筛选行。在数据查看器中筛选行可以通过在每列顶部的文本框中键入要搜索的字符串来完成。键入要搜索的字符串后，将找到列中包含该字符串的任何行，如图 1-50 所示。

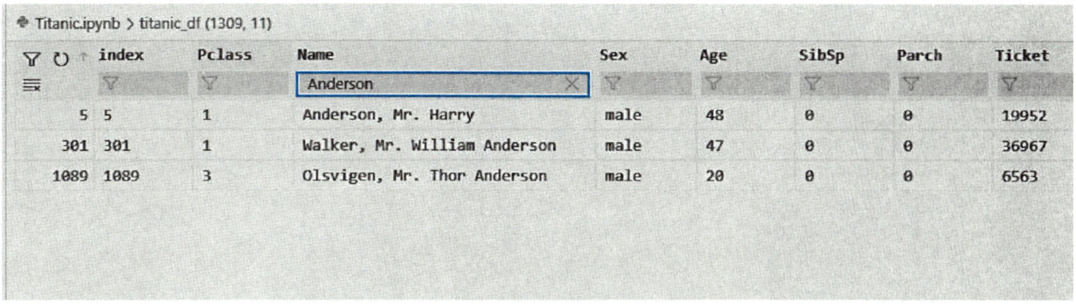
Titanic.ipynb > titanic_df (1309, 11)

	index	Pclass	Name	Sex	Age	SibSp	Parch	Ticket
			Anderson					
5	5	1	Anderson, Mr. Harry	male	48	0	0	19952
301	301	1	Walker, Mr. William Anderson	male	47	0	0	36967
1089	1089	3	Olsvigen, Mr. Thor Anderson	male	20	0	0	6563

图 1-50　筛选行

如果想找到完全匹配项，在过滤器前面加上“＝”即可，如图 1-51 所示。

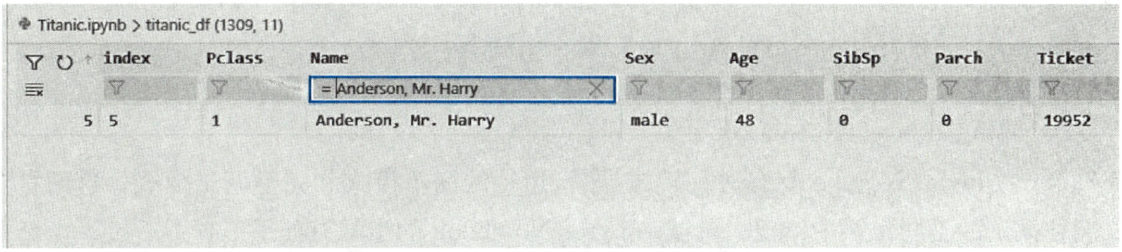
Titanic.ipynb > titanic_df (1309, 11)

	index	Pclass	Name	Sex	Age	SibSp	Parch	Ticket
			= Anderson, Mr. Harry					
5	5	1	Anderson, Mr. Harry	male	48	0	0	19952

图 1-51　在过滤器前面加上“＝”

更复杂的过滤可以通过键入正则表达式来完成，如图 1-52 所示。

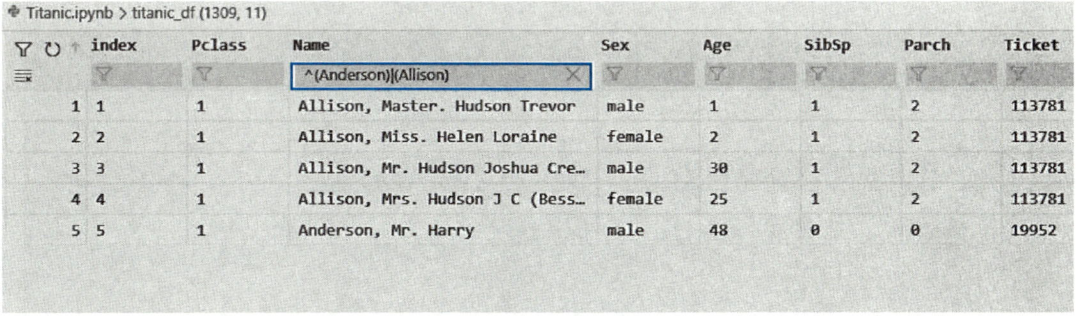
Titanic.ipynb > titanic_df (1309, 11)

	index	Pclass	Name	Sex	Age	SibSp	Parch	Ticket
			^(Anderson)|(Allison)					
1	1	1	Allison, Master. Hudson Trevor	male	1	1	2	113781
2	2	1	Allison, Miss. Helen Loraine	female	2	1	2	113781
3	3	1	Allison, Mr. Hudson Joshua Cre…	male	30	1	2	113781
4	4	1	Allison, Mrs. Hudson J C (Bess…	female	25	1	2	113781
5	5	1	Anderson, Mr. Harry	male	48	0	0	19952

图 1-52　键入正则表达式

4）保存绘图

若要从 Jupyter Notebook 保存绘图，只需将鼠标悬停在输出上，然后选择右上角的 Save（保存）图标，如图 1-53 所示。

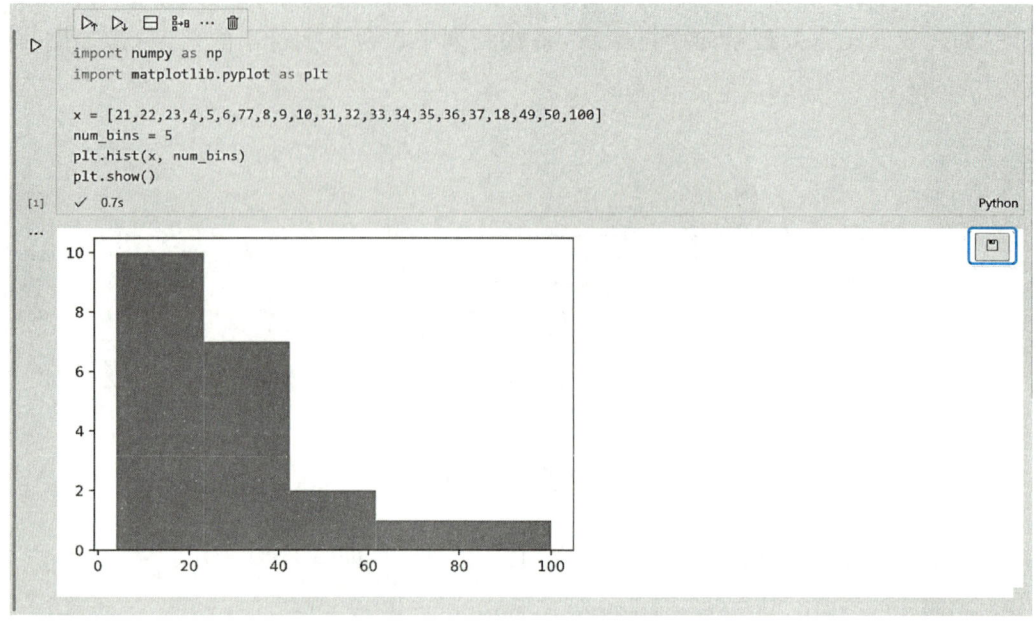

图 1-53　保存绘图

5）调试 Jupyter Notebook

调试 Jupyter Notebook 有两种模式：按行运行的简单模式和完整调试模式。这两种模式会在调试的不同步骤中体现。调试 Jupyter Notebook 的步骤有如下三项。

（1）按行运行。"按行运行"可以一次执行一行单元格，而不会被其他 VS Code 调试功能分散注意力。选择单元格工具栏中的 Run by Line（按行运行）按钮，如图 1-54 所示。

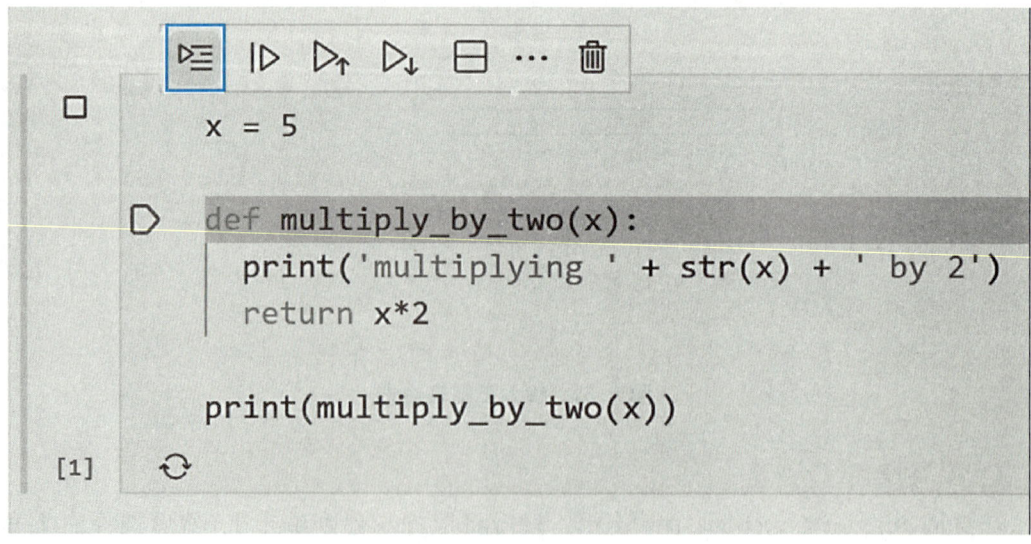

图 1-54　选中 Run by Line（按行运行）按钮

使用相同的按钮前进一个语句。可以选择单元格"Stop"(停止)按钮提前停止,也可以选择工具栏中的"Continue"(继续)按钮继续运行到单元格末尾。

(2) 调试单元格。如果要使用 VS Code 中支持的完整调试模式(如断点以及单步执行其他单元和模块的功能),可以使用完整的 VS Code 调试器。调试单元格的步骤如下。

第一,通过单击单元格的左旁注来设置所需的任何断点。

第二,选择 Run(运行)图标旁边的菜单中的"Debug Cell"(调试单元)按钮。这将在调试会话中运行该单元,并将暂停在运行的任何代码中的断点上,即使它位于不同的单元或文件中也是如此。

用户可以使用 Debug(调试)视图、Debug Console(调试控制台)和 Debug Toolbar(调试工具栏)中的所有按钮,就像通常在 VS Code 中一样,如图 1-55 所示。

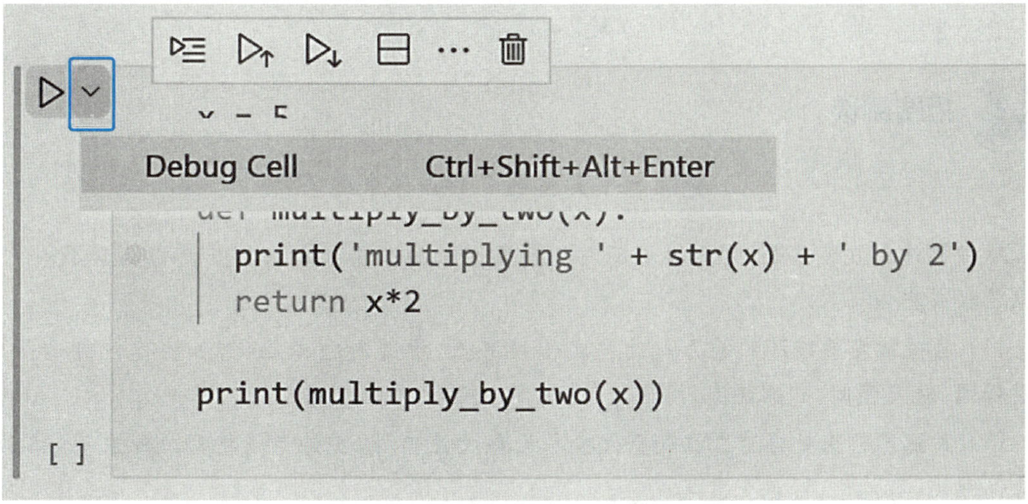

图 1-55　使用 Debug(调试)视图

(3) 通过 Jupyter Notebook 搜索。用户可以使用键盘快捷键 Ctrl+F 在整个 Jupyter Notebook 中搜索,也可以通过筛选搜索选项来搜索 Jupyter Notebook 的某些部分。在 Jupyter Notebook 中搜索时,用户能够单击 Filter(筛选器)选项(漏斗图标)搜索:①Markdown Source(Markdown 单元格输入)。②Rendered Markdown(Markdown 单元格输出)。③Code Cell Source(代码单元格输入)。④Cell Output(代码单元格输出)。

默认情况下,Jupyter Notebook 只在筛选状态的单元格输入中搜索,如图 1-56 所示。

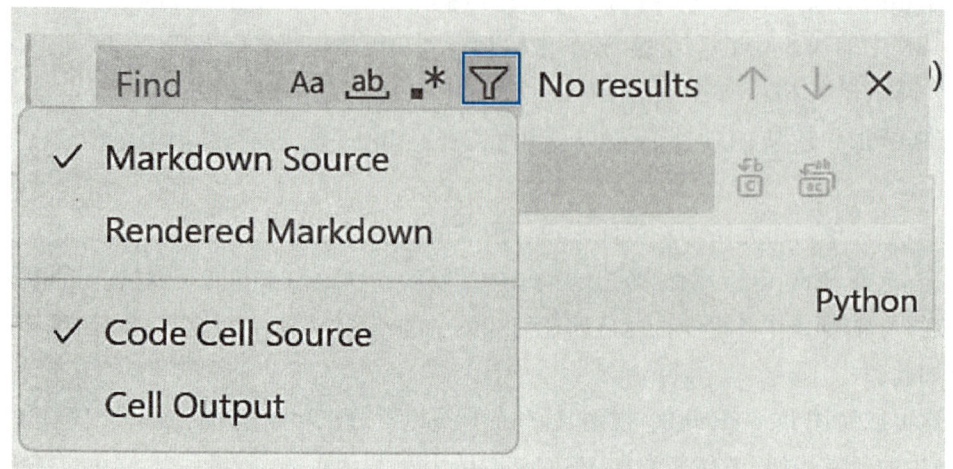

图 1-56　通过 Jupyter Notebook 搜索界面

拓展阅读

党的二十大报告中的数字中国

加快构建新发展格局，着力推动高质量发展。党的二十大报告提出了建设现代化产业体系。报告指出：

（1）坚持把发展经济的着力点放在实体经济上，推进新型工业化，加快建设制造强国、质量强国、航天强国、交通强国、网络强国、数字中国。

（2）实施产业基础再造工程和重大技术装备攻关工程，支持专精特新企业发展，推动制造业高端化、智能化、绿色化发展。

（3）巩固优势产业领先地位，在关系安全发展的领域加快补齐短板，提升战略性资源供应保障能力。

（4）推动战略性新兴产业融合集群发展，构建新一代信息技术、人工智能、生物技术、新能源、新材料、高端装备、绿色环保等一批新的增长引擎。

（5）构建优质高效的服务业新体系，推动现代服务业同先进制造业、现代农业深度融合。

（6）加快发展物联网，建设高效顺畅的流通体系，降低物流成本。加快发展数字经济，促进数字经济和实体经济深度融合，打造具有国际竞争力的数字产业集群。优化基础设施布局、结构、功能和系统集成，构建现代化基础设施体系。

党的二十大报告继续强调加快推进"网络强国、数字中国"建设，从纲领层面回应"十四五"时期新的战略规划，坚定了我国走数字化道路、发展数字经济的决心。

第 2 章

Python 基础语法

 章节导读

熟悉 Python 基本语法后，用户便可以开始使用 Python。

本章将介绍 Python 基本语法、变量赋值和数据类型。

学习目标

学完本章后，你将能够做到：

1. 编写第一个 Python 程序。

2. 熟悉 Python 基础语法，包括以下内容：变量、数学运算、整数、布尔值和字符串。

3. 熟悉 Jupyter Notebook。

2.1 基本
语法

 Python 基本语法概述

2.1.1 Python 语法介绍

请尝试阅读[例 2-1]的代码并预测它在运行时会做什么。

需要注意的是：在 Python 以及任何程序代码编写过程中，标点符号必须在英文状态下录入。

【例 2-1】 一个简短的程序。

```
1   spam_amount = 0
2   print(spam_amount)
3   spam_amount = spam_amount + 4
4
5   if spam_amount > 0:
6       print("But I don't want ANY spam!")
7
8   viking_song = "Spam " * spam_amount
9   print(viking_song)
```

运行结果：

```
0
But I don't want ANY spam!
Spam Spam Spam Spam
```

这个简单的程序演示了 Python 代码的外观及其工作原理的许多重要方面。接下来让我们通过［例 2-2］至［例 2-5］分析一遍［例 2-1］这组代码。

【例 2-2】对变量 spam_amount 赋值。

```
1   spam_amount = 0
```

变量赋值：这里创建了一个名为"spam_amount"的变量，并使用"＝"将其赋值为 0，这个"＝"被称为赋值运算符。

注意：如果使用某些其他语言（如 Java 或 C＋＋）进行编程，您可能会注意到 Python 不要求在这里做的一些事情：

（1）不需要在赋值之前"声明"spam_amount。

（2）不需要告诉 Python spam_amount 将引用什么类型的值。事实上，用户甚至可以继续重新对 spam_amount 赋值来引用不同类型的数据，如字符串或布尔值。

【例 2-3】输出变量 spam_amount 的值。

```
1   print(spam_amount)
```

运行结果：

```
0
```

函数调用：［例 2-3］中的 print() 函数是一个 Python 函数，它能够在屏幕上显示传递给它的值。它通过在函数名称后加上括号来调用函数，并将函数的输入放在这些括号中。

【例 2-4】注释和重新赋值。

```
1   #  spam_amount 加 4 然后赋值给 spam_amount
2   spam_amount = spam_amount + 4
```

［例 2-4］的代码中的第一行是注释。在 Python 中，注释以"＃"符号开头。

第二行是一个重新赋值的例子。重新赋值现有变量的值看起来与创建变量一样，它仍然使用"＝"赋值运算符。在这种情况下，赋值给 spam_amount 的值涉及对其先前值的一些简单算术。运行到这一行时，Python 会计算"＝"右侧的表达式（0＋4＝4），然后将该值赋给左侧的变量。

【例 2-5】条件语句示范。

```
1  if spam_amount > 0:
2      print("But I don't want ANY spam!")
3
4  viking_song = "Spam Spam Spam"
5  print(viking_song)
```

运行结果：

But I don't want ANY spam!

Spam Spam Spam

这里不会过多讨论"条件语句"，但是，即使以前从未编写过代码，也可能猜到它的作用。Python 因其可读性和简单性而备受推崇。

请注意[例 2-5]这里是如何指出哪些代码属于"if"的。"But I don't want ANY spam!"只应在 spam_amount 为正数时输出，但是 Python 无论如何都应该执行后面的代码，如 print(viking_song)。

if 行末尾的冒号（:）表示新的代码块正在开始。缩进的后续行是该代码块的一部分。

注意：您可能知道其他一些语言会使用花括号"{ }"来标记代码块的开始和结束。Python 使用有意义的空格可能会让习惯其他语言的程序员感到惊讶，但在实践中，与不强制代码块缩进的语言相比，Python 可以产生更一致和可读的代码。

后面处理 viking_song 的行没有缩进额外的 4 个空格，因此它们不是 if 代码块的一部分。稍后本书在介绍定义函数和使用循环时，将列举更多缩进代码块的例子。

这段代码也是本书第一次在 Python 中运行字符串（string），即：

"But I don't want ANY spam!"

字符串可以用双引号或单引号标记。

【例 2-6】字符串与数字相乘示范。

```
1  viking_song = "Spam " * spam_amount
2  print(viking_song)
```

运行结果：

Spam Spam Spam Spam

"＊"运算符可用于将两个数字相乘（如"3＊3"的计算结果为 9），但"＊"也可以用于将一个字符串乘以一个数字，以获得重复多次的字符串。Python 提供了许多像这样的省时小技巧，其中像"＊"和"＋"这样的运算符会根据它们应用于什么类型而具有不同的含义。

2.1.2　数字和算术

在 2.1.1 中有一个包含数字的变量示例，如[例 2-7]所示。

【例 2-7】 对变量 spam_amount 赋值。

```
1   spam_amount = 0
```

"数量(Number)"是这类事物的一个很好的非正式名称,但如果想要更专业,用户可以询问 Python 如何描述 spam_amount 的数据类型,代码如[例 2-8]所示。

【例 2-8】 通过 type()函数获得变量的数据类型。

```
1   type(spam_amount)
```

运行结果:

int

[例 2-8]的运行结果说明:spam_amount 是一个"int",即整数,"int"是整数的缩写。用户在 Python 中还会经常遇到另一种数字。

【例 2-9】 通过 type()函数获得变量的数据类型。

```
1   type(19.95)
```

运行结果:

float

float 是指带小数位的数字,它对于表示重量或比例之类的数据非常有用。

[例 2-9]运用的 type()函数是本书介绍的第二个内置函数(第一个是 print()函数),它是另一个在 Python 中应用较广的函数,能够向 Python 询问"这是什么数据类型?"是非常有用的。

在 Python 中,对数字做的一件很自然的事情就是执行算术。Python 还为用户提供了计算器上其他基本按钮的功能,有关的 Python 算术运算符如表 2-1 所示。

表 2-1　Python 算术运算符

运算符	名称	说明
a+b	加法	a 和 b 之和
a-b	减法	a 和 b 之差
a*b	乘法	a 和 b 乘积
a/b	除法	a 和 b 的商
a//b	取整	a 除 b 取整数
a%b	求余数	a 除 b 求余数
a**b	求幂	a 的 b 次方
-a	取负数	a 的负数

一个有趣的发现是，虽然计算器可能只有一个除法按钮，但 Python 可以执行两种除法。"真除法"基本上就是日常计算器所做的除法，其 Python 代码如［例 2-10］所示。

【例 2-10】真除法的计算。

```
1  print(5 / 2)
2  print(6 / 2)
```

运行结果：

```
2.5
3.0
```

通过［例 2-10］的运行，我们发现输出的运行结果总是一个"浮点数"。而"//"运算符能提供一个向下舍入到下一个整数的结果，如［例 2-11］所示。

【例 2-11】取整的计算。

```
1  print(5 // 2)
2  print(6 // 2)
```

运行结果：

```
2
3
```

2.1.3　运算顺序

Python 遵循与数学计算类似的规则，它们大多非常直观，如［例 2-12］和［例 2-13］所示。

【例 2-12】算数运算。

```
1  8 - 3 + 2
```

运行结果：

```
7
```

【例 2-13】算术运算。

```
1  -3 + 4 * 2
```

运行结果：

```
5
```

但有时 Python 默认的操作顺序不是我们想要的。

【例 2-14】 默认运算顺序示例。

```
1  hat_height_cm = 25
2  my_height_cm = 190
3  # 戴帽子时,我有多高,以米为单位?
4  total_height_meters = hat_height_cm + my_height_cm / 100
5  print("Height in meters = ", total_height_meters, "?")
```

运行结果:

Height in meters = 26.9 ?

〔例 2-14〕这段代码中的括号在这里很有用。用户可以添加括号以强制 Python 以想要的任何顺序计算子表达式。Python 中可以通过圆括号“()”来提升运算符的优先级。

Python 的运算顺序可以概括为:“从左往右,括号优先,先乘除后加减,再比较,最后逻辑。”

【例 2-15】 通过圆括号()改变运算优先级。

```
1  total_height_meters = (hat_height_cm + my_height_cm) / 100
2  print("Height in meters = ", total_height_meters)
```

运行结果:

Height in meters = 2.15

2.1.4 处理数字的内置函数

Python 中用于处理数字的内置函数有以下几种。

【例 2-16】 min()函数和 max()函数分别返回它们参数的最小值和最大值。

```
1  print(min(1, 2, 3))
2  print(max(1, 2, 3))
```

运行结果:

1

3

【例 2-17】 abs()函数返回参数的绝对值。

```
1  print(abs(32))
2  print(abs(-32))
```

运行结果:

32

32

int()函数和 float()函数除了是 Python 的两种主要数值类型的名称,还可以作为函数调用,将它们的参数转换为相应的类型。

【例 2-18】通过 int( )和 float( )转换数据类型。

```
1  print(float(10))
2  print(int(3.33))
3  # 将 int()用在字符串上
4  print(int('807') + 1)
```

运行结果:

```
10.0

3

808
```

2.2　算术和变量

本节将会介绍如何使用 Python 进行计算、定义和修改变量。

2.2.1　print( )函数

在 Python 中,用户可以要求计算机完成的最简单(也是最重要)的任务之一是使用 print( )函数在计算机屏幕上输出信息。下面,我们将通过 Python 让计算机输出"Hello, world!"。

【例 2-19】通过 print( )函数输出信息。

```
1  print("Hello, world!")
```

运行结果:

```
Hello, world!
```

运行代码时,代码在框内(即代码单元格内),计算机的响应(即代码的输出)显示在框下方。

Python 还可以输出一些算术运算(如加法、减法、乘法或除法)的值。

例如,在[例 2-20]的代码单元格中,计算机将 2 与 1 相加,然后输出结果,即 3。请注意,与简单地输出文本不同,这里没有使用任何引号。

【例 2-20】输出运算的值。

```
1  print(1 + 2)
```

运行结果:

```
3
```

Python 也可以在运行中做减法。如[例2-21]的代码单元格从9中减去5并输出结果，即4。

【例2-21】输出运算的值。

```
1  print(9 - 5)
```

运行结果：

4

Python 还可以使用括号控制长计算中的运算顺序。

【例2-22】输出运算的值。

```
1  print(((1 + 3) * (9 - 2) / 2) ** 2)
```

运行结果：

196.0

2.2.2 注释

用户可以通过使用"#"来注释代码在做什么。这些注释可以帮助其他人理解用户的代码，如果用户有一段时间没有查看自己的代码，遗忘了某些内容，它们也会有所帮助。到目前为止，我们编写的代码很短，注释可能未发挥很大作用，但是当编写了很多代码时，注释将变得更加重要。注释的用法如[例2-23]所示。

【例2-23】在代码单元格中，计算3乘2，并在代码上方添加注释（#将3乘2）来描述代码的作用。

```
1  #  Multiply 3 by 2(将3乘2)
2  print(3 * 2)
```

运行结果：

6

Python 一旦运行到"#"号并识别出该行是注释，这部分注释就会被计算机完全忽略。Python 是一种需要遵守非常严格的规则的语言，它比人更严格，如果它无法理解代码，运行时就会出错。

以[例2-24]中的代码单元格为例。如果删除"#"号，Python 就会出错，因为注释中的文本不是有效的 Python 代码，因此无法正确解释。

【例2-24】错误的代码示例。

```
1  Multiply 3 by 2
```

运行结果：

```
Multiply 3 by 2
            ^
```

SyntaxError: invalid syntax

2.2.3　变量

到目前为止，我们已经使用代码进行了计算并输出结果，而结果并未保存在任何地方，所以现在需要保存结果以供以后使用。为此，我们需要使用变量。

1）创建变量

［例 2-25］的代码单元格是在创建一个名为"test_var"的变量，并将 4 加 5 时得到的值赋给它，然后输出赋值给变量的值，即 9。

【例 2-25】创建变量。

```
1  # 创建一个名为 test_var 的变量并为其指定值 4 + 5
2  test_var = 4 + 5
3  # 输出变量 test_var 的值
4  print(test_var)
```

运行结果：

9

通常，在使用变量时，需要先选择要使用变量的名称。变量名最好简短且具有描述性，同时还需要满足以下几个要求：

（1）不能有空格（例如，不允许使用 test var）。

（2）只能包含字母、数字和下划线（例如，不允许使用 test_var!）。

（3）必须以字母或下划线开头，但不能用数字开头（例如，不允许使用 1_var）。

然后，要创建变量，需要使用"="来进行赋值。用户始终可以通过使用 print()函数将变量名称放在括号中来查看赋值结果。

随着时间的推移，我们将学习如何为 Python 变量选择好的名称。若您到目前为止仍觉得学习 Python 有些困难是完全没关系的，最好的学习方法就是阅读大量的 Python 代码，增加熟练度。

2）操作变量

Python 在运行时始终可以通过覆盖先前的值来更改之前的赋值。例如，在［例 2-26］的代码单元格中，将 my_var 的值从 3 更改为 100。

【例 2-26】对变量再次赋值以覆盖原来的值。

```
1  # 将新变量的值设置为 3
2  my_var = 3
3  # 输出分配给 my_var 的值
```

```
4  print(my_var)
5  # 将变量的值更改为 100
6  my_var = 100
7  # 输出分配给 my_var 的新值
8  print(my_var)
```

运行结果：

3

100

请注意，通常在代码单元格中定义变量以后，后面的所有代码单元格也都可以访问该变量。例如，使用下一个代码单元格访问"my_var"（来自上面的代码单元格）和"test_var"（来自前面的代码）的值，如[例 2-27]所示。

【例 2-27】定义变量后，后面的代码也可以访问该变量。

```
1  print(my_var)
2  print(test_var)
```

运行结果：

100

9

【例 2-28】对变量本身进行操作。

```
1  # 将值增加 3
2  my_var = my_var + 3
3  # 输出分配给 my_var 的值
4  print(my_var)
```

运行结果：

103

[例 2-28]的代码单元格是让 Python 将 my_var 的当前值增加 3，因此，仍然需要像之前一样使用"my_var＝"，给变量新的赋值位于"＝"符号的右侧。

3）使用多个变量

运行代码使用多个变量是很常见的，当必须对多个输入进行长时间计算时，这尤其有用。

在[例 2-29]中，运用 Python 计算四年时间对应的秒数。这个计算使用了五个变量。

注意：当一行程序语句比较长时，可以使用反斜杠"\"实现换行，将一行语句分成两行，且不影响运行。

我们可以看到[例 2-29]中，代码行号 8 和 9 的代码是原来一行语句通过"\"分行而成的。

【例 2-29】使用反斜杠"\"实现换行。

```
1   # 创建变量
2   num_years = 4
3   days_per_year = 365
4   hours_per_day = 24
5   mins_per_hour = 60
6   secs_per_min = 60
7   # 计算四年内的秒数
8   total_secs = secs_per_min * mins_per_hour * hours_per_day\
9                   * days_per_year * num_years
10  print(total_secs)
```

运行结果：

126144000

根据运行结果，四年共有 126 144 000 秒。

请注意，可以在没有变量的情况下进行此计算，如输入"60 * 60 * 24 * 365 * 4"，但若要检查没有变量的计算中的错误会比有变量的要困难得多，因为它的可读性不强。当使用变量（如 num_years、days_per_year 等）时，Python 可以更好地跟踪计算的每个部分，更容易检查和纠正错误。

当输入的值可能发生变化时，使用变量将能有效地执行修改。例如，假设希望通过将一年中的天数数值从 365 更新为 365.25 来改进计算，考虑闰年的影响，可以在不更改任何其他变量的情况下更改"days_per_year"的赋值并重新计算。

提示：因为有些程序语句较长，本书在显示程序语句的时候，由于计算机屏幕上的一行语句无法在书中的一行内显示，我们可以通过行号来识别。例如，[例 2-30]的代码第 4 行因为比较长，在计算机中会显示为一行，但在本书中需要分两行显示，所以第 4 行下方和第 5 行上方没有编号，表示一行折叠显示。

【例 2-30】在不更改任何其他变量的情况下更改"days_per_year"的赋值为 365.25 并重新计算。

```
1   # 更新以包括闰年
2   days_per_year = 365.25
3   # 计算四年内的秒数
4   total_secs = secs_per_min * mins_per_hour * hours_per_day * days_per_year * num
    _years
5   print(total_secs)
```

运行结果：

126230400.0

注意：您可能已经注意到在[例 2-30]的运行结果的数字末尾添加了"．0"，这看起来似乎没有必要。这是因为在第二次计算中，我们使用了一个有小数部分的数字（365.25），而第一次计算只运算了没有小数部分的数字。

4）调试

使用变量时的一种常见错误是拼写错误。如［例 2-31］所示，如果将"hours_per_day"拼写为"hours_per_dy"，Python 将出错并显示信息"NameError：name 'hours_per_dy' is not defined"。

【例 2-31】拼写错误示例。

```
1  print(hours_per_dy)
```

运行结果：

- -

NameError   Traceback (most recent call last)

- - - - - > 1 print(hours_per_dy)

NameError: name 'hours_per_dy' is not defined

当看到这种 NameError 时，这表明用户应该检查它引用的变量拼写是否正确，然后只需要更正拼写即可。

【例 2-32】拼写错误的更正。

```
1  print(hours_per_day)
```

运行结果：

24

2.3 数据类型

2.3　数　据　类　型

2.3.1　数据类型的介绍

每当在 Python 中创建一个变量时，它的值都有一个相应的数据类型。Python 有许多不同的数据类型，如整数、浮点数、布尔值和字符串（字符串有关内容请见本书 3.3），接下来将依次介绍所有这些类型。（这只是可用数据类型的一小部分，还有字典、集合、列表、元组等）

数据类型很重要，因为它们决定了可以使用它们执行哪些操作。例如，用户可以用两个浮点数做除法计算，但不能用两个字符串做除法，即：12.0/2.0 有意义，但"cat"/"dog"没有意义。

为避免错误，用户需要确保操作与拥有的数据类型相匹配。

2.3.2 整数

整数(int)是没有任何小数部分的数字,可以是正数(1,2,3...)、负数(−1,−2,−3...)或零(0)。

在[例 2-33]中,将变量"x"设置为整数,然后用 type()验证数据类型,只需要将变量名传递到括号中。

【例 2-33】整数(int)操作。

```
1  x = 14
2  print(x)
3  print(type(x))
```

运行结果:

```
14
<class 'int'>
```

在[例 2-33]的输出中,<class 'int'>指的是整数数据类型。整数的英文单词是 integer。

2.3.3 浮点数

浮点数(float)是带有小数部分的数字,它可以有很多小数点后的数字,如[例 2-34]所示。

【例 2-34】浮点数操作。

```
1  nearly_pi = 3.141592653589793
2  print(nearly_pi)
3  print(type(nearly_pi))
```

运行结果:

```
3.141592653589793
<class 'float'>
```

Python 还可以指定带分数的浮点数,如[例 2-35]所示。

【例 2-35】带分数的浮点数。

```
1  almost_pi = 22/7
2  print(almost_pi)
3  print(type(almost_pi))
```

运行结果：

3.142857142857143

<class 'float'>

round()函数对小数数据的处理特别有用，它可以将数字四舍五入到指定的小数位数，如[例 2-36]所示。

【例 2-36】使用 round()函数将数字四舍五入到指定的小数位数。

```
1   # 四舍五入到小数点后 5 位
2   rounded_pi = round(almost_pi, 5)
3   print(rounded_pi)
4   print(type(rounded_pi))
```

运行结果：

3.14286

<class 'float'>

每当写一个带小数点的数字时，Python 都会将其识别为浮点数数据类型。

例如，"1."（或"1.0""1.00"等）将被识别为浮点数，尽管这些数字在实际上没有小数部分！

【例 2-37】带小数点的数字会被识别为浮点数数据类型。

```
1   y_float = 1.
2   print(y_float)
3   print(type(y_float))
```

运行结果：

1.0

<class 'float'>

2.3.4 布尔值

在 Python 中，可以使用布尔值进行分支逻辑判断。

1）布尔值的运算方法

Python 有一种"bool"的变量，它有两个可能的值："True"和"False"。

通常不会在代码中直接放入 True 或 False，而是从布尔运算符中获取布尔值。这些运算符是指回答"是/否"问题的运算符。用布尔值进行判断的示例请参见[例 2-38]至[例 2-42]。

【例 2-38】在下面的代码单元格中，将"x"设置为值为"True"的布尔值。

```
1   x = True
2   print(x)
3   print(type(x))
```

运行结果：

```
True
<class 'bool'>
```

【例 2-39】接下来，将"y"设置为值为"False"的布尔值。

```
1  y = False
2  print(y)
3  print(type(y))
```

运行结果：

```
False
<class 'bool'>
```

【例 2-40】布尔值用于表示表达式的真或假。由于 1<2 是真语句，因此 a 的值为 True。

```
1  a = (1 < 2)
2  print(a)
3  print(type(a))
```

运行结果：

```
True
<class 'bool'>
```

【例 2-41】类似地，由于 5<3 是错误陈述，因此 b 的值为 False。

```
1  b = (5 < 3)
2  print(b)
3  print(type(b))
```

运行结果：

```
False
<class 'bool'>
```

【例 2-42】可以通过使用 not 来切换布尔值。所以，not True 等价于 False，not False 变成 True。

```
1  c = not False
2  print(c)
3  print(type(c))
```

运行结果：

```
True
<class 'bool'>
```

2）比较操作

用于比较操作的 Python 比较运算符如表 2-2 所示。

表 2-2　Python 比较运算符(用于比较操作)

操作	说明	操作	说明
a==b	a 等于 b	a!＝b	a 不等于 b
a＜b	a 小于 b	a＞b	a 大于 b
a＜＝b	a 小于或等于 b	a＞＝b	a 大于或等于 b

【例 2-43】比较浮点数和整数。

```
1  3.0 = = 3
```

运行结果:

True

【例 2-44】将字符串与整数进行比较,结果为 **False**。

```
1  '3' = = 3
```

运行结果:

False

比较运算符可以与算术运算符结合使用,以表达几乎无限范围的数学测试。

【例 2-45】通过检查对 2 求余数是否返回 1 来检查一个数是否为奇数。

```
1  def is_odd(n):
2      return (n % 2) = = 1
3  print(" 100 是奇数吗?", is_odd(100))
4  print(" -1 是奇数吗?", is_odd(-1))
```

运行结果:

100 是奇数吗? False

-1 是奇数吗? True

请记住在进行比较操作时使用"＝＝"而不是"＝"。如果输入"n ＝＝ 2",则是在比较 n 的值是否等于 2;当输入"n ＝ 2"时,意味着改变 n 的值,将 2 赋值给 n。

3) 组合布尔值

我们可以使用"与""或"和"非"的标准概念组合布尔值,运用的代码分别是:and、or 和 not。

你能猜出[例 2-46]这个表达式的值吗?

【例 2-46】组合布尔值表达式。

```
1  True or True and False
```

运行结果：

True

要回答这个问题，需要弄清楚操作顺序：and 在 or 之前计算。这就是为什么［例 2-46］的结果是"True"。

我们可以尝试记住优先顺序，但更安全的做法是使用括号。这不仅有助于防止错误，还可以让任何阅读代码的人更清楚地了解您的意图。

提示：这里可以通过行号判别一行代码是否因为过长而无法在书中以一行显示，行号未变则表示代码仍为一行。在程序文件和屏幕中应为一行。

［例 2-47］至［例 2-50］作为代码示范，并不需要得出结果。

例如，我们来分析［例 2-47］的表达式。

【例 2-47】组合布尔值表达式。

```
1  prepared_for_weather = have_umbrella or rain_level < 5 and have_hood or not rain_
   level > 0 and is_workday
```

如果直接对上面的表达式进行翻译，则会产生以下解读：

我想说今天的天气是安全的……

如果有一把伞……

或者如果雨不太大而且有遮阳帽……

否则，除非下雨而且这是工作日，否则我仍然很好。

但是这种形式的 Python 代码难以阅读，我们可以通过添加一些括号来解决这个问题。

【例 2-48】通过添加括号来提高可读性。

```
1  prepared_for_weather = have_umbrella or (rain_level < 5 and have_hood) or not (rain
   _level > 0 and is_workday))
```

如果认为添加括号有助于提高代码的可读性，还可以添加更多括号。

【例 2-49】通过添加更多的括号来提高可读性。

```
1  prepared_for_weather = have_umbrella or ((rain_level < 5) and have_hood) or (not
   (rain_level > 0 and is_workday))
```

也可以将这段代码分成多行来强调上面描述的三部分结构。

【例 2-50】分成多行进行布尔值运算。

```
1  prepared_for_weather = (
2      have_umbrella
3      or ((rain_level < 5) and have_hood)
4      or (not (rain_level > 0 and is_workday))
5  )
```

4）条件语句

布尔值在与条件语句结合使用时最有用，常用的关键字有"if""elif"和"else"。

条件语句，通常又称 if-else 语句，可以根据某些布尔条件的值控制运行一些代码段，如［例 2-51］所示。

【例 2-51】布尔值与条件语句结合使用，根据布尔条件的值控制代码运行。

```
1  def inspect(x):
2      if x == 0:
3          print(x, "是零")
4      elif x > 0:
5          print(x, "是正数")
6      elif x < 0:
7          print(x, "是负数")
8      else:
9          print(x, "与见过的任何数据都不一样")
10 inspect(0)
11 inspect(- 15)
```

运行结果：

0 是零

- 15 是负数

if 和 else 这两个关键字经常在其他语言中使用；更独特的关键字是"elif"，它是"elseif"的缩写。在这些条件子句中，elif 和 else 块是自由选择的。此外，Python 代码可以根据需要包含任意数量的 elif 语句。

请特别注意使用冒号（:）和空格来表示单独的代码块。这类似于定义函数时发生的情况，即函数头以":"结尾，并且以下行缩进 4 个空格。所有后续的缩进行都属于函数体，直到遇到一个未缩进的行，结束函数定义。示例请参见［例 2-52］。

【例 2-52】布尔值与条件语句结合使用，根据布尔条件的值控制代码运行。

```
1  def f(x):
2      if x > 0:
3          print("仅在 x 为正数时输出; x = ", x)
4          print("也仅在 x 为正数时输出; x = ", x)
5      print("始终输出,无论 x 的值如何;x = ", x)
6  f(1)
7  f(0)
```

运行结果：

仅在 x 为正数时输出; x = 1

也仅在 x 为正数时输出; x = 1

始终输出,无论 x 的值如何;x = 1

始终输出,无论 x 的值如何;x = 0

5）布尔转换

布尔转换一般会使用 int（）函数和 float（）函数，前者可将变量转换为整数类型，后者可将变量转换为浮点数类型。另外，也可以通过 bool（）函数把 0 或 1 转化为布尔类型。

【例 2-53】通常空序列（字符串、列表、元组和其他类型）是“False”，其余的都是“True”。

```
1  print(bool(1)) #  除了 0,所有数字都被视为 True。
2  print(bool(0))
3  print(bool("asf")) #  除了空字符串,所有字符串都被视为 True
4  print(bool(""))
```

运行结果：

True

False

True

False

【例 2-54】在“if”条件和其他需要布尔值的地方使用非布尔对象，Python 会自动将它们视为对应的布尔值。

```
1  if 0:
2      print(0)
3  elif "spam":
4      print("spam")
```

运行结果：

spam

 拓展阅读

推进数字产业化与产业数字化

党的二十大报告构建了数字经济的发展路径，提出“打造具有国际竞争力的数字产业集群”“构建新一代信息技术、人工智能等一批新的增长引擎”，培育壮大物联网、人工智能、大数据、区块链、云计算等新兴数字产业。同时报告还聚焦不同产业，提出“教育数字化”“文化数字化”“数字贸易”，着力推动不同产业的数字化转型，通过数字产业化与产业数字化，促进数字经济新动能的释放。

在数字产业化方面，《中华人民共和国国民经济和社会发展第十四个五年规划和2035 年远景目标纲要》列举了人工智能、大数据、区块链、云计算、网络安全等新兴数字产业，打造具有国际竞争力的数字产业集群。

针对大数据产业，我国工业和信息化部发布了《“十四五”大数据产业发展规划》，对大数据产业进行统一规划与部署。该规划明确大数据产业是以数据生成、采集、存储、加工、分

析、服务为主的战略性新兴产业,提出要加快培育数据要素市场、发挥大数据特性优势、构建稳定高效产业链、筑牢数据安全保障防线等重点任务,释放数据要素价值,打造数字经济发展新优势。

在产业数字化方面,《"十四五"数字经济发展规划》提出全面深化重点产业数字化转型,包括提升农业数字化水平、纵深推进工业数字化转型、大力发展数字商务、推动智慧能源建设应用等,以数字技术促进产业融合发展,推动产业互联网融通应用。

(资料来源:

《中华人民共和国国民经济和社会发展第十四个五年规划和 2035 年远景目标纲要》《"十四五"大数据产业发展规划》《"十四五"数字经济发展规划》。)

第 3 章

复合数据类型

章节导读

通常一个程序在使用时会运用多个数据。在 Python 中，用户可以通过使用复合数据类型将数据组合在一起。通过使用复合数据类型，程序可以更加高效存储和使用数据。常见的复合数据类型有：列表（list）、元组（tuple）、字符串（str）、字典（dictionary）等。

学习目标

学完本章后，你将能够做到：

1. 确定何时使用列表、元组、字符串、字典等数据类型。
2. 创建和修改数据类型。
3. 使用索引访问列表、元组、字符串中的特定项。
4. 利用 keys 和 values 方法访问字典数据。
5. 对相应数据类型进行排序和切片。

3.1 列 表

3.1 列表
及其方法

3.1.1 列表的优势

列表（list）的优势在于可以有效地组织并高效地使用数据。

与使用其他数据存储方式相比，更好的方法是在 Python 列表中表示相同的数据类型。要创建列表，需要使用方括号并用逗号分隔每个数据（[,]）。

【例 3-1】列表中的每一项都是一个 Python 字符串，因此每一项都要用引号引起来。

```
1  planets = ['Mercury', 'Venus', 'Earth', 'Mars',
2            'Jupiter', 'Saturn', 'Uranus', 'Neptune']
3  print(planets)
4  print(type(planets))
```

运行结果：

```
['Mercury', 'Venus', 'Earth', 'Mars', 'Jupiter', 'Saturn', 'Uranus', 'Neptune']
<class 'list'>
```

根据结果，无论是用 Python 字符串还是列表来表示信息，都没有太大区别。但接下来的内容中，有很多任务可以使用列表更轻松地完成。使用列表将更容易实现：①在指定位置（第一、第二、第三等）获取数据。②检查数据数量。③添加和删除元素。

3.1.2 创建列表

Python 中的列表是值的有序序列。以下是创建列表的示例。

【例 3-2】创建列表。

```
1  primes = [2, 3, 5, 7]
2  print(primes))
```

运行结果：

```
[2, 3, 5, 7]
```

【例 3-3】可以将其他类型的数据放在列表中，甚至可以制作一个包含列表的列表。

```
1  hands = [
2      ['J', 'Q', 'K'],
3      ['2', '2', '2'],
4      ['6', 'A', 'K'], # (最后一个数据后的逗号是可选的)
5  ]
6  # (也可以把它写在一行上，但它可能很难阅读)
7  hands = [['J', 'Q', 'K'], ['2', '2', '2'], ['6', 'A', 'K']]
8  print(hands)
```

运行结果：

```
[['J', 'Q', 'K'], ['2', '2', '2'], ['6', 'A', 'K']]
```

【例 3-4】列表可以包含不同类型变量的组合。

```
1  my_favourite_things = [32, 'raindrops on roses', [1,2,3]]
2  print(my_favourite_things)
```

运行结果：

```
[32, 'raindrops on roses', [1,2,3]]
```

3.1.3 索引

索引是指根据列表中的位置（第一、第二、第三等）来引用列表中的任何数据。

请注意，Python 使用从零开始的索引，这意味着：

（1）要索引出列表中的第一个数据，请使用 0。

（2）要索引列表中的第二个数据，请使用 1。

（3）要得到列表中的最后一个数据，请使用列表长度数值减去 1 的索引值或使用"-1"。

（4）可以使用方括号访问单个列表数据。

接下来将使用一个行星案例解释索引的应用。

哪个行星离太阳最近？Python 使用基于零的索引，因此第一个数据的索引为 0。基于此进行数据引用。

【例 3-5】列表中第一个数据。

```
1  planets = ['Mercury', 'Venus', 'Earth', 'Mars',
2              'Jupiter', 'Saturn', 'Uranus', 'Neptune']
3  planets[0]
```

运行结果：

'Mercury'

下一个最近的行星是什么？

【例 3-6】列表中第二个数据。

```
1  planets[1]
```

运行结果：

'Venus'

哪个行星离太阳最远？列表末尾的数据可以用负数访问，从-1 开始，以此类推。

【例 3-7】列表中最后一个数据。

```
1  planets[-1]
```

运行结果：

'Neptune'

【例 3-8】列表中倒数第二个数据。

```
1  planets[-2]
```

运行结果：

'Uranus'

3.1.4　切片

切片是指在 Python 中提取列表的一部分（例如，前三个数据或最后两个数据）。例如：要从第一个数据索引到 x 数据，可以使用[0:x]，并且要从最后数据索引到倒数第 y 个数据，可以使用[－y：－1]。

承 3.1.3 中的行星案例，若要查询前三个行星是什么，可以使用切片来回答这个问题。

【例 3-9】列表中前三个数据。

```
1  planets[0:3]
```

运行结果：

```
['Mercury', 'Venus', 'Earth']
```

planets[0:3]是获得从索引 0 开始一直到索引 3 但不包括索引 3 的 planets 数据。

起始索引和结束索引都是可选的。如果省略起始索引，则假定为 0，因此可以将 [例 3-9]的表达式重写。

【例 3-10】列表中前三个数据，省略起始索引。

```
1  planets[:3]
```

运行结果：

```
['Mercury', 'Venus', 'Earth']
```

如果省略了结束索引，则系统默认它是列表的长度。

【例 3-11】从索引 3(第四个数据)开始到最后的所有数据。

```
1  planets[3:]
```

运行结果：

```
['Mars', 'Jupiter', 'Saturn', 'Uranus', 'Neptune']
```

[例 3-11]代码表达的意思是"从索引 3 开始的所有行星"。

在切片时也可以使用负索引，如[例 3-12]和[例 3-13]所示。

【例 3-12】查询第一和最后数据以外的所有数据。

```
1  planets[1:-1]]
```

运行结果：

```
['Venus', 'Earth', 'Mars', 'Jupiter', 'Saturn', 'Uranus']
```

【例 3-13】查询最后三个数据。

```
1  planets[-3:]
```

运行结果：

```
['Saturn', 'Uranus', 'Neptune']
```

正如以上看到的运行过程，当对列表进行切片时，它会返回一个新的、缩短的列表。

3.1.5　更改列表

列表是"可变的",这意味着它们可以"就地"修改,即更改列表。

更改列表的一种常用方法是赋值。仍沿用行星案例,假设要重命名 Mars。

【例 3-14】通过赋值修改列表。

```
1   planets[3] = 'Malacandra'
2   planets
```

　运行结果:

```
['Mercury',

'Venus',

'Earth',

'Malacandra',

'Jupiter',

'Saturn',

'Uranus',

'Neptune']
```

接下来通过[例 3-15]对前 3 个行星的名称进行缩短。

【例 3-15】通过赋值对前三个数据进行修改。

```
1   planets[:3] = ['Mur', 'Vee', 'Ur']
2   print(planets)
```

　运行结果:

```
['Mur', 'Vee', 'Ur', 'Malacandra', 'Jupiter', 'Saturn', 'Uranus', 'Neptune']
```

若要将之前调整的名称恢复,可参照[例 3-16]中的赋值操作。

【例 3-16】通过赋值对前四个数据进行修改。

```
1   # 再把缩短的名字恢复原状
2   planets[:4] = ['Mercury', 'Venus', 'Earth', 'Mars',]
3   print(planets)
```

　运行结果:

```
['Mercury', 'Venus', 'Earth', 'Mars', 'Jupiter', 'Saturn', 'Uranus', 'Neptune']
```

3.1.6　列表函数

Python 有以下几个用于处理列表的有用函数。

(1) 使用 len()函数可以计算任何列表中数据的个数。len 是"length"(长度的名词)的缩写。用户只需在括号中提供列表的名称，len()函数就能给出列表的长度。

【例3-17】通过 len()函数获得列表中数据数量。

```
1  # 有多少颗行星?
2  len(planets)
```

运行结果：

8

（2）使用 sorted()函数返回列表的排序版本。

【例3-18】进行列表的排序。

```
1  # 按字母顺序排序的行星
2  sorted(planets)
```

运行结果：

['Earth', 'Jupiter', 'Mars', 'Mercury', 'Neptune', 'Saturn', 'Uranus', 'Venus']

（3）使用 sum()函数对给定列表求和。

【例3-19】对给定列表进行求和。

```
1  primes = [2, 3, 5, 7]
2  sum(primes)
```

运行结果：

17

（4）使用 min()函数和 max()函数传入列表参数。

我们之前使用过 min()函数和 max()函数来获取几个参数的最小值或最大值，但它们也可以传入一个列表参数。

【例3-20】获取列表中的最大值。

```
1  max(primes)
```

运行结果：

7

更多阅读：对象的概念

到目前为止，我们已经多次使用"对象"（object）一词。甚至可能您读过的 Python 中的所有内容都是对象。这意味着什么呢？

简而言之，对象可以承载很多属性。用户可以使用 Python 的点语法访问这些内容。

例如，Python 中的数字带有一个名为"imag"的关联变量，代表它们的虚部。（除非正在

做一些非常奇怪的数学运算,否则可能永远不需要使用它)

【例 3-21】输出实数的虚部。

```
1  x = 12
2  #  x 是一个实数,所以它的虚部是 0。
3  print(x.imag)
4  #  以下是制作复数的方法,如果您好奇:
5  c = 12 + 3j
6  print(c.imag)
```

运行结果:

0

3.0

对象承载的内容也包括函数。附加到对象的函数被称为方法(method)。(附加到对象的非功能性事物,如 imag,被称为属性)

例如,数字对象中有一个名为"bit_length"的方法。同样,可以使用点语法访问它。

【例 3-22】访问 bit_length 的方法。

```
1  x.bit_length
```

运行结果:

```
<function int.bit_length()>
```

要实际调用 bit_length,可以添加括号。

【例 3-23】调用 bit_length 的方法。

```
1  x.bit_length()
```

运行结果:

4

3.1.7 列表方法

【例 3-24】通过 list. append()在末尾添加一个数据来修改列表。

```
1  planets = ['Mercury', 'Venus', 'Earth', 'Mars',
2              'Jupiter', 'Saturn', 'Uranus', 'Neptune']
3  # Pluto 是一个行星
4  planets.append('Pluto')
5  print(planets)
```

运行结果:

```
['Mercury', 'Venus', 'Earth', 'Mars', 'Jupiter', 'Saturn', 'Uranus', 'Neptune', 'Pluto']
```

【例 3-25】通过 list. pop( )删除并返回列表的最后一个数据。

```
1  planets.pop()
```

运行结果:

```
'Pluto'
```

【例 3-26】输出列表。

```
1  planets
```

运行结果:

```
['Mercury', 'Venus', 'Earth', 'Mars', 'Jupiter', 'Saturn', 'Uranus', 'Neptune']
```

【例 3-27】使用 list. remove( ) 从列表中删除一个数据,并将要删除的数据放在括号中。

```
1  planets.remove("Neptune")
2  print(planets)
```

运行结果:

```
['Mercury', 'Venus', 'Earth', 'Mars', 'Jupiter', 'Saturn', 'Uranus']
```

3.1.8　搜索列表

若要查询地球在行星中的顺序,可以使用 list. index( )获取它的索引。

【例 3-28】使用 list. index( )获取列表数据的索引。

```
1  planets = ['Mercury', 'Venus', 'Earth', 'Mars',
2             'Jupiter', 'Saturn', 'Uranus', 'Neptune', 'Pluto']
3  planets.index('Earth')
```

运行结果:

```
2
```

根据结果,地球在行星中排在第三位(即索引为 2)。

同样可以用这种方法查询冥王星出现在什么位置。

【例 3-29】使用 list. index( )获取列表数据的索引。

```
1  planets.index('Pluto')
```

运行结果:

```
8
```

还有 in 运算符,也可以用来确定列表中是否包含特定值。

【例 3-30】使用 in 运算符来确定行星列表是否包含地球。

```
1  # 地球是行星吗?
2  "Earth" in planets
```

运行结果:

True

【例 3-31】使用 in 运算符来确定行星列表是否包含"Calbefraques"。

```
1  # Calbefraques 是行星吗?
2  "Calbefraques" in planets
```

运行结果:

False

到目前为止,列表中的每个数据几乎都是一个字符串。但是列表可以包含任何数据类型的数据,包括布尔值、整数和浮点数。

3.1.9　列表的应用举例

我们以分析 4 月第 1 周零售店的精装书销售情况为例,对列表的应用进行总结。

【例 3-32】创建列表。

```
1  hardcover_sales = [139, 128, 172, 139, 191, 168, 170]
```

在这里,hardcover_sales 是一个整数列表。与处理字符串时类似,在 Python 中仍然可以执行诸如获取长度、提取单个数据和扩展列表等操作。

【例 3-33】输出列表的长度和索引为 2 的数据。

```
1  print("列表的长度(列表数据个数):", len(hardcover_sales))
2  print("索引为 2 的数据(第 3 个数据):", hardcover_sales[2])
```

运行结果:

列表的长度(列表数据个数): 7

索引为 2 的数据(第 3 个数据): 172

【例 3-34】还可以使用 min( )函数获得最小值,使用 max( )函数获得最大值。

```
1  print("最小值:", min(hardcover_sales))
2  print("最大值:", max(hardcover_sales))
```

运行结果:

最小值: 128

最大值: 191

【例 3-35】要统计列表中的每个数据,可以使用 sum( )函数。

```
1  print("列表数据的总和:", sum(hardcover_sales))
```

运行结果:

列表数据的总和: 1107

用户也可以对列表的切片进行类似的计算,在［例 3-36］中,选择前 5 天的总和,即"sum(hardcover_sales[:5])",然后除以 5 以获得前 5 天售出的平均图书数量。

【例 3-36】对列表切片,然后进行计算。

```
1  print("前5天的平均值:", sum(hardcover_sales[:5])/5)
```

运行结果:

前 5 天的平均值: 153.8

3.2 元组

3.2 元　　组

元组(tuple)几乎与列表完全相同,它们仅在两个方面有所不同。

(1) 创建元组应使用"( )"。

【例 3-37】创建元组,使用的是括号而不是方括号。

```
1  # 创建元组
2  t = (1, 2, 3)
3  t
```

运行结果:

(1, 2, 3)

(2) 元组不能被修改(它们是不可变的)。

【例 3-38】对元组数据赋值,会出现错误。

```
1  t[0] = 100
```

运行结果:

- -

TypeError   Traceback (most recent call last)

- - - - > 1 t[0] = 100

TypeError: 'tuple' object does not support item assignment

另外,元组的特性决定了其通常用于具有多个返回值的函数,示例可参考[例 3-39]至[例 3-41]。

【例 3-39】float 对象的 as_integer_ratio( )方法以元组的形式返回一个分子和一个分母。

```
1   x = 0.125
2   x.as_integer_ratio()
```

运行结果:

```
(1, 8)
```

【例 3-40】承[例 3-39],多个返回值可以单独赋值。

```
1   numerator, denominator = x.as_integer_ratio()
2   print(numerator / denominator)
```

运行结果:

```
0.125
```

【例 3-41】运用经典的 Stupid Python Trick™ 交换两个变量。

```
1   a = 1
2   b = 0
3   a, b = b, a
4   print(a, b)
```

运行结果:

```
0 1
```

3.3　字　符　串

3.3　字符串

Python 语言真正出类拔萃的地方之一是对字符串的处理。本节将介绍 Python 的一些内置字符串方法和格式化操作。字符串操作经常出现在数据科学工作的场景中。

3.3.1　字符串介绍

字符串(str)是 Python 中最常用的数据类型之一,通常用于表示文本。从简单的格式设置到表示变量,使用、操作字符串是 Python 开发人员的一项关键技能。

字符串数据类型是包含在引号中的字符(如字母表字母、标点符号、数字或符号)的集合。

在字符串引号内,可以存在中文及中文标点;字符串引号外只有英文及英文标点。

【例3-42】输出字符串及其类型。

```
1  w = "Hello, Python!"
2  print(w)
3  print(type(w))
```

运行结果：

Hello, Python!

< class 'str'>

用户可以使用 len() 函数获取字符串的长度。例如，"Hello, Python!"的长度为 14，因为它有 14 个字符，包括**空格**、逗号和感叹号。请注意，计算长度时不包括引号。

【例3-43】输出字符串长度。

```
1  print(len(w))
```

运行结果：

14

空字符串是一种特殊类型的字符串，其长度为零。

【例3-44】空字符串。

```
1  shortest_string = ""
2  print(type(shortest_string))
3  print(len(shortest_string))
```

运行结果：

< class 'str'>

0

如果将数字放在引号中，则它是字符串数据类型。

【例3-45】引号中的数字是字符串数据类型。

```
1  my_number = "1.12321"
2  print(my_number)
3  print(type(my_number))
```

运行结果：

1.12321

< class 'str'>

如果有一个可转换为浮点数的字符串，可以使用 float() 函数将其转换为浮点数。

float() 函数并不总是能将字符串转换为浮点数。例如，可以将"10.43430"和"3"转换为浮点数，但不能将"Hello, Python!"转换为浮点数。

【例 3-46】通过 float( )函数将字符串转换为浮点数。

```
1  also_my_number = float(my_number)
2  print(also_my_number)
3  print(type(also_my_number))
```

运行结果：

1.12321

< class 'float'>

就像可以对两个数字（浮点数或整数）做加法一样，也可以用加号（＋）连接两个字符串。这样会通过连接两个原始字符串产生一个更长的字符串。

【例 3-47】通过加号（＋）连接两个字符串。

```
1  new_string = "abc" + "def"
2  print(new_string)
3  print(type(new_string))
```

运行结果：

abcdef

< class 'str'>

请注意，Python 不能对两个字符串进行减法或除法运算，也不能将两个字符串相乘。但 Python 可以将一个字符串乘以一个整数，这样可以将这个字符串复制多次形成一个新的字符串。

【例 3-48】字符串乘以一个整数，将这个字符串复制多次形成一个新的字符串。

```
1  newest_string = "abc" * 3
2  print(newest_string)
3  print(type(newest_string))
```

运行结果：

abcabcabc

< class 'str'>

请注意，不能将字符串乘以浮点数！如果这样做将运行错误。

【例 3-49】用字符串乘以浮点数的错误示例。

```
1  will_not_work = "abc" * 3.
```

运行结果：

- -

TypeError   Traceback (most recent call last)

```
- - - - > 1 will_not_work = "abc" * 3.
```

TypeError: can't multiply sequence by non- int of type 'float'

在［例 3-49］中，"字符串"是"abc"，"非整数的浮点数"是（3.0）。因此，错误信息的意思就是"不能将字符串乘以浮点数"。

3.3.2 字符串语法

在前面的示例中，我们已经看到了大量字符串。Python 中的字符串可以使用单引号或双引号定义，它们在功能上是等价的。

【例 3-50】使用单引号或双引号表示字符串。

```
1   x = 'Pluto is a planet'
2   y = "Pluto is a planet"
3   x == y
```

运行结果：

True

如果字符串包含单引号字符，则使用双引号会更方便，这样可以避免英文语法与 Python 语法冲突。

同样，如果将字符串用单引号括起来，则很容易创建包含双引号的字符串。

用户在使用单、双引号时，需要结合字符串的内容进行判断。

【例 3-51】单双引号配合使用。

```
1   print("Pluto's a planet!")
2   print('My dog is named "Pluto"')
```

运行结果：

Pluto's a planet!

My dog is named "Pluto"

【例 3-52】如果尝试将单引号字符放在单引号字符串中，Python 运行时会出现识别问题。

```
1   'Pluto's a planet!'
```

运行结果：

'Pluto's a planet! '

                 ^

SyntaxError: unterminated string literal (detected at line 1)

用户可以使用反斜杠字符解决一些识别问题。

【例 3-53】用户可以通过用反斜杠"转义"单引号来解决识别问题。

```
1  'Pluto\'s a planet!'
```

运行结果：

"Pluto's a planet!"

反斜杠字符的一些重要用途总结如表 3-1 所示。

表 3-1　反斜杠字符的用途

符号	显示到的符号	输入示范	示范显示
\'	'	'What\' s up?'	What' s up
\"	"	"Thatˊs \"cool\""	That' s "cool"
\\	\	"Look, a mountain：/\\"	Look，a mountain：/\
\n	换行	"1\n2 3"	1 2 3

【例 3-54】运用"\n"开始一个新行。

```
1  hello = "hello\nworld"
2  print(hello)
```

运行结果：

hello

world

此外，Python 的字符串三引号语法允许按字面意思包含换行符（即只需按键盘上的"Enter"，而不是使用特殊的"\n"序列）。

【例 3-55】字符串三引号语法允许按字面意思包含换行符。

```
1  triplequoted_hello = """hello
2  world"""
3  print(triplequoted_hello)
4  triplequoted_hello = = hello
```

运行结果：

hello

world

True

print()函数会自动添加一个换行符，除非为关键字参数 end 指定一个不同于默认值'\n'的值。

【例 3-56】运用 print( )函数自动添加换行符。

```
1  print("hello")
2  print("world")
3  print("hello", end= '')
4  print("pluto", end= '')
```

运行结果：

hello

world

hellopluto

3.3.3 对字符串适用的操作

字符串可以被认为是字符序列。几乎所有可以对列表执行的操作，也都可以对字符串执行，示例如下。

【例 3-57】通过索引访问字符串字符。

```
1  # 索引
2  planet = 'Pluto'
3  planet[0]
```

运行结果：

'P'

【例 3-58】对字符串切片。

```
1  # 切片
2  planet[-3:]
```

运行结果：

'uto'

【例 3-59】使用 len( )函数获得字符串的长度。

```
1  # 字符串的长度?
2  len(planet)
```

运行结果：

5

【例 3-60】对字符串遍历。

```
1  # 遍历
2  [char+ '! ' for char in planet]
```

运行结果：

['P! ', 'l! ', 'u! ', 't! ', 'o! ']

但字符串与列表的主要区别在于字符串不可变，因而无法修改字符串。

【例 3-61】无法通过赋值对字符串进行修改。

```
1  planet[0] = 'B'
2  # planet.append 也不起作用
```

运行结果：

- -

TypeError   Traceback (most recent call last)

- - - - > 1 planet[0] = 'B'

TypeError: 'str' object does not support item assignment

3.3.4 字符串方法

和列表一样，字符串类型有很多非常有用的方法，具体举例如下。

【例 3-62】字符串内容全部大写。

```
1  # 全部大写
2  claim = "Pluto is a planet!"
3  claim.upper()
```

运行结果：

'PLUTO IS A PLANET!'

【例 3-63】字符串内容全部小写。

```
1  # 全部小写
2  claim.lower()
```

运行结果：

'pluto is a planet!'

【例 3-64】获取子字符串在原字符串中的第一个索引。

```
1  # 搜索子字符串的第一个索引
2  claim.index('plan')
```

运行结果：

11

【例 3-65】判断 claim 变量代表的字符串是否以 pluto 代表的字符串开头。

```
1  claim.startswith('Pluto')
```

运行结果：

True

【例 3-66】判断 claim 变量代表的字符串是否以planet字符串结尾。

```
1  # 假,因为缺少感叹号
2  claim.endswith('planet')
```

运行结果：

False

3.3.5　字符串和列表切换

用户可以使用"str. split()"和"str. join()"在字符串和列表之间切换。

str. split()可以将一个字符串变成一个较小的字符串列表,默认情况下在空格处断开。这对于将一个大字符串转换成一个单词列表非常有用。

【例 3-67】将字符串分隔成较小的字符串列表。

```
1  words = claim.split()
2  words
```

运行结果：

['Pluto', 'is', 'a', 'planet! ']

有时,会遇到需要拆分空格以外的内容,也可以运用 str. split()进行转换。

【例 3-68】将字符串分隔成较小的字符串列表,并从指定字符处断开。

```
1  datestr = '1956- 01- 31'
2  year, month, day = datestr.split('- ')
3  print(year, month, day)
```

运行结果：

1956 01 31

str. join()适用于将字符串列表连接成一个长字符串,使用调用它的字符串作为分隔符。

【例 3-69】将字符串列表连接成一个长字符串并使用调用它的字符串作为分隔符。

```
1  '/'.join([month, day, year])
```

运行结果：

'01/31/1956'

3.3.6　使用 str. format( )构建字符串

Python 允许使用"＋"运算符连接字符串。

【例 3-70】使用"＋"运算符连接字符串。

```
1  planet + ', we miss you.'
```

运行结果：

'Pluto, we miss you.'

如果想连接任何非字符串对象,必须先对它们调用 str( )函数,否则会发生错误。

【例 3-71】错误示例:字符串与不同类型变量连接。

```
1  position = 9
2  planet + ", you'll always be the " + position + "th planet to me."
```

运行结果：

- -

TypeError   Traceback (most recent call last)

　　1 position = 9

- - - - > 2 planet+ ", you'll always be the + position + "th planet to me."

TypeError: can only concatenate str (not "int") to str

【例 3-72】调用 str( )函数将非字符串变量转变为字符串类型,再进行连接。

```
1  planet = 'Pluto'
2  position = 9
3  planet + ", you'll always be the " + str(position) + "th planet to me."
```

运行结果：

"Pluto, you'll always be the 9th planet to me."

这类操作越来越难以阅读并且代码十分冗长容易出错,此时可以使用"str. format( )"来拯救。

【例 3-73】使用"str. format( )"插入值。

```
1  "{}, you'll always be the {}th planet to me.".format(planet, position)
```

运行结果：

"Pluto, you'll always be the 9th planet to me."

［例 3-73］中,在"格式字符串"上调用 str. format( ),其中要插入的值用"{ }"占位符表示。

请注意,这时不必调用 str()函数即可将 position 从 int 转换,str. format()会解决这个问题。

如果这就是 str.format()的全部功能,它已经非常有价值了。但事实证明,它可以做得更多,这里通过[例 3-74]和[例 3-75]举例说明。

【例 3-74】在"格式字符串"上调用 str. format(),并对小数位数和百分号进行表示。

```
1  pluto_mass = 1.303 * 10** 22
2  earth_mass = 5.9722 * 10** 24
3  population = 52910390
4  # 2个小数点;3个小数点,格式为百分比分隔;用逗号
5  "{} weighs about {:.2} kilograms ({:.3%} of Earth's mass). It is home to {:,}
   Plutonians.".format(
6     planet, pluto_mass, pluto_mass / earth_mass, population,)
```

运行结果:

"Pluto weighs about 1.3e+ 22 kilograms (0.218% of Earth's mass). It is home to 52,910,390

Plutonians."

【例 3-75】按索引引用 str. format(),从 0 开始。

```
1  # 按索引引用 format()参数,从 0 开始
2  s = """Pluto's a {0}.
3  No, it's a {1}.
4  {0}!
5  {1}!""".format('planet', 'dwarf planet')
6  print(s)
```

运行结果:

Pluto's a planet.

No, it's a dwarf planet.

planet!

dwarf planet!

3.4　字　典

字典(dictionary)是一种内置的 Python 数据结构,用于将键映射到值。

【例 3-76】创建和输出字典。

```
1  numbers = {'one':1, 'two':2, 'three':3}
2  print(numbers)
```

运行结果：

{'one': 1, 'two': 2, 'three': 3}

在这种情况下，'one''two'和' three'是键，而 1、2 和 3 是它们对应的值。

值可以通过方括号语法访问，类似于索引到列表和字符串。

【例 3-77】通过方括号语法访问字典的值。

```
1  numbers['one']
```

运行结果：

1

用户可以使用相同的语法添加另一个键值对。

【例 3-78】通过方括号语法赋值添加字典的键值对。

```
1  numbers['eleven'] = 11
2  numbers
```

运行结果：

{'one': 1, 'two': 2, 'three': 3, 'eleven': 11}

用户还可以使用方括号语法更改与现有键关联的值。

【例 3-79】通过方括号语法赋值更改字典的现有键关联的值。

```
1  numbers['one'] = 'Pluto'
2  numbers
```

运行结果：

{'one': 'Pluto', 'two': 2, 'three': 3, 'eleven': 11}

Python 具有字典推导式的功能，其语法类似于 4.2.5 的列表推导式。

【例 3-80】字典推导式的应用。

```
1  planets = ['Mercury', 'Venus', 'Earth', 'Mars',
2             'Jupiter', 'Saturn', 'Uranus', 'Neptune']
3  planet_to_initial = {planet: planet[0] for planet in planets}
4  planet_to_initial
```

运行结果：

{'Mercury': 'M',
'Venus': 'V',
'Earth': 'E',
'Mars': 'M',

```
'Jupiter': 'J',
'Saturn': 'S',
'Uranus': 'U',
'Neptune': 'N'}
```

in 运算符可以用于判断某项目是否是字典中的键。

【例 3-81】运用 in 运算符判断某项目是否是字典中的键。

```
1  'Saturn' in planet_to_initial
```

运行结果：

True

【例 3-82】运用 in 运算符判断某项目是否是字典中的键。

```
1  'Betelgeuse' in planet_to_initial
```

运行结果：

False

运用 for 循环可以遍历字典的键。

【例 3-83】运用 for 循环遍历字典上的键。

```
1  for k in numbers:
2      print("{} = {}".format(k, numbers[k]))
```

运行结果：

one = Pluto

two = 2

three = 3

eleven = 11

用户可以分别使用"dict. keys()"和"dict. values()"访问所有键或所有值的集合。

【例 3-84】获取所有首字母，按字母顺序排序，并将它们放在以空格分隔的字符串中。

```
1  ' '.join(sorted(planet_to_initial.values()))
```

运行结果：

'E J M M N S U V'

dict. items()是非常有用的，可以同时迭代字典的键和值。（在 Python 术语中，item 指的是键值对）

【例 3-85】 使用 dict. items( )同时迭代字典的键和值。

```
1   for planet, initial in planet_to_initial.items():
2       print("{} begins with \"{}\"".format(planet.rjust(10), initial))
```

运行结果：

```
Mercury begins with "M"
  Venus begins with "V"
  Earth begins with "E"
   Mars begins with "M"
Jupiter begins with "J"
 Saturn begins with "S"
 Uranus begins with "U"
Neptune begins with "N"
```

拓展阅读

自主可控是增强网络安全的前提

网络空间已成为国家继陆、海、空、天四个疆域之后的第五疆域，与其他疆域一样，网络空间也需体现国家主权，保障网络空间安全也就是保障国家主权。

按照顾能(Gartner)公司的观点，网络安全的内涵可以包括：

(1) 信息安全，是网络安全的最重要内涵，保障网络主权就应保障信息主权。

(2) IT(信息技术)安全，包括关键核心技术、信息基础设施、相关硬件软件技术等的安全。在 IT 安全方面，我国目前应及早解决在关键核心技术和设备上受制于人的问题。

(3) OT(运作技术)安全，包括法规、标准、制度、管理等方面。

(4) 物理安全，是指与技术无关的安全。

(5) IoT(物联网)安全，主要涉及数据安全、隐私、复制、RFID 系列的威胁等。

对于传统安全而言，选取技术、产品和服务等主要依据性价比。但对于网络安全、信息安全而言，因为存在着攻防两方，所以信息关键核心技术设备和服务的选取首先是考察其能否自主可控，这一要求往往比性价比更重要。可以说，自主可控是保障网络安全、信息安全的前提。能自主可控意味着信息安全容易治理，产品和服务一般不存在恶意后门并可以不断改进或修补漏洞；反之，不能自主可控就意味着具"他控性"，就会受制于人，其后果是信息安全难以治理，产品和服务一般存在恶意后门并难以改进或修补漏洞。

(资料来源：

倪光南. 自主可控是增强网络安全的前提[R/OL]. (2020-06-18)[2023-09-07]. http://gxt. jl. gov. cn/gdtp/wlaqz/zjft/201411/t20141128_1808338. htm.)

第4章

程序控制结构

章节导读

通常，程序将会按照语句先后顺序运行。此外，程序还有根据条件判断结果执行相应代码块的条件分支语句，以及按照次数（for 循环）或条件（while 循环）判断执行的循环语句。

学习目标

学完本章后，你将能够做到：

1. 使用 if、else 和 elif 语句在各种条件下执行代码。
2. 确定何时使用 while 和 for 循环。
3. 使用 while 循环多次运行任务。
4. 使用 for 循环对列表数据执行访问。

4.1 条件
分支

4.1 条 件 分 支

4.1.1 条件分支概述

当将输入值更改为函数时，通常会得到不同的输出。例如，一个"add_five()"函数能够将 5 加到任意数字上并返回结果。因此，add_five(7)将返回 12(=7+5)的输出，add_five(8)将返回 13(=8+5)的输出。请注意，此时无论输入什么，函数执行的操作总是相同的：它总是加 5。

但是有时候需要编写一个函数，它将根据输入值进行不同的操作。例如，可能需要一个函数"add_three_or_eight()"，如果输入小于 10，则加 3，如果输入大于或等于 10，则加 8。此时，add_three_or_eight(1)将返回 4(=1+3)，但 add_three_or_eight(11)将返回 19(=11+8)。在这种情况下，函数执行的操作随输入而变化。这里就可以运用条件分支语句。

条件分支语句可以根据输入函数的参数值来修改其运行方式。当输入不同的参数值，通常会得到不同的输出。

本节将学习如何使用条件语句来修改函数的运行方式。

4.1.2　条件判断

在编程中,条件判断语句是 True 或 False 的语句。在 Python 中有许多不同的写条件的方法,但是最常见的写条件的方法是比较两个不同的值。例如,检查 2 是否大于 3。

【例 4-1】条件判断语句:比较两个不同的值。

```
1  print(2 > 3)
```

运行结果:

False

［例 4-1］中,Python 将录入条件判定为 False,因为 2 不大于 3。

还可以使用条件来比较变量的值。例如,［例 4-2］中,"var_one"的值为 1,而"var_two"的值为 2。在条件中,检查 var_one 是否小于 1(即 False),并检查 var_two 是否大于或等于 var_one(即 True)。

【例 4-2】使用条件来比较变量的值。

```
1  var_one = 1
2  var_two = 2
3  print(var_one < 1)
4  print(var_two > = var_one)
```

运行结果:

False

True

有关可用于构造条件的常用符号列表如表 4-1 所示。

表 4-1　**Python 比较运算符(用于构造条件)**

符号	含义
==	等于
！=	不等于
<	小于
<=	小于或等于
>	大于
>=	大于或等于

重要说明:当检查两个值是否相等时,请确保使用"=="符号,而不是"="号。例如,var_one==1 检查 var_one 的值是否为 1,但是 var_one=1 将 var_one 的值赋值为 1。

条件语句,即使用条件来修改函数的运行方式。解释器检查条件的值,如果条件的计算结果为 True,则执行某个代码块。(如果条件为 False,则代码不会运行)

4.1.3 "if"语句

最简单的条件语句类型是"if"语句。我们可以在以下例题中的 evaluate_temp()函数中看到这样的示例。

【例4-3】"if"语句的应用。

```
1   def evaluate_temp(temp):
2       #  设置初始消息
3       message = "Normal temperature."
4       #  仅当温度大于 38 时才显示的消息
5       if temp > 38:
6           message = "Fever!"
7       return message
```

该函数以体温(摄氏度)作为输入。最初,message 设置为"Normal temperature. "(正常体温)。然后,如果 temp>38 为 True(例如,体温大于 38℃),message 将更新为"Fever!"(发烧);否则,如果 temp>38 为 False,则不会更新 message。最后,函数返回 message。

在[例 4-4]中,我们调用函数,其中温度为 37℃。message 是"Normal temperature. ",因为在这种情况下温度低于 38℃("temp>38"计算为"False")。

【例4-4】调用函数并输出结果。

```
1   print(evaluate_temp(37))
```

运行结果:

```
Normal temperature.
```

但是,如果温度改为 39℃,因为这大于 38℃,message 将更新为"Fever!"。

【例4-5】调用函数并输出结果。

```
1   print(evaluate_temp(39))
```

运行结果:

```
Fever!
```

请注意,缩进有两个级别:

第一级缩进是因为需要缩进函数内部的代码块。

第二级缩进是因为还需要缩进属于"if"语句的代码块。

请注意,因为 return 语句在"if"语句下没有缩进,所以它总是被执行,无论 temp>38 是 True 还是 False。

4.1.4　"if...else"语句

如果"if...else"语句为"True",则运行"if"语句下的代码,如果语句为"False",则运行"else"下的代码。

另外,本章使用了较多的 def 语句来定义函数,具体讲解可以参照 5.1.1 定义函数部分的内容。

【例 4-6】"if...else"语句的应用。

```
1   def evaluate_temp_with_else(temp):
2       if temp > 38:
3           message = "Fever!"
4       else:
5           message = "Normal temperature."
6       return message
```

[例 4-6]中的 evaluate_temp_with_else()函数具有与 evaluate_temp()函数等效的执行效果。

在[例 4-7]中,调用 evaluate_temp_with_else()函数,其中温度为 37℃。在这种情况下,temp＞38 的计算结果为 False,因此执行"else"语句下的代码,并返回"Normal temperature"。

【例 4-7】调用函数并输出结果。

```
1   print(evaluate_temp_with_else(37))
```

运行结果:

```
Normal temperature.
```

与前面的函数一样,在"if"和"else"语句之后需要缩进代码块。

4.1.5　"if ... elif ... else"语句

在 Python 中,可以使用"elif"来检查多个条件是否为真。我们可以利用"elif"来实现下面的功能:

首先,检查是否 temp＞38。如果"temp＞38"是真的,则 message 设置为"Fever!"(发烧)。只要 message 尚未设置,该函数就会检查"temp＞35"。如果"temp＞35"是真的,则 message 设置为"Normal temperature."(正常体温)。

其次,如果仍然没有设置 message,则"else"语句将确保 message 设置为"Low temperature."(低温)。

最后,返回 message。代码参见[例 4-8]。

用户在使用时可以将"elif"想成是在说:"之前的条件(例如,temp＞38)是错误的,所以来检查这个新条件(例如,temp＞35)是否可能为真。"

【例 4-8】 "if … elif … else"语句的应用。

```
1  def evaluate_temp_with_elif(temp):
2      if temp > 38:
3          message = "Fever!"
4      elif temp > 35:
5          message = "Normal temperature."
6      else:
7          message = "Low temperature."
8      return message
```

在[例 4-9]中,在"elif"语句下运行代码,因为 temp＞38 为 False,而 temp＞35 为 True,所以运行此代码后,该函数将跳过"else"语句并返回 message。

【例 4-9】 调用函数并输出结果。

```
1  evaluate_temp_with_elif(36)
```

运行结果:

```
'Normal temperature.'
```

最后,尝试温度低于 35℃的情况,如[例 4-10]所示,由于"if"和"elif"语句中的条件都计算为 False,所以将执行"else"语句中的代码块。

【例 4-10】 调用函数并输出结果。

```
1  evaluate_temp_with_elif(34)
```

运行结果:

```
'Low temperature.'
```

4.1.6 示例—计算

在目前的示例中,条件语句都在用于决定如何设置变量的值。但是用户也可以使用条件语句来执行不同的计算。

在接下来的示例中,假设在一个只有两个税率的国家/地区:收入低于 12 000 元的人缴纳 25％的所得税,收入等于 12 000 元或以上的人缴纳 30％的所得税。

首先,运用条件语句设置函数计算应交的所得税,如[例 4-11]所示。

【例 4-11】 设置计算应交的所得税的函数。

```
1  def get_taxes(earnings):
2      if earnings < 12000:
3          tax_owed = 0.25 * earnings
```

```
4       else:
5           tax_owed = 0.30 * earnings
6       return tax_owed
```

其次,使用该函数并输出计算的所得税税额。

【例 4-12】调用函数并输出结果。

```
1   ana_taxes = get_taxes(9000)
2   bob_taxes = get_taxes(15000)
3   print(ana_taxes)
4   print(bob_taxes)
```

运行结果:

2250.0

4500.0

我们通过[例 4-12]来分析在不同情况下,调用 get_taxes()函数并使用返回的值来设置变量的值的思路:

(1)对于 ana_taxes,计算收入为 9 000 元的人需缴纳的税款。在这种情况下,调用 get_taxes()函数并将 earnings 设置为"9000"。因此,earnings<12000 为 True,tax_owed 设置为"0.25 * 9000"。然后返回 tax_owed 的值。

(2)对于 bob_taxes,计算收入为 15 000 元的人需缴纳的税款。在这种情况下,调用 get_taxes()函数并将 earnings 设置为"15000"。因此,earnings<12000 为 False,tax_owed 设置为"0.30 * 15000"。然后返回 tax_owed 的值。

提示:在继续另一个示例之前,还记得介绍中的 add_three_or_eight()函数吗?它接受一个数字作为输入,如果输入小于 10,则加 3,否则加 8。请思考如何编写这个函数。

【例 4-13】运用条件语句设置 add_three_or_eight()函数。

```
1   def add_three_or_eight(number):
2       if number < 10:
3           result = number + 3
4       else:
5           result = number + 8
6       return result
```

4.1.7　示例—多个"elif"语句

到目前为止,已经看到"elif"在一个示例中只使用了一次。但是一组代码中可以使用的"elif"语句的数量不受限制。例如,[例 4-14]中根据体重(单位为千克)计算药物剂量的代码设置(单位为毫升)。

【例4-14】在一组代码中应用多个"elif"语句。

```
1  def get_dose(weight):
2      # 剂量为1.25毫升,适用于5.2千克以下的任何人
3      if weight < 5.2:
4          dose = 1.25
5      elif weight < 7.9:
6          dose = 2.5
7      elif weight < 10.4:
8          dose = 3.75
9      elif weight < 15.9:
10         dose = 5
11     elif weight < 21.2:
12         dose = 7.5
13     # 剂量为10毫升,适用于21.2千克或以上的人
14     else:
15         dose = 10
16     return dose
```

我们在[例4-15]中调用并运行函数。

【例4-15】调用函数并输出结果。

```
1  print(get_dose(12))
```

运行结果：

5

在这种情况下这个函数的运行思路为："if"语句为"False",前两个"elif"语句的计算结果为"False",直到达到"weight <15.9",即"True",而"dose"将设置为5。

一旦"elif"语句的计算结果为"True"并运行代码块,该函数将跳过所有剩余的"elif"和"else"语句。跳过这些之后,剩下的就是return语句,它将返回dose的值。

elif语句的顺序在这里很重要！重新排序语句将返回非常不同的结果。

4.2 循　环

循环是一种重复执行某些代码的方法,以[例4-16]为例。

【例4-16】循环举例：for循环遍历列表。

```
1  planets = ['Mercury', 'Venus', 'Earth', 'Mars', 'Jupiter', 'Saturn', 'Uranus',
   'Neptune']
2  for planet in planets:
3      print(planet, end= ' ')              # 在同一行输出所有内容
```

运行结果：

Mercury Venus Earth Mars Jupiter Saturn Uranus Neptune

4.2.1　for 循环

4.2　循环

for 循环应当指定的要素有：①要使用的变量名（在本例中为 planet）。②要循环的值集（在本例中为 planets）。③使用"in"这个词将它们链接在一起。

"in"右边的对象可以是任何支持迭代的对象。基本上，如果它可以被认为是一组内容，则用户可能可以循环遍历它。除了列表，for 循环还可以遍历元组的数据。

【例 4-17】for 循环：实现元组中元素的乘积。

```
1  multiplicands = (2, 2, 2, 3, 3, 5)
2  product = 1
3  for mult in multiplicands:
4      product = product * mult
5  product
```

运行结果：

360

for 循环甚至可以遍历字符串中的每个字符。

【例 4-18】for 循环：遍历字符串，输出所有大写字母。

```
1  s = 'steganograpHy is the practicE of conceaLing a file, message, image, or video
   within another fiLe, message, image, Or video.'
2  msg = ''
3  # 输出 s 中的所有大写字母，一次输出一个
4  for char in s:
5      if char.isupper():
6          print(char, end= '')
```

运行结果：

HELLO

4.2.2　range( )函数

range( )函数是一个返回数字序列的函数。事实证明，它对于编写循环非常有用。

例如，如果想重复某个动作 5 次，用 range( )函数编写的代码如［例 4-19］所示。

【例 4-19】运用 range( )函数重复某个动作 5 次。

```
1  for i in range(5):
2      print("Doing imconcealingrk. i = ", i)
```

运行结果：

```
Doing important work. i = 0

Doing important work. i = 1

Doing important work. i = 2

Doing important work. i = 3

Doing important work. i = 4
```

range()函数有如下两种语法格式，其取值特点是"前闭后开"。

1）range(stop)

range(stop)表示区间[0，stop)内的整数序列。该区间从 0 开始、到 stop 结束，不包含 stop。

例如：

【例 4-20】range(stop)示例。

```
1  list(range(5))
```

运行结果：

```
[0, 1, 2, 3, 4]
```

2）range(start，stop[，step])

range(start，stop[，step])表示区间[start，stop)内的整数序列。该区间从 start 开始、到 stop 结束，不包含 stop。step 是步长，默认是 1。

例如：

【例 4-21】range(start，stop)示例。

```
1  list(range(1, 6))
```

运行结果：

```
[1, 2, 3, 4, 5]
```

【例 4-22】range(start，stop[，step])示例。

```
1  list(range(1, 11, 2))
```

运行结果：

```
[1, 3, 5, 7, 9]
```

4.2.3 while 循环

while 循环也是 Python 中的一种循环，它会循环直到不满足某些条件。

【例 4-23】while 循环:循环直到不满足条件。

```
1  i = 0
2  while i < 10:
3      print(i, end=' ')
4      i += 1                    # 将 i 的值增加 1
```

运行结果:

```
0 1 2 3 4 5 6 7 8 9
```

while 循环的参数被评估为一个布尔语句结果(True 或 False),并且循环将被执行直到该语句评估为 False。

4.2.4　break 语句和 continue 语句

在 Python 中,break 语句和 continue 语句是在循环内执行的循环控制语句。这些语句要么根据循环内的条件跳过,要么在某个点终止循环执行。

1) break 语句

在 while 循环和 for 循环中使用的 break 语句被执行到时,循环将会终止,并在循环后将执行转移到新语句,如[例 4-24]所示。

【例 4-24】break 语句:终止循环。

```
1  count = 0
2  while count < = 100:
3      print (count)
4      count += 1
5      if count == 3:
6          break
```

运行结果:

```
0
1
2
```

在[例 4-24]的示例循环中,我们要输出 0 到 100 之间的值,但这里有一个条件,当变量计数等于 3 时,循环将终止。

2) continue 语句

continue 语句的执行会导致跳过当次循环并继续下一次循环。它不像 break 语句那样终止循环,而是继续执行后续循环。

【例 4-25】continue 语句:跳过当次循环并继续下一次循环。

```
1  for i in range(0, 5):
2      if i = = 3:
3          continue
4      print(i)
```

运行结果:

```
0
1
2
4
```

在［例 4-25］的示例循环中,我们希望输出 0 到 5 之间的值,但有一个条件是,当变量计数等于 3 时,循环执行会跳过。

4.2.5 列表推导式

列表推导式是 Python 中最受欢迎和最独特的功能之一。我们将通过几个简单的例子理解列表推导式。

【例 4-26】列表推导式的应用。

```
1  squares = [n**2 for n in range(10)]
2  squares
```

运行结果:

```
[0, 1, 4, 9, 16, 25, 36, 49, 64, 81]
```

如果没有列表推导式,运用循环方式也可以实现［例 4-26］的运行结果。

【例 4-27】用循环方式实现列表推导式相同效果。

```
1  squares = [ ]
2  for n in range(10):
3      squares.append(n**2)
4  squares
```

运行结果:

```
[0, 1, 4, 9, 16, 25, 36, 49, 64, 81]
```

使用列表推导式时还可以添加 if 条件。

【例 4-28】列表推导式:带 if 条件。

```
1  short_planets = [planet for planet in planets if len(planet) < 6]
2  short_planets
```

运行结果：

['Venus', 'Earth', 'Mars']

提示：如果熟悉 SQL，您可能会认为这就像一个"WHERE"子句。

［例 4-29］是一个使用 if 条件进行筛选和对循环变量应用一些转换的示例。

【例 4-29】列表推导式：使用 if 条件进行筛选和对循环变量应用一些转换。

```
1  #  str.upper() 返回字符串的全大写版本
2  loud_short_planets = [planet.upper() + '!' for planet in planets if len(planet) < 6]
3  loud_short_planets
```

运行结果：

['VENUS! ', 'EARTH! ', 'MARS!']

人们通常将［例 4-29］中代码符号为 2 的代码写在一行中，但当它分成 3 行时，用户可能会认为结构更清晰，如［例 4-30］所示。

【例 4-30】列表推导式：分行更加清晰。

```
1  [
2      planet.upper() + '!'
3      for planet in planets
4      if len(planet) < 6
5  ]
```

运行结果：

['VENUS!', 'EARTH!', 'MARS!']

继续与 SQL 类比，可以将这三行分别视为 SELECT、FROM 和 WHERE。

推导式左边的表达式在技术上不必涉及循环变量（尽管不涉及循环变量是很不寻常的）。请思考［例 4-31］的表达式会计算出什么？

【例 4-31】推导式左边的表达式在技术上不必涉及循环变量。

```
1  [32 for planet in planets]
```

运行结果：

[32, 32, 32, 32, 32, 32, 32, 32]

列表推导式与 min()、max() 和 sum() 等函数相结合，可以为原本需要多行代码解决的问题提供令人印象深刻的单行解决方案。

例如，比较［例 4-32］和［例 4-33］两个执行相同操作的代码单元格。

【例 4-32】举例：多行代码解决问题。

```
1  def count_negatives(nums):
2      """返回给定列表中负数的数量
```

```
3
4        > > > count_negatives([5, -1, -2, 0, 3])
5        2
6        """
7        n_negative = 0
8        for num in nums:
9            if num < 0:
10               n_negative = n_negative + 1
11       return n_negative
```

相对[例 4-32],[例 4-33]是一个使用列表推导式的解决方案。

【例 4-33】列表推导式:普通代码。

```
1    def count_negatives(nums):
2        return len([num for num in nums if num < 0])
```

如果只关心最小化代码的长度,那么使用[例 4-34]演示的第三种解决方案更好。

【例 4-34】列表推导式:最短代码。

```
1    def count_negatives(nums):
2        # 提醒:在"布尔值和条件"练习中,我们了解到 Python 的一个技巧,
3        # 计算出 True + True + False + True 等于 3
4        return sum([num < 0 for num in nums])
```

这些解决方案中哪一个是"最好的"完全是主观判断的。用更少的代码解决问题总是好的,但值得牢记 *The Zen of Python* 中的以下几句:

Readability count(可读性很重要). Explicit is better than implicit(直白胜于含蓄).

因此,使用这些工具可以制作出紧凑可读的程序。但是,当必须做出选择时,请选择让其他人易于理解的代码。

 拓展阅读

人工智能和大数据学习的建议

(1)掌握数学基础知识,如线性代数、微积分和概率论等。

(2)学习编程语言,如 Python 和 R 语言等,以及数据处理和机器学习框架,如 TensorFlow 和 Scikit-learn 等。

(3)阅读学术文献、参加在线课程或参加培训班,来学习机器学习和深度学习等人工智能技术。

(4)参与人工智能项目和竞赛,实践机器学习和深度学习算法,提高自己的实战能力。

(5)参加人工智能社区和论坛,了解最新的技术进展和研究趋势。

第5章

函数和模块

 **章节导读**

　　函数是设计用于执行特定任务的代码块。正如本章将展示的,函数可以多次执行大致相同的计算,而无需重复任何代码。

　　模块是一个包含变量、函数或类的程序文件。大型系统往往将功能划分为模块来实现,或者将常用功能集中在一个或多个模块文件中,然后在顶层的主模块文件或其他文件中导入并使用模块。Python 中的模块分为内置模块、自定义模块和第三方模块。

学习目标

学完本章后,你将能够做到:

1. 使用函数组织代码。
2. 将函数与各种类型的返回值配合使用。
3. 按照需要导入模块。

5.1　函　数

5.1　函数

5.1.1　定义函数

函数可以有效组织代码并避免重复冗余,可以用[例 5-1]说明。

【例 5-1】 一个自定义函数的简单例子。

```
1  def least_difference(a, b, c):
2      diff1 = abs(a - b)
3      diff2 = abs(b - c)
4      diff3 = abs(a - c)
5      return min(diff1, diff2, diff3)
```

[例 5-1]将创建一个名为"least_difference"的函数,它接受三个参数:"a""b"和"c"。

函数以 def 关键字开头，":"之后的缩进代码块在函数被调用时运行。

return 是另一个与函数密切关联的关键字。当遇到 return 语句时，Python 会立即退出函数，并将右侧的值传递回调用环境。

我们通过[例 5-2]这个示例来确认代码中的 least_difference() 的作用。

【例 5-2】调用函数并输出结果。

```
1  print(
2      least_difference(1, 10, 100),
3      least_difference(1, 10, 10),
4      least_difference(5, 6, 7),        # Python 允许在参数列表中使用尾随逗号
5  )
```

运行结果:

```
9 0 1
```

5.1.2 函数介绍

每个函数都由两部分组成:函数名和函数体。从一个简单的函数示例开始:[例 5-3]中的 add_three() 函数接受任何数字,将其加 3,然后返回结果。

【例 5-3】定义 add three( )函数。

```
1  def add_three(input_var):
2      output_var = input_var + 3
3      return output_var
```

1) 函数名

函数名用于定义函数的名称及其参数。

每个函数头都以 def 开头,它告诉 Python 将要定义(define)一个函数。

在[例 5-3]中,函数名称是 add_three。

在这个例子中,参数是 input_var。参数是将用作函数输入的变量的名称。它始终包含在紧跟在函数名称之后的括号中。(请注意,一个函数也可以没有参数,或者它可以有多个参数。后续将看到一些这样的示例)

对于每个函数,包含函数参数的括号后必须跟一个冒号":"。

2) 函数体

函数体是指指定函数运行的动作。

函数体中的每一行代码都必须恰好缩进四个空格。可以按四次空格键,或按一下键盘上的"Tab"键。(随着对 Python 的了解越来越多,可能需要将代码缩进四个以上的空格)

该函数通过从上到下运行所有缩进的语句来完成其工作。它将参数作为输入,在

［例 5-3］中为"input_var"。

该函数使用计算"output_var ＝input_var ＋3"创建一个新变量"output_var"。

然后,最后一行 return 语句的代码仅返回 output_var 中的值作为函数的输出。

3) 命名函数

在［例 5-3］中,我们选择了 add_three 作为函数的名称进行演示。命名函数时应该只使用小写字母,单词之间用下划线而不是空格分隔。

4) 一个更复杂的例子

现在已经了解了函数的基础知识,下面继续进行更长的示例。

假设正在帮助一位朋友计算他们每周的税后工资。

他们的工资适用 12％的税率(换句话说,他们工资的 12％用于纳税,而他们只到手 88％的工资),并且他们按小时取得工资,每小时 15 元。

［例 5-4］的函数将根据工作小时数计算工资。该函数比［例 5-2］的更复杂,因为该函数有更多的代码行和注释。与［例 5-2］的类似,该函数有一个参数(num_hours)。在该函数的函数体中要运行的动作如下:

(1) 使用 num_hours 的值来计算新变量 pay_pretax 的值。

(2) 使用 pay_pretax 的值来计算新变量 pay_aftertax 的值。

(3) 返回 pay_aftertax 变量的值。

【例 5-4】定义函数:计算税后工资。

```
1  def get_pay(num_hours):
2      # 税前工资,基于每小时 15 元的收入
3      pay_pretax = num_hours * 15
4      # 税后工资,基于12% 的税级
5      pay_aftertax = pay_pretax * (1 - 0.12)
6      return pay_aftertax
```

调用［例 5-4］中的函数,［例 5-5］为根据工作 40 小时计算薪水的结果,即:税后为 528 元。

【例 5-5】调用函数并输出结果。

```
1  # 根据工作 40 小时计算工资
2  pay_fulltime = get_pay(40)
3  print(pay_fulltime)
```

运行结果:

```
528.0
```

要根据不同的工作小时数快速计算工资,需要为函数提供不同的数字。例如,假设工作了 32 小时,然后他们得到了 422.4 元。

【例 5-6】调用函数并输出结果。

```
1   pay_parttime = get_pay(32)
2   print(pay_parttime)
```

运行结果：

422.4

因为我们已经编写了一个函数，所以计算不同时间的工资时，无需重新编写计算中的所有代码。

函数可以帮助避免代码中的错误，并节省大量时间。一般来说，在编码时，用户应该尽可能少地编写代码，因为每编写出一个计算的代码，都可能引入错字或错误。

5）变量的"作用域"

为了更好地理解变量的"作用域"，我们需要先理解为什么在函数体内部定义的变量不能在函数体外部访问。例如，[例 5-7]出现的错误，是因为 pay_aftertax 只存在于函数体内部。

【例 5-7】错误示例：在函数体内部定义的变量不能在函数体外部访问。

```
1   print(pay_aftertax)
```

运行结果：

- -

NameError   Traceback (most recent call last)

- - - - > 1 print(pay_aftertax)

NameError: name 'pay_aftertax' is not defined

如果尝试输出 pay_pretax 或 num_hours，将得到同样的错误。出于这个原因，如果用户需要来自函数的任何信息，需要确保该信息出现在函数末尾的 return 语句中。

变量的作用域是变量在代码中可访问的区域范围。在函数体内部定义的变量（如 pay_aftertax）仅具有该函数体的局部作用域。但是，在所有函数体之外定义的变量（如 pay_parttime）具有全局作用域，可以在任何地方访问。

5.1.3　调用函数

当运行一个函数时，也可以称为"调用"该函数。

在[例 5-8]中，以"10"作为输入值运行函数。这里定义了一个新变量"new_number"，它被设置为函数的输出。

【例 5-8】调用函数并输出结果。

```
1  #  以 10 作为输入来运行函数
2  new_number = add_three(10)
3  #  检查结果是否为 13，就像我们预测的那样
4  print(new_number)
```

运行结果：

13

［例 5-8］中，add_three(10)这个整体是提供 10 作为 input_var 的值，并调用 add_three（）函数作为输出获得的值。当函数运行时，它会从上到下运行其主体中的所有代码：

（1）计算 output_var ＝input_var ＋3，即设置了 output_var ＝13。

（2）最后一行代码是 return 语句，它返回了 output_var 的值，即 13。

（3）通过设置 new_number ＝add_three(10)来设置 new_number ＝13。

注意：当在本书中引用 add_three（）函数时，应在函数名后使用空的括号。这与人们通常编写 Python 代码解释的方式一致，空括号只是清楚地表明我们指的是函数，而不是变量或另一个 Python 对象。即使函数有参数，这些括号也始终为空。

5.1.4　函数的参数

1）具有多个参数的函数

目前，我们已经学习了如何定义一个只有一个参数的函数。定义一个多参数的函数时，只需要在函数头的括号内添加更多的参数，并用逗号分隔。

［例 5-9］中将使用 get_pay_with_more_inputs（）函数执行计算税后每周薪水的操作，该函数基于三个参数计算每周薪水：

（1）num_hours：一周内工作的小时数。

（2）hourly_wage：小时工资（元/小时）。

（3）tax_bracket：扣除税款的工资百分比。

【例 5-9】定义具有多个参数的函数。

```
1  def get_pay_with_more_inputs(num_hours, hourly_wage, tax_bracket):
2      #  税前收入
3      pay_pretax = num_hours * hourly_wage
4      #  税后收入
5      pay_aftertax = pay_pretax * (1 - tax_bracket)
6      return pay_aftertax
```

然后，要调用该函数，需要为每个输入提供一个值，同样以逗号分隔。例如，在［例 5-10］中，用户可以调用该函数计算工作 40 小时、每小时收入 24 元、适用税率为 22％的人的税后工资。

【例 5-10】调用函数并输出结果。

```
1  higher_pay_aftertax = get_pay_with_more_inputs(40, 24, 0.22)
2  print(higher_pay_aftertax)
```

运行结果：

748.8000000000001

［例 5-11］给出了与运行"get_pay(40)"时（［例 5-4］）相同的结果，因为"hourly_wage"设置为 15，而"tax_bracket"设置为 12%，这与设计"get_pay"的方式一致。

【例 5-11】调用函数并输出结果。

```
1  same_pay_fulltime = get_pay_with_more_inputs(40, 15, 0.12)
2  print(same_pay_fulltime)
```

运行结果：

528.0

计划使用新函数 get_pay_with_more_inputs()，会比原始函数 get_pay()更有用，因为它解决了更多的情况。新功能允许用户指定正确的值，而不是可能错误地假设小时工资和税率。但是，如果确定小时工资和税率不需要改变，那么新功能会更复杂。通常，在定义函数时，需要根据具体情况考虑给予多大的灵活性。

2）没有参数的函数

请注意，在 Python 中可以定义不带参数且没有返回语句的函数。［例 5-12］的 print_hello()函数就是一个例子。

【例 5-12】定义没有参数和返回的函数。

```
1  def print_hello():
2      print("Hello, you!")
3      print("Good morning!")
4  #  调用函数
5  print_hello()
```

运行结果：

Hello, you!
Good morning!

3）不返回运行结果的函数

如果函数中不包含 return 关键字会发生什么？结果如［例 5-13］所示。

【例 5-13】定义不返回运行结果的函数。

```
1  def least_difference(a, b, c):
2      """ def least_difference(a, b, c):
3      返回任意两个数字之间的最小差值
```

```
4          在 A、B 和 C 之间。
5          """
6      diff1 = abs(a - b)
7      diff2 = abs(b - c)
8      diff3 = abs(a - c)
9      min(diff1, diff2, diff3)
10     print(
11     least_difference(1, 10, 100),
12     least_difference(1, 10, 10),
13     least_difference(5, 6, 7),
14     )
```

运行结果：

None None None

Python 允许定义这样的函数：调用它们的结果是特殊值"None"（空）。（这类似于其他语言中"null"的概念）

没有 return 语句，least_difference() 函数就是完全没有意义的，但是具有副作用的函数可能会做一些有用的事情而不返回任何东西。已经有这样的例子：print() 函数不返回任何东西。调用这些函数只是为了实现一些所谓副作用（在屏幕上输出一些文本）。其他有用的副作用还包括写入文件或修改输入。

【例 5-14】print() 函数是不返回运行结果的函数。

```
1  mystery = print()
2  print(mystery)
```

运行结果：

None

4）默认参数

print() 函数有几个可选参数。例如，可以为 sep 指定一个值，以在输出的参数之间放置一些特殊的字符串。

【例 5-15】对 print() 函数使用可选参数。

```
1  print(1, 2, 3, sep= ' < ')
```

运行结果：

1 < 2 < 3

但是，如果不指定值，则 sep 将被视为具有默认值 ' '（中间有单个空格）。

【例 5-16】print() 函数具有默认参数。

```
1  print(1, 2, 3)
```

运行结果：

1 2 3

事实证明，向定义的函数添加具有默认值的可选参数非常简单。

【例 5-17】向定义的函数添加具有默认值的可选参数。

```
1  def greet(who="Shanghai"):
2      print("Hello,", who)
3  greet()
4  greet(who="China")
5  # (在下面这种情况下，我们不需要指定参数的名称，因为它是明确的。)
6  greet("world")
```

运行结果：

Hello, Shanghai

Hello, China

Hello, world

5.1.5 函数应用于函数

Python 中有一些功能强大的内容，尽管一开始会让人觉得很抽象：可以提供函数作为其他函数的参数。通过[例 5-18]和[例 5-19]可能会使这一点更清楚。

【例 5-18】在函数中调用函数。

```
1  def mult_by_five(x):
2      return 5 * x
3  def call(fn, arg):
4      """使用参数 arg 来调用 函数 fn """
5      return fn(arg)
6  def squared_call(fn, arg):
7      """通过使用调用 fn 的结果为参数再次调用 fn """
8      return fn(fn(arg))
9  print(
10      call(mult_by_five, 1),
11      squared_call(mult_by_five, 1),
12      sep= '\n',) #  'n' 是换行符 - 它开始一个新行
```

运行结果：

5

25

对其他函数进行操作的函数被称为"高阶函数"。在本阶段，用户可能暂时不会自己编写高阶函数。但是 Python 中内置了一些高阶函数，您可能会发现调用这些函数很有用。

这里有一个使用 max() 函数的有趣示例。

默认情况下,max()函数将返回最大的参数。但是,如果使用可选的"key"参数传入一个函数,它会返回最大化"key(x)"(也称"argmax")的参数"x"。

【例 5-19】在函数中调用函数。

```
1  def mod_5(x):
2    """除以 5 后返回 x 的余数"""
3      return x %  5
4  print(
5      'Which number is biggest? ',
6      max(100, 51, 14),
7      'Which number is the biggest modulo 5? ',
8      max(100, 51, 14, key=mod_5),
9      sep='\n',
10  )
```

运行结果:

Which number is biggest?

100

Which number is the biggest modulo 5?

14

5.1.6　匿名函数:lambda

lambda 是 Python 编程语言中使用频率较高的一个函数,是 Python 学习和使用中无法忽视的关键字。

lambda 函数是一种匿名函数,即没有名字的函数。lambda 函数用于定义简单的、能够在一行内表示的函数。lambda 一般用来定义简单的函数,而 def 可以定义复杂的函数。

使用 lambda 函数首先减少了代码的冗余;其次用 lambda 函数,不用费神地去命名一个函数的名字,可以快速地实现某项功能;最后,lambda 函数使代码的可读性更强,程序看起来更加简洁。

lambda 函数定义的语法如下:

lambda 参数表:表达式

有关 lambda 函数的使用示例如下。

【例 5-20】定义和调用 lambda 函数。

```
1  add= lambda a,b:a+b      # 定义表达式函数,赋值给变量
2  add(1,2)
```

运行结果:

3

【例 5-21】调用 lambda 函数。

```
1  add('ab','cd')
```

运行结果：

'abcd'

【例 5-22】定义和调用 lambda 函数。

```
1  g= lambda x,y,z:x+y+z*2
2  print(g(1,2,3))
```

运行结果：

9

【例 5-23】定义和调用 lambda 函数。

```
1  # 也可直接传递参数
2  (lambda x:x* * 2)(3)
```

运行结果：

9

lambda 函数有输入和输出：输入是传入到参数表的值，输出是根据表达式计算得到的值。

lambda 函数还有很多形式，下面是一些 lambda 函数示例：

(1) lambda x，y：x * y，即函数输入的是 x 和 y，输出的是它们的积 x * y。

(2) lambda：None，即函数没有输入参数，输出的是 None。

(3) lambda * args：sum(args)，即输入是任意个数的参数，输出是它们的和（隐性要求是输入参数必须能够进行加法运算）。

5.1.7 map()函数

map()函数是 Python 内建函数，它的主要功能就是通过应用函数批量修改可迭代对象。

可迭代对象就是可以被遍历的复合数据类型，如列表、字典、字符串等。

与使用 for 循环进行遍历相比，运用 map()函数可以让代码更加简洁。map()函数可以将函数映射作用于序列上。具体应用如［例 5-24］和［例 5-25］所示。

【例 5-24】通过对列表方法 append 进行循环来实现，对数列每个数求平方。

```
1  num = [ ]
2  for i in [1,2,3,4,5,6,7,8,9]:
3      num.append(i**2)
4  num
```

运行结果:

[1, 4, 9, 16, 25, 36, 49, 64, 81]

【例 5-25】map()函数会返回一个迭代器,常使用 list()来转换。

```
1  def square(x):
2      return x * * 2
3
4  list(map(square,[1,2,3,4,5,6,7,8,9]))
```

运行结果:

[1, 4, 9, 16, 25, 36, 49, 64, 81]

map()函数的基本语法:

第一个参数为函数,后面的参数为一个或多个可迭代序列,将函数依次作用在可迭代对象的每个数据,得到一个新的可迭代对象(map 对象)。

有关 map()函数的用法示例还可参照[例 5-26]至[例 5-30]。

【例 5-26】通过 map()函数,使用匿名函数 lambda。

```
1  list(map(lambda  x:x* * 2, [1,2,3,4,5,6,7,8,9]))
```

运行结果:

[1, 4, 9, 16, 25, 36, 49, 64, 81]

map()函数映射作用如图 5-1 所示。

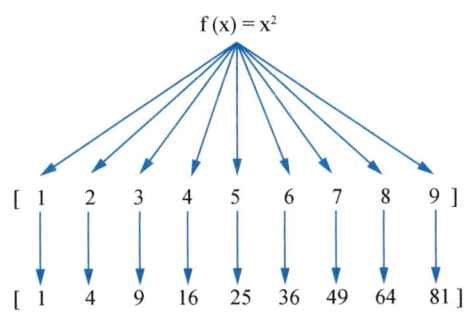

图 5-1　map()函数映射作用示意

求两个数列中对应元素的和。

【例 5-27】一般对两个数列的直接相加就是对数列的合并。

```
1  a = [2, 6, 3]
2  b = [3, 4, 5]
3  a + b
```

运行结果：

[2, 6, 3, 3, 4, 5]

【例 5-28】 比照 [例 5-27]，使用 map( ) 函数，通过 lambda 函数定义的求和功能，可以对两个数列相应位置元素求和。

```
1  a = [2, 6, 3]
2  b = [3, 4, 5]
3  list(map(lambda x, y: x+y, a, b))
```

运行结果：

[5, 10, 8]

【例 5-29】 使用 map( ) 函数求列表中每个字符串的长度。

```
1  list(map(len, ['white', 'blue', 'green', 'yellow']))
```

运行结果：

[5, 4, 5, 6]

【例 5-30】 使用 map( ) 函数将列表中每个字符串转化为大写。

```
1  list(map(lambda x:x.upper(), ['white', 'blue', 'green', 'yellow']))
```

运行结果：

['WHITE', 'BLUE', 'GREEN', 'YELLOW']

【例 5-31】 使用 map( ) 函数时，当可迭代对象的长度不相同时，超过长度的元素(7,8)会被忽略。

```
1  a = [2, 6, 3]
2  b = [2, 3, 5, 7, 8]
3  result = map(lambda x, y: x+y, a, b)
4  print(list(result))
```

运行结果：

[4, 9, 8]

5.2 导入
模块

5.2　导入模块

在本节中，我们将了解 Python 中的"导入"，获得一些使用不熟悉的库（及其返回的对象）的技巧。

到目前为止，我们已经讨论了语言内置的类型和函数。

最有效运用 Python 的方式之一是编写和使用大量高质量的自定义库。其中一些库位于"标准库"中，这意味着用户可以在运行 Python 的任何地方找到它们。用户还可以轻松添加其他库，即使它们并不总是随 Python 一起提供。

无论哪种方式，都需要使用 import 访问此代码。

接下来，我们将从标准库中导入 math 开始示例。

5.2.1　导入整个模块

【例 5-32】导入整个 math 模块。

```
1   import math
2   print("It's math! It has type {}".format(type(math)))
```

运行结果：

```
It's math! It has type < class 'module'>
```

math 是一个模块。模块是指包含可执行代码、函数、变量和类等定义的 Python 文件。用户可以使用点语法访问这些变量，如 math. pi。

【例 5-33】点语法访问模块变量。

```
1   print("pi to 4 significant digits = {:.4}".format(math.pi))
```

运行结果：

```
pi to 4 significant digits = 3.142
```

但是在模块中找到的大部分内容都是函数，如 math. log。

【例 5-34】点语法访问模块函数。

```
1   math.log(32, 2)
```

运行结果：

```
5.0
```

5.2.2　导入模块时使用更短的名字

如果用户经常在 math 中使用函数，可以使用更短的别名导入它以节省一些输入。（尽管在这种情况下"math"已经很短了）

【例 5-35】导入模块时使用更短的名字。

```
1   import math as mt
2   mt.pi
```

运行结果：

3.141592653589793

您可能已经看到过使用某些流行库（如 Pandas、Numpy、Tensorflow 或 Matplotlib）执行此操作的代码。例如，"import numpy as np"和"import pandas as pd"是一种惯例。

as 只是重命名导入的模块。这相当于执行以下操作，如[例5-36]所示。

【例5-36】导入模块时使用更短的名字。

```
1  import math
2  mt = math
```

5.2.3 import * 访问模块的所有变量

用户还可以使用 import * 导入 math 模块中的所有变量。

【例5-37】使用 import * 导入模块中的所有变量。

```
1  from math import *
2  print(pi, log(32, 2))
```

运行结果：

3.141592653589793 5.0

【例5-38】使用 import * 导入模块中的所有变量。

```
1  from math import *
2  from numpy import *
3  print(pi, log(32, 2))
```

运行结果：

- -

```
TypeError                          Traceback (most recent call last)
    1 from math import *
    2 from numpy import *
- - - - > 3 print(pi, log(32, 2))
TypeError: return arrays must be of ArrayType
```

在[例5-38]中，这些"＊"（星号）导入偶尔会导致奇怪的、难以调试的情况。这种情况下的问题是"math"和"numpy"模块都有名为"log"的函数，但它们具有不同的语义。因为第二次从 numpy 导入，它的 log 覆盖（或"隐藏"）了从 math 导入的 log 变量。

5.2.4 从模块导入需要的特定内容

例如，若只导入 math 模块中的 log 和 pi、只导入 numpy 模块中的 asarray，则应录入[例

5-39]中的有关代码。

【例5-39】从模块导入需要的特定内容。

```
1   from math import log, pi
2   from numpy import asarray
```

5.2.5　调用子模块

import 语句导入 numpy 后,调用 random"子模块"中的 randint 函数将需要运用两次点语法,如[例 5-40]所示。

【例5-40】调用子模块。

```
1   import numpy
2   # 取 10 次随机数,最小值为 1,最大值为 6
3   rolls = numpy.random.randint(low=1, high=6, size=10)
4   rolls
```

运行结果:

array([1, 1, 1, 3, 3, 4, 4, 2, 1, 3])

本章主要是在基础性地介绍函数,因此不会涵盖需要了解的有关函数的所有信息。函数为 Python 编程开辟了一个全新的世界。

 拓展阅读

数字素养的五种能力模型

L1:数字生存能力

数字素养最基本的能力是数字生存能力,具体包括:在日常生活中使用 App 进行购物、出行、社交、看病等操作;根据需要浏览、检索、查询相关的信息;会对自己的照片、视频等数字资产进行初步的整理、保存,防止丢失。

我国的数字化程度越来越高,缺少这些能力,基本上会陷入"寸步难行"的境地。

所以国家提出要提升中国的全民数字素养,要特别关注老年人、残疾人、贫困人口等特殊群体的基本数字生存能力的提高。

L2:数字安全能力

数字世界,信息真假难辨,危险也无处不在。每一个人都需要具备数字安全能力,保护自己的数字资产或物理资产不被侵害。数字安全能力具体包括:对个人数据和隐私的保护;对网络谣言、电信诈骗、信息窃取等不法行为的辨别能力和安全防护技能;对游戏、短视频等的防沉迷能力,即自控能力。

L3:数字思维能力

数字思维能力是指能用数字技术(如大数据、人工智能等)解决自己或他人在生活、工作中的问题。数字思维能力具体包括:利用数字技术提升数字生活体验和生活水平,如智慧家庭等;利用数字技术工作效率,如在线办公、数字渠道营销推广、远程医疗等;能利用数据发现问题、找到根因,进行精准研判或对未来进行预测。

L4:数字生产能力

数字生产能力是指能输出数字产品、数字内容或其他数字解决方案,帮别人解决问题,提升自己或企业在数字世界的品牌和影响力。数字生产能力具体包括:内容创作(如短视频);数字产品开发;数字解决方案集成等。

L5:数字创新能力

个人或企业如果在数字经济中要起到引领带头作用,需要具备数字创新能力,提出自己独特的观点,或在基础技术、开放平台、商业模式等方面具备独特的竞争力。数字创新能力具体包括:数字基础设施创新,如底层芯片研发、算法研究、专利撰写等;数字开放平台创新,如人工智能平台、区块链平台、大数据平台等;数字应用和商业模式创新,如共享经济等。

(资料来源:

佚名.2023 年教学能力比赛国赛方案中的新变化:关于数字素养的认识与思考[EB/OL].(2022-11-30)[2023-09-07].http://www.jingge.com/media.php?id=1468.)

第6章

使用 Pandas 进行数据分析

 **章节导读**

Pandas 是免费、开源的第三方 Python 库,是为了解决数据分析任务而创建的。

Pandas 为 Python 数据分析提供了高性能且易于使用的数据结构,即 DataFrame 和 Series,这两种数据结构极大地增强了 Pandas 的数据分析能力。Pandas 自诞生后被应用于众多的领域,如金融、统计学、社会科学、建筑工程等。

学习目标

学完本章后,你将能够做到:

1. 创建数据和读取数据文件。
2. 对数据进行索引、选择和分配。
3. 汇总、映射数据。
4. 对数据进行分组和排序。
5. 对数据进行清洗和整理。

6.1 对数据进行创建和读取

6.1 创建、查阅和读取

如果无法阅读数据,就无法使用数据。在本节中,我们将学习如何创建自己的数据,以及如何使用已经存在的数据。

要使用 Pandas,通常会从导入 Pandas 库开始。

【例 6-1】导入 Pandas 库。

```
1  import pandas as pd
```

6.1.1 创建数据

Pandas 中有两个核心对象:DataFrame 和 Series。

1）DataFrame 数据框

DataFrame 是一个表数据结构。它包含由多个条目组成的一个二维数组，每个条目都有一个特定的值。每个条目对应一行（或称为记录）和一列。

例如，考虑创建简单的 DataFrame。

【例 6-2】创建 DataFrame。

```
1  pd.DataFrame({'Yes': [50, 21], 'No': [131, 2]})
```

运行结果：

```
   Yes  No
0   50  131
1   21    2
```

在［例 6-2］中，"0，No"条目的值为 131。"0，Yes"条目的值为 50，依此类推。

DataFrame 条目不限于整数。例如，［例 6-3］是一个值为字符串的 DataFrame。

【例 6-3】创建值为字符串的 DataFrame。

```
1  pd.DataFrame({'Bob': ['I liked it.', 'It was awful.'],
2              'Sue': ['Pretty good.', 'Bland.']})
```

运行结果：

	Bob	Sue
0	I liked it.	Pretty good.
1	It was awful.	Bland.

使用 pd. DataFrame() 构造函数来生成这些 DataFrame 对象。创建新的 DataFrame 的语法实际上是一个字典，它的键是列名（在［例 6-3］中是"Bob"和"Sue"），它的值是一个条目列表。这是构建新 DataFrame 的标准方法，也是最有可能遇到的方法。

字典列表构造函数将键值赋值给列标签，但仅对行标签使用从 0 开始的递增计数（0，1，2，3…）。

DataFrame 中使用的行标签列表被称为 Index，可以通过在构造函数中使用 Index 参数来为其赋值。

【例 6-4】创建 DataFrame，并包含行标签。

```
1  pd.DataFrame({'Bob': ['I liked it.', 'It was awful.'],
2              'Sue': ['Pretty good.', 'Bland.']},
3                index=['Product A', 'Product B'])
```

运行结果：

	Bob	Sue
Product A	I liked it.	Pretty good.
Product B	It was awful.	Bland.

2）Series 列表

相比之下，Series 是数据值的序列。如果 DataFrame 是一个表格，那么 Series 就是一个列表。事实上，Series 可以只用一个列表来创建一个表格。

【例 6-5】创建 Series。

```
1  pd.Series([1, 2, 3, 4, 5])
```

运行结果：

```
0    1
1    2
2    3
3    4
4    5
dtype: int64
```

Series 本质上是 DataFrame 的单个列。因此，可以使用"Index"参数按与 DataFrame 相同的方式将行标签分配给 Series。但是，Series 没有列名，它只有一个整体的"名称"。

【例 6-6】创建 Series，并包含行标签。

```
1  pd.Series([30, 35, 40], index=['2015 Sales', '2016 Sales',
2  '2017 Sales'], name='Product A')
```

运行结果：

```
2015  Sales    30
2016  Sales    35
2017  Sales    40
Name: Product A, dtype: int64
```

Series 和 DataFrame 密切相关。DataFrame 可以被视为一堆"粘合在一起"的 Series。

6.1.2　读取数据文件

手动创建 DataFrame 或 Series 是非常方便的。但是，大多数时候，使用者实际上不会手动创建自己的数据；相反，会使用已经存在的数据。

数据可以以多种不同形式和格式进行存储。到目前为止，其中最基本的是简陋的 CSV 文件。当打开 CSV 文件时，会得到如下所示的内容：

产品 A, 产品 B, 产品 C,

30, 21, 9,

35, 34, 1,

41, 11, 11

由此可知, CSV 文件是一个由逗号分隔的值表, 因此得名:"逗号分隔值"或 CSV。

【例 6-7】使用 pd. read_csv( )函数将数据读入 DataFrame。

```
1  wine_reviews=pd.read_csv("winemagdata.csv")
```

【例 6-8】使用 shape 属性来检查生成的 DataFrame 的规模。

```
1  wine_reviews.shape
```

运行结果:

(129971, 14)

根据[例 6-7]和[例 6-8]的结果可知, 生成的 DataFrame 有 129 971 条记录, 分为 14 个不同的列。这有接近 200 万个条目!

【例 6-9】使用 head( )命令检查生成的 DataFrame 的内容, 该命令默认显示前五行。

```
1  wine_reviews.head()
```

运行结果:

(因数据较宽仅展示前几列, 其他用省略号表示, 下同)

	Unnamed: 0	country	description	designation	...
0	0	Italy	Aromas include tropical fruit, broom, brimston...	Vulkà Bianco	...
1	1	Portugal	This is ripe and fruity, a wine that is smooth...	Avidagos	...
2	2	US	Tart and snappy, the flavors of lime flesh and...	NaN	...
3	3	US	Pineapple rind, lemon pith and orange blossom ...	Reserve Late Harvest	...
4	4	US	Much like the regular bottling from 2012, this...	Vintner's Reserve Wild Child Block	...

pd. read_csv( )函数功能完备, 可以指定 30 多个可选参数。例如, 可以在[例 6-9]的这个数据集中看到 CSV 文件有一个内置索引, 而 Pandas 并没有自动选择它。为了让 Pandas 使用该列作为索引(而不是从头开始创建一个新的索引), 可以指定一个 index_col。

指定完 index_col 的效果是将 CSV 文件本身带有的序号列作为了索引列, 如[例 6-10]的运行结果所示。

【例 6-10】通过 index_col 指定内置索引。

```
1  wine_reviews=pd.read_csv("winemagdata.csv",index_col=0)
2  wine_reviews.head()
```

运行结果：

	country	description	designation	points	price	...
0	Italy	Aromas include tropical fruit, broom, brimston...	Vulkà Bianco	87	NaN	...
1	Portugal	This is ripe and fruity, a wine that is smooth...	Avidagos	87	15.0	...
2	US	Tart and snappy, the flavors of lime flesh and...	NaN	87	14.0	...
3	US	Pineapple rind, lemon pith and orange blossom ...	Reserve Late Harvest	87	13.0	...
4	US	Much like the regular bottling from 2012, this...	Vintner's Reserve Wild Child Block	87	65.0	...

6.2 对数据进行索引、选择和赋值

大部分情况下，选择要处理的 Pandas DataFrame 或 Series 的特定值是运行数据操作的一个前提步骤，因此在使用 Python 处理数据时，用户需要学习的第一件事就是如何快速有效地选择相关的数据。

6.2　索引、选择和赋值

【例6-11】数据准备。

```
1  import pandas as pd
2  reviews = pd.read_csv("winemagdata.csv", index_col=0)
3  pd.options.display.max_rows = 5
```

6.2.1 Python 原生访问器

原生 Python 对象提供了很好的索引数据的方法。Pandas 承载了所有这些索引数据的方法，这有助于用户轻松开始。

我们仍以［例 6-7］读入的数据为例，这一数据表的规模是十分庞大的。

【例6-12】访问数据。

```
1  reviews
```

运行结果：

	country	description	designation	points	price	...
0	Italy	Aromas include tropical fruit, broom, brimston...	Vulkà Bianco	87	NaN	...
1	Portugal	This is ripe and fruity, a wine that is smooth...	Avidagos	87	15.0	...
...	...	...	...	...	...	...
129969	France	A dry style of Pinot Gris, this is crisp with ...	NaN	90	32.0	...
129970	France	Big, rich and off-dry, this is powered by inte...	Lieu-dit Harth Cuvée Caroline	90	21.0	...

129971 rows×13 columns

在 Python 中，可以通过访问属性来访问对象。例如，一个 book 对象可能有一个 title 属性，可以通过调用 book. title 来访问它。Pandas DataFrame 中的列的工作方式大致相同。

因此，要访问 reviews 的 country 属性，可以使用"reviews. country"达到目的。

【例 6-13】访问 reviews 的 country 属性。

```
1  reviews.country
```

运行结果：

```
0              Italy
1              Portugal
               ...
129969         France
129970         France
Name: country, Length: 129971, dtype: object
```

如果有一个 Python 中的字典数据，用户可以使用索引运算符（[ ]）访问它的值。用户可以对 DataFrame 中的列做同样的事情。

【例 6-14】使用索引运算符（[ ]）访问 DataFrame 中的列。

```
1  reviews['country']
```

运行结果：

```
0              Italy
1              Portugal
               ...
129969         France
129970         France
Name: country, Length: 129971, dtype: object
```

［例 6-13］和［例 6-14］展示的是从 DataFrame 中选择特定 Series 的两种方法。索引运算符"[ ]"确实具有优势，它可以处理其中包含保留字符的列名。若要深入到一个特定的值，只需要再次使用索引运算符"[ ]"。

【例 6-15】继续深入查找特定的值。

```
1  reviews['country'][0]
```

运行结果：

```
'Italy'
```

6.2.2 在 Pandas 中建立索引

索引运算符和属性选择很实用，因为它们的工作方式与在 Python 生态系统的其他部分中相同。对新手而言，这使它们易于上手和使用。但是，Pandas 有自己的访问运算符，loc

和 iloc。这里建议使用它们进行更高级的操作。

6.2.3　基于索引的选择

Pandas 索引以两种方式工作。第一种方式是基于索引的选择，即：根据在数据中的数字位置来选择数据。iloc 遵循这种方式。

要选择 DataFrame 中的第一行数据，可以使用以下内容。

【例 6-16】使用 iloc 基于索引选择数据，选择第 0 行数据。

```
1   reviews.iloc[0]
```

运行结果：

```
country                                            Italy
description        Aromas include tropical fruit, broom, brimston...
                                    ...
variety                                      White Blend
winery                                           Nicosia
Name: 0, Length: 13, dtype: object
```

loc 和 iloc 都是行在前，列在后。这与在原生 Python 中所做的相反，即列在前，行在后。这意味着检索行稍微容易一些，检索列稍微难一些。

如果想要选择第一列，并且对数据的行没有限制，可以执行以下操作。

【例 6-17】使用 iloc 基于索引选择数据，选择第 0 列，并且对数据的行没有限制。

```
1   reviews.iloc[:, 0]
```

运行结果：

```
0               Italy
1               Portugal
                  ...
129969          France
129970          France
Name: country, Length: 129971, dtype: object
```

同样来自原生 Python 的“:”运算符，就其本身而言意味着“一切”。但是，当与其他选择器结合使用时，它可用于指示值的范围。例如，要从第一行、第二行和第三行中选择"country"列：

【例 6-18】使用 iloc 基于索引选择数据，选择第 0 列，并选取前 3 行数据。

```
1   reviews.iloc[:3, 0]
```

运行结果：

```
0        Italy
1     Portugal
2           US
Name: country, dtype: object
```

[:3, 0]表示选取行的编号为0,1,2这三行,同时选择列的编号为0。也就是通常所说的前三行和第一列。或者,只选择第二个和第三个条目。

【例6-19】使用 **iloc** 基于索引选择数据,选择第 **0** 列,并选取行索引为 **1～2** 的数据。

```
1  reviews.iloc[1:3, 0]
```

运行结果：

```
1     Portugal
2           US
Name: country, dtype: object
```

iloc 也可以传递一个列表。

【例6-20】使用 **iloc** 基于索引选择数据,选择第 **0** 列,并选取行索引为列表[0, 1, 2]的数据。

```
1  reviews.iloc[[0, 1, 2], 0]
```

运行结果：

```
0        Italy
1     Portugal
2           US
Name: country, dtype: object
```

最后,负数也可以用于选择,这将从值的末尾开始向前计数。例如,可以选择数据集的最后五个数据。

【例6-21】使用 **iloc** 基于索引选择数据,选择数据集中最后五个数据。

```
1  reviews.iloc[- 5:]
```

运行结果：

	country	description	designation	points	...
129966	Germany	Notes of honeysuckle and cantaloupe sweeten th...	Brauneberger Juffer-Sonnenuhr Spätlese	...	
129967	US	Citation is given as much as a decade of bottl...	NaN	...	
129968	France	Well-drained gravel soil gives this wine its c...	Kritt	...	
129969	France	A dry style of Pinot Gris, this is crisp with ...	NaN	...	
129970	France	Big, rich and off-dry, this is powered by inte...	Lieu-dit Harth Cuvée Caroline	...	

6.2.4　基于标签的选择

Pandas 索引的第二种方式是基于标签的选择，即：应用 loc 运算符进行属性选择。在这种方式中，重要的是数据索引值，而不是它的位置。

【例 6-22】获取 reviews 中'country'列中的第一行数据。

```
1   reviews.loc[0, 'country']
```

运行结果：

'Italy'

iloc 在概念上比 loc 更简单，因为它忽略了数据集的索引（index）。当使用 iloc 时，数据集将被视为一个大矩阵（列表的列表），必须按位置对其进行索引。相比之下，loc 是使用索引中的信息来完成它的工作。数据集通常是有意义的索引，因此使用 loc 运行程序更容易。

【例 6-23】例如，如果想选择特定列名的 3 行数据，使用 loc 更容易。

```
1   reviews.loc[:, ['taster_name', 'taster_twitter_handle', 'points']]
```

运行结果：

	taster_name	taster_twitter_handle	points
0	Kerin O'Keefe	@ kerinokeefe	87
1	Roger Voss	@ vossroger	87
...	...	...	...
129969	Roger Voss	@ vossroger	90
129970	Roger Voss	@ vossroger	90

129971 rows×3 columns

6.2.5　在 loc 和 iloc 之间进行选择

loc 表示 locate，也就是"定位"的含义，iloc 表示 index locate，含义是：通过索引（index）进行定位。

在 loc 和 iloc 之间进行选择或转换时，有一个"陷阱"需要牢记，即这两种方法使用的索引方案略有不同。

iloc 使用 Python stdlib（标准库）索引方案，即包含范围的第一个元素，排除最后一个元素。例如，输入"0：10"将选择条目"0，…，9"。也就是所谓的"前闭后开"。

但是，loc 则包含索引。所以在 loc 使用"0：10"时将选择条目"0，…，10"。

为什么会发生不同的变化呢？请记住 loc 可以索引任何标准库（stdlib）类型，如字符串。如果有一个索引值为"Apples，…，Potatoes，…"的 DataFrame 并命名为 df，并且想要选择 Apples 和 Potatoes 之间的所有按字母顺序排列的水果选择，那么使用索引"df loc ['Apples':' Potatoes']"会更方便，而不是索引诸如 df.loc[' Apples ',' Potatoet ']之类的（t 在字母表中位于 s 之后）。

当 DataFrame 索引的是一个简单的数字列表时，这尤其令人困惑。例如，有一个名为 df 的 DataFrame，索引值为"0,...,1000"。在这种情况下，df.iloc[0:1000]将返回 1 000 个条目，而 df.loc[0:1000]将返回其中的 1 001 个条目！若要使用 loc 获取 1 000 个元素，需要降低一个元素并请求 df.loc[0:999]。

再进一步解释，loc 通常是按照列标签进行选择，这种选择方式的好处就是所见即所得，写到哪里选到哪里。而不要像 iloc 一样考虑"前闭后开"。

6.2.6 操纵索引

基于标签选择的优势来自索引中的标签。至关重要的是，索引不是不可变的，用户可以以认为合适的任何方式操纵索引。

set_index()方法可用于完成这项工作。以下是将 set_index 设置为 title 字段时发生的情况。

【例 6-24】将 title 字段设置为 index 索引。

```
1  reviews.set_index("title")
```

运行结果：

	country	description	...
title			...
Nicosia 2013 Vulkà Bianco (Etna)	Italy	Aromas include tropical fruit, broom, brimston...	...
Quinta dos Avidagos 2011 Avidagos Red (Douro)	Portugal	This is ripe and fruity, a wine that is smooth...	...
...	...		...
Domaine Marcel Deiss 2012 Pinot Gris (Alsace)	France	A dry style of Pinot Gris, this is crisp with ...	...
Domaine Schoffit 2012 Lieu-dit Harth Cuvée Caroline Gewurztraminer (Alsace)	France	Big, rich and off-dry, this is powered by inte...	...

129971 rows×12 columns

如果可以为数据集提出一个比当前更好的索引，这将很有用。

6.2.7 条件选择

到目前为止，我们一直在使用 DataFrame 本身的结构属性对各种数据进行索引。然而，要用数据做有趣的事情，通常需要根据条件提出问题。

例如，假设用户对意大利(Italy)生产的高于平均水平的葡萄酒特别感兴趣，可以从检查每种葡萄酒是否是意大利酒开始，如[例 6-25]所示。

【例 6-25】检查 country 列中数据是否为"Italy"。

```
1   reviews.country = = 'Italy'
```

运行结果：

```
0               True
1               False

                ...

129969          False
129970          False
Name: country, Length: 129971, dtype: bool
```

此操作根据每条记录的"国家/地区"生成了一系列"True"/"False"布尔值，然后可以在 loc 内部使用此结果来选择相关数据。

【例 6-26】选择 country 列中为"Italy"的数据。

```
1   reviews.loc[reviews.country = = 'Italy']
```

运行结果：

	country	description	designation	points	price	...
0	Italy	Aromas include tropical fruit, broom, brimston...	Vulkà Bianco	87		...
6	Italy	Here's a bright, informal red that opens with ...	Belsito	87		...
...	...	...		...	...	...
129961	Italy	Intense aromas of wild cherry, baking spice, t...	NaN	90		...
129962	Italy	Blackberry, cassis, grilled herb and toasted a...	Sàgana Tenuta San Giacomo	90		...

19540 rows × 13 columns

这个 DataFrame 有大约 20 000 行，原数据表有大约 130 000 行。这意味着大约 15% 的葡萄酒产自意大利。

我们还想知道哪些葡萄酒的评分比平均水平更好。葡萄酒的评分标准为 80～100 分，我们设定评分在 90 分以上的葡萄酒是高于平均水平的。

使用"和"（&）符号可以将两个筛选要求放在一起进行数据筛选。

【例 6-27】选择 country 列中为"Italy"并且 points≥90 的数据。

```
1   reviews.loc[(reviews.country = = 'Italy') & (reviews.points > = 90)]
```

运行结果：

	country	description	designation	points	price	...
120	Italy	Slightly backward, particularly given the vint...	Bricco Rocche Prapó	92	70.0	...
130	Italy	At the first it was quite muted and subdued, b...	Bricco Rocche Brunate	91	70.0	...
...	...	...		...	...	...

129961	Italy	Intense aromas of wild cherry, baking spice, t...		NaN	90	30.0 ...
129962	Italy	Blackberry, cassis, grilled herb and toasted a...	Sàgana Tenuta San Giacomo	90	40.0 ...

6648 rows×13 columns

假设我们将购买产地为意大利或评级高于平均水平的葡萄酒。为此,可以使用"或符号"(|)进行数据筛选:

【例6-28】选择 country 列中为"Italy"或 points≥90 的数据(两者满足其一)。

```
1  reviews.loc[(reviews.country = = 'Italy') | (reviews.points > = 90)]
```

运行结果:

	country	description	designation	points	price	
0	Italy	Aromas include tropical fruit, broom, brimston...	Vulkà Bianco	87	NaN	...
6	Italy	Here's a bright, informal red that opens with ...	Belsito	87	16.0	...
...	...		...	...	...	...
129969	France	A dry style of Pinot Gris, this is crisp with ...	NaN	90	32.0	...
129970	France	Big, rich and off-dry, this is powered by inte...	Lieu-dit Harth Cuvée Caroline	90	21.0	...

61937 rows×13 columns

Pandas 带有一些内置的条件选择器,在这里重点介绍其中的两个:isin 和 isnull(以及notnull)。

(1) isin。isin 允许选择其值"is in(位于)"值列表中的数据。例如,[例6-29]是使用它来选择产地仅是意大利"Italy"或法国"France"的葡萄酒。

【例6-29】选择 country 列中为"Italy"或"France"的数据。

```
1  reviews.loc[reviews.country.isin(['Italy', 'France'])]
```

运行结果:

	country	description	designation	points	price	
0	Italy	Aromas include tropical fruit, broom, brimston...	Vulkà Bianco	87	NaN	...
6	Italy	Here's a bright, informal red that opens with ...	Belsito	87	16.0	...
...	...		...	...	...	...
129969	France	A dry style of Pinot Gris, this is crisp with ...	NaN	90	32.0	...
129970	France	Big, rich and off-dry, this is powered by inte...	Lieu-dit Harth Cuvée Caroline	90	21.0	...

41633 rows×13 columns

(2) isnull(及其同伴"notnull")。这些方法可突出显示空(或不空)的值(NaN)。例如,要过滤掉数据集中缺少价格标签的葡萄酒,可以执行以下操作。

【例6-30】选择 price 列中非空的数据。

```
1  reviews.loc[reviews.price.notnull()]
```

运行结果:

	country	description	designation	points	price	...
1	Portugal	This is ripe and fruity, a wine that is smooth...	Avidagos	87		...
2	US	Tart and snappy, the flavors of lime flesh and...	NaN	87		...
...	...	...	...	...		...
129969	France	A dry style of Pinot Gris, this is crisp with ...	NaN	90		...
129970	France	Big, rich and off-dry, this is powered by inte...	Lieu-dit Harth Cuvée Caroline	90		...

120975 rows×13 columns

6.2.8 对数据赋值

在 Python 中,将数据赋值给 DataFrame 很容易。

【例 6-31】将数据赋值给 DataFrame。

```
1  reviews['critic'] = 'everyone'
2  reviews['critic']
```

运行结果:

```
0          everyone
1          everyone
              ...
129969     everyone
129970     everyone
Name: critic, Length: 129971, dtype: object
```

或者使用可迭代的值进行赋值。

【例 6-32】使用可迭代对象赋值给 DataFrame。

```
1  reviews['index_backwards'] = range(len(reviews), 0, -1)
2  reviews['index_backwards']
```

运行结果:

```
0          129971
1          129970
              ...
129969         2
129970         1
Name: index_backwards, Length: 129971, dtype: int64
```

初学者常常混淆索引和赋值,它们的区别如下:

对数据的索引"df[ ]",只是对数据的访问,并不改变数据的值。

对数据的赋值"df[ ]=",才会最终改变数据的值。

6.3 汇总和映射

在前 2 节的学习中，我们学习了如何从 DataFrame 或 Series 中选择相关数据。从数据列报中提取正确的数据对于完成工作至关重要。提取到的数据会帮助我们进行数据分析。

然而，数据并不总是能以需要的格式立即从存储中提取出来。有时为了手头的任务不得不做更多工作来重新调整数据格式。本节将介绍可以对数据应用的不同操作，以获得"恰到好处"的输入。

这里仍使用 Wine Magazine 数据进行演示。

【例 6-33】准备数据。

```
1  import pandas as pd
2  pd.options.display.max_rows = 5
3  import numpy as np
4  reviews = pd.read_csv("winemagdata.csv", index_col= 0)
5  reviews
```

运行结果：

	country	description	designation	points	price	...
0	Italy	Aromas include tropical fruit, broom, brimston...	Vulkà Bianco	87	NaN	...
1	Portugal	This is ripe and fruity, a wine that is smooth...	Avidagos	87	15.0	...
...	...	...	...	...	...	...
129969	France	A dry style of Pinot Gris, this is crisp with ...	NaN	90	32.0	...
129970	France	Big, rich and off-dry, this is powered by inte...	Lieu-dit Harth Cuvée Caroline	90	21.0	...

129971 rows×13 columns

6.3.1 汇总

Pandas 提供了许多简单的"汇总函数"，它们以某种有用的方式重组数据。例如，使用 describe()方法获取数据信息。

【例 6-34】运用 describe( )方法取得数据的摘要：数值数据。

```
1  reviews.points.describe()
```

运行结果：

```
count    129971.000000
mean         88.447138
             ...
75%          91.000000
```

```
max          100.000000
Name: points, Length: 8, dtype: float64
```

此方法能够生成给定列数据属性的高级摘要。摘要是类型相关的，这意味着它的输出会根据输入的数据类型而变化。[例 6-34]的输出只对数值数据有意义；对于字符串数据，我们得到的结果如[例 6-35]所示。

【例 6-35】取得数据的摘要：字符串数据。

```
1  reviews.taster_name.describe()
```

运行结果：

```
count         103727
unique            19
top       Roger Voss
freq           25514
Name: taster_name, dtype: object
```

如果想获取有关 DataFrame 或 Series 中列数据的一些特定简单摘要统计信息，通常会运用一些有用的 pandas 函数实现它。

【例 6-36】要查看分数的平均值，可以使用 mean( )函数。

```
1  reviews.points.mean()
```

运行结果：

```
88.44713820775404
```

【例 6-37】要查看唯一值的列表，可以使用 unique( )函数。

```
1  reviews.taster_name.unique()
```

运行结果：

```
array(['Kerin O'Keefe', 'Roger Voss', 'Paul Gregutt',
       'Alexander Peartree', 'Michael Schachner', 'Anna Lee C. Iijima',
       'Virginie Boone', 'Matt Kettmann', nan, 'Sean P. Sullivan',
       'Jim Gordon', 'Joe Czerwinski', 'Anne Krebiehl\xa0MW',
       'Lauren Buzzeo', 'Mike DeSimone', 'Jeff Jenssen',
       'Susan Kostrzewa', 'Carrie Dykes', 'Fiona Adams',
       'Christina Pickard'], dtype= object)
```

【例 6-38】要查看唯一值列表和它们在数据集中出现的频率，可以使用"value_counts( )"方法。

```
1  reviews.taster_name.value_counts()
```

运行结果:

```
Roger Voss          25514
Michael Schachner   15134
                     ...
Fiona Adams           27
Christina Pickard      6
Name: taster_name, Length: 19, dtype: int64
```

6.3.2　映射

映射(map)是一个从数学中借用的术语,用于表示采用一组值并将它们"映射"到另一组值的函数。在数据科学中,经常需要从现有数据创建新的表示形式,或者将数据从现在的格式转换为以后需要采用的格式。

我们会经常使用两种映射方法:map()函数、apply()函数。

map()函数是第一个常用的映射方法,稍微简单一点。例如,假设想将葡萄酒评分的平均值调整为0,可以按如[例6-39]的方式进行。

【例6-39】将评分的平均值调整为0。

```
1  review_points_mean = reviews.points.mean()
2  reviews.points.map(lambda p: p - review_points_mean)
```

运行结果:

```
0        -1.447138
1        -1.447138
          ...
129969    1.552862
129970    1.552862
Name: points, Length: 129971, dtype: float64
```

传递给 map()函数的参数应该来自 Series 的单个值(在[例6-39]中是一个点值),并返回该值的转换版本。map()函数返回一个新 Series,其中所有值都已由函数转换。

apply()函数是第二个常用的映射方法。如果我们想通过在每一行上调用自定义方法来转换整个 DataFrame,则 apply()函数是等效方法。

【例6-40】将葡萄酒评分的平均值调整为0。

```
1  def remean_points(row):
2      row.points = row.points - review_points_mean
3      return row
4  reviews.apply(remean_points, axis= 'columns')
```

运行结果:

	country	description	designation	points	price	...
0	Italy	Aromas include tropical fruit, broom, brimston...	Vulkà Bianco -	1.447138	NaN	...
1	Portugal	This is ripe and fruity, a wine that is smooth...	Avidagos -	1.44713	15.0	...
...	...	...	...	...	...	...
129969	France	A dry style of Pinot Gris, this is crisp with ...	NaN	1.552862	32.0	...
129970	France	Big, rich and off-dry, this is powered by inte...	Lieu-dit Harth Cuvée Caroline	1.552862	21.0	...

129971 rows × 13 columns

如果使用 axis=' index'调用 reviews. apply(),那么我们应是通过提供一个函数来转换列数据,而不是转换行数据。

请注意,map()函数和 apply()函数分别返回新的、转换后的 Series 和 DataFrames,它们不会修改被调用的原始数据。如果查看"reviews"的第一行,可以看到它仍然具有其原始的"points"值。

【例 6-41】查看数据第一行。

```
1   reviews.head(1)
```

运行结果:

	country	description	designation	points	price	province	region_1	region_2	...
0	Italy	Aromas include tropical fruit, broom, brimston...	Vulkà Bianco	87	NaN	Sicily & Sardinia	Etna	NaN	...

Pandas 提供了许多常见的映射运算作为内置函数。[例 6-42]是重新定义点列的更快方法。

【例 6-42】重新定义"points"列。

```
1   review_points_mean = reviews.points.mean()
2   reviews.points - review_points_mean
```

运行结果:

```
0            -1.447138
1            -1.447138
               ...
129969        1.552862
129970        1.552862
Name: points, Length: 129971, dtype: float64
```

在[例 6-42]代码中,我们在左侧的多个值(Series 中的所有值)和右侧的单个值(平均值)之间执行运算。Pandas 查看此表达式并理解必须从数据集中的每个值中减去该平均值。

如果我们在相等长度的 Series 之间执行这些操作,Pandas 也明白怎么去做。例如,在数据集中组合"country"（国家）和"region"（地区）信息的一种简单方法是执行以下操作。

【例 6-43】在数据集中组合"country"（国家）和"region"（地区）信息。

```
1   reviews.country + " - " + reviews.region_1
```

运行结果：

```
0              Italy - Etna
1                       NaN

               ...

129969      France - Alsace
129970      France - Alsace
Length: 129971, dtype: object
```

在[例 6-43]中，这些运算符比 map()函数或 apply()函数更快，因为它们使用了 Pandas 内置的加速器。所有标准的 Python 运算符（>、<、==等）都以这种方式工作。

然而，它们不像 map()函数或 apply()函数那样灵活，map()函数或 apply()函数可以做更高级的事情，如应用条件逻辑，这不能仅靠加法和减法来完成。

更多阅读：Pandas 中的 map()函数、apply()函数和 applymap()函数

Pandas 有 map()函数、apply()函数和 applymap()函数，它们的区别在于应用的对象不同。

1）map()函数

map()函数是一个面向 Series 的函数，DataFrame 结构中不能使用 map()函数。map()函数将一个自定义函数应用于 Series 结构中的每个元素（element）。

【例 6-44】数据准备。

```
1   import pandas as pd
2
3   df = pd.DataFrame({'key1' : ['a', 'a', 'b', 'b', 'a'],
4                      'key2' : ['one', 'two', 'one', 'two', 'one'],
5                      'data1' : [0,1,2,3,4],
6                      'data2' : [5,6,7,8,9]})
7   df
```

运行结果：

	key1	key2	data1	data2
0	a	one	0	5
1	a	two	1	6
2	b	one	2	7

	key1	key2		
3	b	two	3	8
4	a	one	4	9

【例 6-45】用 map()函数来将 data1 列改成保留小数点后三位。

```
1  df['data1'] = df['data1'].map(lambda x : "%.3f"%x)
2  df
```

运行结果：

	key1	key2	data1	data2
0	a	one	0.000	5
1	a	two	1.000	6
2	b	one	2.000	7
3	b	two	3.000	8
4	a	one	4.000	9

【例 6-46】用 map()函数把 key1 的 a 改成 c、b 改成 d。

```
1  df['key1'] = df['key1'].map({'a':'c',"b":"d"})
2  df
```

运行结果：

	key1	key2	data1	data2
0	c	one	0.000	5
1	c	two	1.000	6
2	d	one	2.000	7
3	d	two	3.000	8
4	c	one	4.000	9

2）apply()函数

apply()函数将一个函数作用于 DataFrame 中的每个行或者列。

【例 6-47】数据准备。

```
1  import pandas as pd
2
3  df = pd.DataFrame({'key1' : ['a', 'a', 'b', 'b', 'a'],
4                     'key2' : ['one', 'two', 'one', 'two', 'one'],
5                     'data1' : [0,1,2,3,4],
6                     'data2' : [5,6,7,8,9]})
7  df
```

运行结果:

	key1	key2	data1	data2
0	a	one	0	5
1	a	two	1	6
2	b	one	2	7
3	b	two	3	8
4	a	one	4	9

【例 6-48】用 apply( )函数来对列 data1，data2 进行相加。

```
1   # axis = 1,作用于行.
2   df['total'] = df[['data1','data2']].apply(lambda x : x.sum(),axis= 1 )
3   df
```

运行结果:

	key1	key2	data1	data2	total
0	a	one	0	5	5
1	a	two	1	6	7
2	b	one	2	7	9
3	b	two	3	8	11
4	a	one	4	9	13

【例 6-49】用 apply( )函数来对行数据进行相加。

```
1   # axis = 0,作用于列,默认为 0
2   df.loc['total']= df[['data1','data2']].apply(lambda x : x.sum(),axis= 0)
3   df
```

运行结果:

	key1	key2	data1	data2	total
0	a	one	0.0	5.0	5.0
1	a	two	1.0	6.0	7.0
...	...	...	...	...	...
4	a	one	4.0	9.0	13.0
total	NaN	NaN	10.0	35.0	NaN

6 rows×5 columns

3）applymap( )函数

applymap( )函数将函数作用于 DataFrame 中的所有元素。

【例 6-50】在所有元素前面加一个字符 A。

```
1   def  addA(x):
2       return "A" + str(x)
3
4   df.applymap(addA)
```

运行结果：

	key1	key2	data1	data2	total
0	Aa	Aone	A0.0	A5.0	A5.0
1	Aa	Atwo	A1.0	A6.0	A7.0
...	...	...	...	...	...
4	Aa	Aone	A4.0	A9.0	A13.0
total	Anan	Anan	A10.0	A35.0	Anan

6 rows×5 columns

6.4　分组、多级索引和排序

映射(map)在 DataFrame 或 Series 中一次可以为整个列做数据转换。然而，通常需要对数据进行分组，然后针对数据所在的组做一些特定的事情。

正如将了解到的，使用 groupby()函数来执行分组操作。本节还将介绍一些其他主题，如更复杂的 DataFrame 索引方法，以及如何对数据进行排序。

6.4　分组和排序

6.4.1　分组

到目前为止，我们一直在大量使用的一个函数是 value_counts()函数。用户可以通过执行以下操作来复制 value_counts()函数的作用。

【例 6-51】数据准备。

```
1   import pandas as pd
2   reviews = pd.read_csv("winemagdata.csv", index_col=0)
3   pd.set_option("display.max_rows", 5)
```

【例 6-52】将数据根据"point"分组，并对每个分数进行计数。

```
1   reviews.groupby('points').points.count()
```

运行结果：

```
points
80      397
```

```
81      692
        ...
99      33
100     19
Name: points, Length: 21, dtype: int64
```

groupby()函数对数据进行了分组,把相同分值的葡萄酒分为一组。然后,对于这些组中的每一个数据,抓取' points '列并计算它出现的次数。value_counts()函数只是这个groupby()函数分组的快捷方式。

用户可以在使用这些数据之前进行某种汇总。例如,要获得每个评分类别中价格最低的葡萄酒,可以执行以下操作。

【例 6-53】获得每个评分类别中价格最低的项目。

```
1    reviews.groupby('points').price.min()
```

运行结果:

```
points
80       5.0
81       5.0
         ...
99      44.0
100     80.0
Name: price, Length: 21, dtype: float64
```

用户可以将生成的每个组视为 DataFrame 的一部分,其中仅包含具有匹配值的数据。用户可以使用 apply()方法直接访问此 DataFrame,然后可以以任何合适的方式操作数据。例如,这里有一种方法可以选择数据集中的每个分组第一个数据的名称。

【例 6-54】选择数据集中的每个分组第一个数据的名称。

```
1    reviews.groupby('winery').apply(lambda df: df.title.iloc[0])
```

运行结果:

```
winery
1+1=3                    1+1=3 NV Rosé Sparkling (Cava)
10 Knots              10 Knots 2010 Viognier (Paso Robles)
                              ...
àMaurice      àMaurice 2013 Fred Estate Syrah (Walla Walla V...
Štoka              Štoka 2009 Izbrani Teran (Kras)
Length: 16757, dtype: object
```

为了更精细地控制，还可以按多个列进行分组，如[例 6-55]所示。

【例 6-55】按 country(国家)和 province(省)挑选出分数最高的项目。

```
1  reviews.groupby(['country', 'province']).apply(lambda df: df.loc[df.point
2  s.idxmax()])
```

运行结果：

		country	description	designation	points	price	...
country	province						...
Argentina	Mendoza Province	Argentina	If the color doesn't tell the full story, the ...	Nicasia Vineyard	97	120.0	...
	Other	Argentina	Take note, this could be the best wine Colomé...	Reserva	95	90.0	...
...	...	...	...	...	...	...	...
Uruguay	San Jose	Uruguay	Baked, sweet, heavy aromas turn earthy with ti.El Preciado Gran Reserva	87	50.0	...
	Uruguay	Uruguay	Cherry and berry aromas are ripe, healthy and.Blend 002 Limited Edition	91	22.0	...

425 rows×13 columns

另一个值得一提的是 agg()函数，它可以同时在 DataFrame 上运行一系列不同的函数。

【例 6-56】运用 groupby()函数生成数据集的简单统计摘要。

```
1  reviews.groupby(['country']).price.agg([len, min, max])
```

运行结果：

	len	min	max
country			
Argentina	3800	4.0	230.0
Armenia	2	14.0	15.0
...	...	...	...
Ukraine	14	6.0	13.0
Uruguay	109	10.0	130.0

43 rows×3 columns

有效使用 groupby()函数可以通过数据集做很多非常强大的事情。

6.4.2　多级索引

到目前为止，在看到的所有示例中，一直在使用单标签索引的 DataFrame 或 Series 对象。groupby()函数与之前的示例略有不同的是，根据运行的操作，它有时会导致所谓的多级索引。

多级索引与常规索引的不同之处在于它具有多个级别。

【例 6-57】多级索引示例。

```
1  countries_reviewed = reviews.groupby(['country',
2                                         'province']).description.agg([len])
3  countries_reviewed
```

运行结果：

		len
country	province	
Argentina	Mendoza Province	3264
	Other	536
...	...	...
Uruguay	San Jose	3
	Uruguay	24

425 rows×1 columns

【例 6-58】显示多级索引的数据类型。

```
1  mi = countries_reviewed.index
2  type(mi)
```

运行结果：

pandas.core.indexes.multi.MultiIndex

多级索引有多种方法处理其分层结构，而单级索引没有这些方法。多级索引还需要两层标签来检索值。对于刚接触 pandas 的用户来说，处理多级索引输出是一个常见的"难题"。

Pandas 文档的 MultiIndex / Advanced Selection 部分详细介绍了多级索引的用例以及使用说明。

但是，一般来说，最常使用的多级索引方法是转换回常规索引的方法，即 reset_index() 方法。

【例 6-59】使用 reset_index()方法重新设置索引。

```
1  countries_reviewed.reset_index()
```

运行结果：

	country	province	len
0	Argentina	Mendoza Province	3264
1	Argentina	Other	536

	...	...	...	...
423	Uruguay	San Jose	3
424	Uruguay	Uruguay	24

425　rows×3 columns

6.4.3　排序

再次查看"countries_reviewed",可以看到分组按索引顺序返回数据,而不是按值顺序。也就是说,在输出分组 groupby 的结果时,行的顺序取决于索引中的值,而不是数据中的值。

若要按需要的顺序获取数据,并对其进行排序,使用 sort_values()方法对此很有帮助。

【例 6-60】对数据按照 len 列进行升序排序。

```
1  countries_reviewed = countries_reviewed.reset_index()
2  countries_reviewed.sort_values(by='len')
```

运行结果:

	country	province	len
179	Greece	Muscat of Kefallonian	1
192	Greece	Sterea Ellada	1
...	...	...	...
415	US	Washington	8639
392	US	California	36247

425　rows×3 columns

sort_values()方法默认为升序排序,其中最低值排在第一位。然而,大多数时候需要降序排序,其中较大的数字排在前面。

【例 6-61】对数据按照 len 列进行降序排序。

```
1  countries_reviewed.sort_values(by='len', ascending=False)
```

运行结果:

	country	province	len
392	US	California	36247
415	US	Washington	8639
...	...	...	...
63	Chile	Coelemu	1
149	Greece	Beotia	1

425　rows×3 columns

要按索引值排序,请使用配套方法 sort_index()。此方法与 sort_values()具有相同的参数和默认顺序。

【例 6-62】使用 sort_index()方法对数据按照索引值进行默认升序排序。

```
1  countries_reviewed.sort_index()
```

运行结果:

	country	province	len
0	Argentina	Mendoza Province	3264
1	Argentina	Other	536
...	...	...	...
423	Uruguay	San Jose	3
424	Uruguay	Uruguay	24

425 rows×3 columns

最后,要知道 sort_values()方法一次可以对多列进行排序。

【例 6-63】使用 sort_values()方法对数据按照 country 和 len 列进行默认升序排序。

```
1  countries_reviewed.sort_values(by=['country', 'len'])
```

运行结果:

	country	province	len
1	Argentina	Other	536
0	Argentina	Mendoza Province	3264
...	...	...	...
424	Uruguay	Uruguay	24
419	Uruguay	Canelones	43

425 rows×3 columns

6.5 数据类型和缺失值

6.5　数据类型和缺失值

在本节中,将学习和研究 DataFrame 或 Series 中的数据类型,还将学习查找和替换条目。这些都将有助于处理最常见的进度阻碍问题。

6.5.1　数据类型

DataFrame 或 Series 中列的数据类型被称为 dtype。

用户可以使用"dtype"属性来获取特定列的数据类型。例如，可以在 reviews DataFrame 中取得 price 列的数据类型。

【例 6-64】数据准备。

```
1   import pandas as pd
2   reviews = pd.read_csv("winemagdata.csv", index_col=0)
3   pd.options.display.max_rows = 5
```

【例 6-65】在 reviews DataFrame 中取得 price 列的数据类型。

```
1   reviews.price.dtype
```

运行结果：

```
dtype('float64')
```

【例 6-66】使用"dtypes"属性返回 DataFrame 中每个列的"dtype"。

```
1   reviews.dtypes
```

运行结果：

```
country          object
description      object
                   ...
variety          object
winery           object
Length: 13, dtype: object
```

［例 6-65］查出的数据类型告诉我们 Pandas 如何在内部存储数据。"float64"表示它使用的是 64 位浮点数；int64 表示 64 位整数，依此类推。

在［例 6-66］这里非常清楚地显示了一个需要记住的特点：完全由字符串组成的列没有自己的类型，他们被赋予了"object（对象）"类型。

用户可以通过使用 astype（）函数将一种类型的列转换为另一种类型，只要这种转换有意义。例如，可以将 points 列从其现有的 int64 数据类型转换为 float64 数据类型。

【例 6-67】利用 astype（）函数将 points 列的数据类型转换为 float64。

```
1   reviews.points.astype('float64')
```

运行结果:

```
0              87.0
1              87.0
               ...
129969         90.0
129970         90.0
Name: points, Length: 129971, dtype: float64
```

DataFrame 或 Series 索引也有自己的"dtype"。

【例 6-68】取得 DataFrame 或 Series 索引的数据类型。

```
1   reviews.index.dtype
```

运行结果:

```
dtype('int64')
```

Pandas 还支持更多奇特的数据类型,如分类数据和时间序列数据。因为这些数据类型很少使用,所以在本书后面的部分中省略了它们。

6.5.2 缺失值

条目缺失值被赋予值"NaN",也就是"Not a Number"的缩写。由于技术原因,这些"NaN"值始终是"float64"数据类型。

Pandas 提供了一些专门针对缺失数据的方法。例如,要选择 NaN 条目,可以使用 pd. isnull()函数或 pd. notnull()函数。

【例 6-69】选择 country 列为 NaN 的数据。

```
1   reviews[pd.isnull(reviews.country)]
```

运行结果:

	country	description	designation	points	price	province	region_1	...
913	NaN	Amber in color, this wine has aromas of peach ...	Asureti Valley	87	30.0	NaN	NaN	...
3131	NaN	Soft, fruity and juicy, this is a pleasant, si...	Partager	83	NaN	NaN	NaN	...
...	...	...	...	...	...	...	...	...
129590	NaN	A blend of 60% Syrah, 30% Cabernet Sauvignon a...	Shah	90	30.0	NaN	NaN	...
129900	NaN	This wine offers a delightful bouquet of black...	NaN	91	32.0	NaN	NaN	...

63 rows×13 columns

替换缺失值是常见的操作。Pandas 为这个问题提供了一个非常方便的方法:fillna()函数。fillna()函数提供了几种不同的策略来减少此类数据。

【例 6-70】使用 fillna()函数将每个 NaN 替换为 Unknown。

```
1   reviews.region_2.fillna("Unknown")
```

运行结果：

```
0           Unknown

1           Unknown

        ...

129969      Unknown

129970      Unknown

Name: region_2, Length: 129971, dtype: object
```

数据库中给定记录之后出现的第一个非空值也可以用来填充每个缺失值，这被称为回填策略。

或者，我们有一个想要进行替换的非空值，这在数据集中使用的方法是 replace() 函数。

【例 6-71】使用 replace() 函数将数据中的"@kerinokeefe"替换为"@kerino"。

```
1  reviews.taster_twitter_handle.replace("@ kerinokeefe", "@ kerino")
```

运行结果：

```
0              @ kerino

1              @ vossroger

        ...

129969         @ vossroger

129970         @ vossroger

Name: taster_twitter_handle, Length: 129971, dtype: object
```

replace() 函数在这里值得一提，因为它可以方便地替换缺失的数据。这些数据在数据集中被替换为某种标记值，如"Unknown"（未知的）、"Undisclosed"（未披露的）、"Invalid"（无效的）等。

<table>
<tr><td>**6.6**</td><td>**重命名和合并**</td></tr>
</table>

通常数据会以列名、索引名或其他不满意的命名加载到程序。在这种情况下，本节我们将学习使用 Pandas 函数将不符合要求的条目命名更改为更好的名称。

另外我们还将组合来自多个 DataFrame 或 Series 的数据。

6.6　重命名和合并

6.6.1　重命名

此处介绍的第一个函数是 rename() 函数，它允许更改索引名称或列名称。

【例 6-72】利用 rename( )函数，将数据集中的"points"列更改为"score"。

```
1  import pandas as pd
2  pd.options.display.max_rows = 5
3  reviews = pd.read_csv("winemagdata.csv", index_col=0)
4  reviews.rename(columns= {'points': 'score'})
```

运行结果：

country	description		designation	score	price	...
0	Italy	Aromas include tropical fruit, broom, brimston...	Vulkà Bianco		87	...
1	Portugal	This is ripe and fruity, a wine that is smooth...	Avidagos		87	...
...	...	...	...		...	...
129969	France	A dry style of Pinot Gris, this is crisp with ...	NaN		90	...
129970	France	Big, rich and off-dry, this is powered by inte...	Lieu-dit Harth Cuvée Caroline		90	...

129971 rows×13 columns

rename( )函数允许通过分别指定 index 或 column 关键字参数来重命名索引名称或列名称。它支持多种输入格式，但通常 Python 字典是最方便的。这是使用它来重命名索引中某些元素的示例。

【例 6-73】使用 rename( )函数重命名索引。

```
1  reviews.rename(index= {0: 'firstEntry', 1: 'secondEntry'})
```

运行结果：

	country	description	designation	points	price	...
firstEntry	Italy	Aromas include tropical fruit, broom, brimston...	Vulkà Bianco	87		...
secondEntry	Portugal	This is ripe and fruity, a wine that is smooth...	Avidagos	87		...
...	...	...	...	...		...
129969	France	A dry style of Pinot Gris, this is crisp with ...	NaN	90		...
129970	France	Big, rich and off-dry, this is powered by inte...	Lieu-dit Harth Cuvée Caroline	90		...

129971 rows×13 columns

我们可能会经常重命名列，但很少重命名索引值。为此，set_index( )方法对于重命名索引值更方便。

行索引和列索引都可以有自己的 name 属性。rename_axis( )方法可用于更改这些名称。

【例 6-74】使用 rename_axis( )方法更改行索引和列索引 name 属性。

```
1  reviews.rename_axis("wines", axis='rows').rename_axis("fields",
2  axis='columns')
```

运行结果：

fields	country	description	designation	points	price	...
wines						...
0	Italy	Aromas include tropical fruit, broom, brimston...	Vulkà Bianco	87	NaN	...
1	Portugal	This is ripe and fruity, a wine that is smooth...	Avidagos	87	15.0	...
...	...	...	...	...	...	...
129969	France	A dry style of Pinot Gris, this is crisp with ...	NaN	90	32.0	...
129970	France	Big, rich and off-dry, this is powered by inte...	Lieu-dit Harth Cuvée Caroline	90	21.0	...

129971 rows×13 columns

6.6.2 合并

在数据集上执行操作时，有时需要以不同的方式组合 DataFrame 或 Series。Pandas 有三个核心方法来做到这一点，按照复杂性递增的顺序，它们是 concat()函数、join()函数和 merge()函数。merge()函数可以做的大部分事情也可以用 join()函数更简单地完成，所以这里专注于前两个函数，不再单独介绍 merge()函数。

最简单的组合方法是 concat()函数。给定一个元素的列表，concat()函数将沿轴把这些元素合并在一起。

当在不同的 DataFrame 或 Series 对象中具有相同的字段（列）时，这很有用。在视频网站数据集当中，它根据视频来源国拆分数据。如果想同时研究多个国家的数据，可以使用 concat()函数将它们组合在一起。

【例 6-75】使用 concat()函数合并数据。

```
1  canadian_videos = pd.read_csv("CAvideos.csv")
2  british_videos = pd.read_csv("GBvideos.csv")
3  pd.concat([canadian_videos, british_videos])
```

运行结果：

	video_id	trending_date	title	channel_title	category_id	...
0	n1WpP7iowLc	17.14.11	Eminem - Walk On Water (Audio) ft. Beyoncé	EminemVEVO	10	...
1	0dBIkQ4Mz1M	17.14.11	PLUSH - Bad Unboxing Fan Mail	iDubbbzTV	23	...
...	...	...	...	...	...	...
38914	- DRsfNObKIQ	18.14.06	Eleni Foureira - Fuego - Cyprus - LIVE - First...	Eurovision Song Contest	24	...
38915	4YFo4bdMO8Q	18.14.06	KYLE - Ikuyo feat. 2 Chainz & Sophia Black [A...	SuperDuperKyle	10	...

79797 rows×16 columns

复杂性居中的组合器是 join()函数。join()函数可以组合具有共同索引的不同 DataFrame 对象。

【例 6-76】使用 join()函数合并数据。

```
1  left = canadian_videos.set_index(['title', 'trending_date'])
2  right = british_videos.set_index(['title', 'trending_date'])
3  left.join(right, lsuffix='_CAN', rsuffix='_UK')
```

运行结果:(未能显示的列用省略号代替)

title	trending_date	video_id_CAN	channel_title_CAN	category_id_CAN	...	description_UK
!! THIS VIDEO IS NOTHING BUT PAIN !! | Getting Over It - Part 7	18.04.01	PNn8sECd7io	Markiplier	20	...	NaN
# 1 Fortnite World Rank - 2, 323 Solo Wins!	18.09.03	DvPW66IFhMI	AlexRamiGaming	20	...	NaN
...	...	...	...	...	... ...	...
📺 BREAKING NEWS ● Raja Live all Slot Channels Welcome 📺	18.07.05	Wt9Gkpmbt44	TheBigJackpot	24	...	NaN
📛 Active Shooter at YouTube Headquarters - LIVE BREAKING NEWS COVERAGE	18.04.04	Az72jrKbANA	Right Side Broadcasting Network	25	...	NaN

lsuffix 和 rsuffix 参数在这里是必需的,因为数据在数据集中具有相同的列名。

 拓展阅读

数字素养提升路径

第一个路径是"看"。数字技术日新月异,要关注国家相关部委、领先企业在数字经济、数字技术方面的新战略、新规划、新产业、新业态、新模式,做到跟数字世界信息和语言同步。

第二个路径是"学"。要学习 5G、大数据、人工智能、区块链、云计算、物联网等数字技术的知识,这样在面对一些热点概念(元宇宙、NFT、东数西算等)时,才能看清事物和现象的本质,找到适合自己的参与方式。

第三个路径是"思"。在数字经济时代,不仅仅企业需要数字化转型,人也需要数字化转型。要构建数字思维,善于运用数据帮助自己用数字的方式去发现问题的根因、辨明是非,帮助自己进行正确的决策。

第四个路径是"用"。要理解数字技术在数字生活、数字工作、数字产业化、产业数字化等领域的应用场景,并尝试用数字技术来解决面对的问题。

第7章

使用 Seaborn 进行数据可视化

 章节导读

在日益由数据驱动的世界中，使用便捷的方式来查看和理解数据比以往任何时候都更加重要。数据可视化可以帮助人们查看、交互和更好地理解数据。政府、金融、营销、历史、消费品、服务行业、教育、体育等每个领域都受益于对数据的理解。

Seaborn 是一个基于 matplotlib 的 Python 数据可视化库。它为绘图提供了高级界面以及有吸引力的和信息丰富的统计图形。

本章让我们通过使用 Seaborn 进行数据可视化来了解代码的力量。

学习目标

学完本章后，你将能够做到：

1. 了解 Seaborn 可视化绘图的基本方法。
2. 能够从不同的可视化图形中分析模式和趋势。

7.1 数据可视化介绍

在本节中，我们将学习如何使用 Seaborn 将数据可视化提升到一个新的水平，这是一个功能强大但易于使用的数据可视化工具。要使用 Seaborn，用户需要通过使用流行的编程语言 Python 编写代码。

每个图表都使用简短的代码编制，使 Seaborn 比许多其他数据可视化工具如 Excel 等更快、更容易被使用，如图 7-1 所示。

7.1 数据可视化介绍

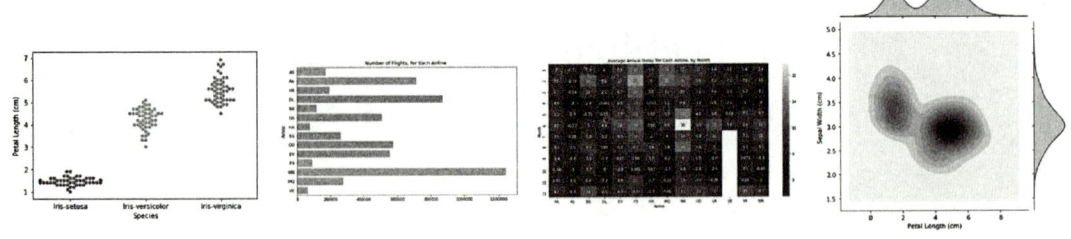

图 7-1　多种可视化图形

7.1.1　设置编程环境

用户可以通过使用 jupyter notebook 来进行代码编辑和结果查看。

【例 7-1】设置编程环境。

```
1   import pandas as pd
2   pd.plotting.register_matplotlib_converters()
3   import matplotlib.pyplot as plt
4   % matplotlib inline
5   import seaborn as sns
6   print("Setup Complete")
```

运行结果：

```
Setup Complete
```

7.1.2　加载数据

我们将使用六个国家和地区的历史 FIFA 排名数据集：阿根廷（ARG）、巴西（BRA）、西班牙（ESP）、法国（FRA）、德国（GER）和意大利（ITA）。数据集存储为 CSV 文件（逗号分隔值文件的缩写）。在 Excel 中打开 CSV 文件会显示每个日期对应一行，每个国家和地区对应一列。

要加载数据，需使用以下两个不同的步骤，并在［例 7-2］的代码单元格中实现。

（1）指定可以访问数据集的文件路径。

（2）使用文件路径将数据集的内容进行加载。

【例 7-2】加载数据。

```
1   # 要读取的文件路径
2   fifa_filepath =" fifa.csv"
3   # 将文件读入变量 fifa_data
4   fifa_data =pd.read_csv(fifa_filepath, index_col="Date",
5                          parse_dates=True)
```

1）注释

在［例 7-2］中，代码行 1 和 3 两行以井号（＃）开头，视为注释。这两行代码在运行时都被计算机完全忽略，它们出现在这里只是为了让任何阅读代码的人都能快速理解它。

2）可执行代码

另外几行是可执行代码，即由计算机运行的代码（在［例 7-2］中，用于查找和加载数据集）。

代码行 2 将 fifa_filepath 的值设置为可以访问数据集的相对访问路径。在这种情况下，文件路径需要用英文引号引起来。

代码行 4 将 fifa_data 的值设置为数据集的所有数据，这是通过 pd.read_csv 完成的。紧跟其后的是三个参数设置，它们被括在括号中并用逗号分隔。这些用于对数据进行加载时的设置需满足如下要求：

（1）fifa_filepath：始终需要首先提供数据集的文件路径。

（2）index_col＝"Date"：当加载数据集时，需要第一列中的每个条目表示不同的行。为此，将"index_col"的值设置为第一列的名称（"Date"，在 Excel 打开文件时位于文件的单元格 A1 中）。

（3）parse_dates＝True：将每一行的标签理解为日期（而不是数字或其他具有不同含义的文本）。

代码组运行完成后，现在重要的是要记住运行这两行代码的最终结果：现在可以使用 fifa_data 从 Jupyter notebook 访问数据集。

这些代码行没有任何输出，因为并非所有代码都会返回输出。这段代码就是一个很好的例子。

7.1.3　检查数据

现在，需要快速查看 fifa_data 中的数据集，以确保它已正确加载。

通过编写一行代码输出数据集的前 5 行，如［例 7-3］所示：从包含数据集的变量开始（在［例 7-3］中为 fifa_data），然后在它后面加上".head()"。

【例 7-3】检查数据。

```
1  # 输出前 5 行数据
2  fifa_data.head()
```

运行结果：

Date	ARG	BRA	ESP	FRA	GER	ITA
1993-08-08	5.0	8.0	13.0	12.0	1.0	2.0
1993-09-23	12.0	1.0	14.0	7.0	5.0	2.0

1993-10-22	9.0	1.0	7.0	14.0	4.0	3.0
1993-11-19	9.0	4.0	7.0	15.0	3.0	1.0
1993-12-23	8.0	3.0	5.0	15.0	1.0	2.0

现在检查前五行是否与上面数据集一致(从 Excel 中可以看到它原本的样子)。

7.1.4 绘制数据

接下来我们将了解许多不同的绘图类型。许多情况下,在 Seaborn 中只需要一行代码即可制作图表。

【例 7-4】绘制数据。

```
1  # 设置图形的宽高
2  plt.figure(figsize=(16,6))
3  # 显示 FIFA 排名如何随时间演变的折线图
4  sns.lineplot(data=fifa_data)
```

运行结果:

`< AxesSubplot:xlabel='Date'>`

[例 7-4]生成的折线图,如图 7-2 所示。

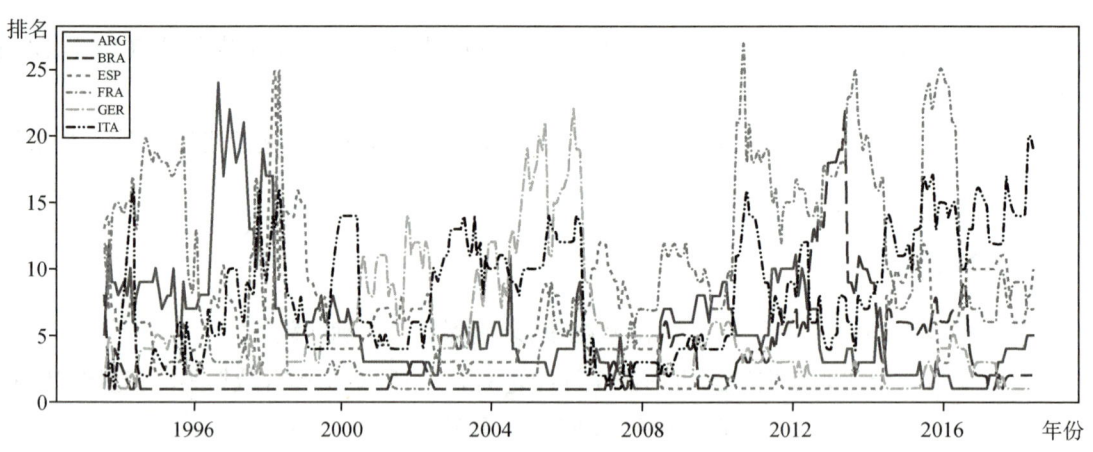

图 7-2 FIFA 排名随时间演变的折线图

7.2　折　线　图

折线图是一种能对随时间变化的趋势进行可视化的一种图。

在本节中,将学习用 Python 来创建具有专业外观的折线图。

7.2.1　设置编程环境

【例 7-5】设置编程环境。

```
1  import pandas as pd
2  pd.plotting.register_matplotlib_converters()
3  import matplotlib.pyplot as plt
4  % matplotlib inline
5  import seaborn as sns
6  print("Setup Complete")
```

运行结果:

Setup Complete

7.2.2　加载数据

这里用到的数据集是跟踪音乐流媒体服务 Spotify 上的全球每日流媒体播放量,我们重点关注 2017 年和 2018 年的 5 首流行歌曲:

(1)"Shape of You",作者:Ed Sheeran。

(2)"Despacito",作者:Luis Fonzi。

(3)"Something Just Like This",作者:The Chainsmokers,Coldplay。

(4)"HUMBLE. ",作者:Kendrick Lamar。

(5)"Unforgettable",作者:French Montana。

正如在 7.1 中学到的,这里可以使用 pd. read_csv 命令加载数据集。

【例 7-6】加载数据。

```
1  # 要读取的文件路径
2  spotify_filepath="spotify.csv"
3  # 将文件读入到变量 spotify_data
4  spotify_data = pd.read_csv(spotify_filepath, index_col="Date",
5                            parse_dates= True)
```

运行[例 7-6]的代码的最终结果是现在可以使用 spotify_data 变量访问数据集。

7.2.3　检查数据

使用 head 命令输出数据集的前 5 行,对数据进行检查。

【例 7-7】检查数据。

```
1  # 输出数据的前 5 行
2  spotify_data.head()
```

运行结果:

Date	Shape of You	Despacito	Something Just Like This	HUMBLE.	Unforgettable
2017-01-06	12287078	NaN	NaN	NaN	NaN
2017-01-07	13190270	NaN	NaN	NaN	NaN
2017-01-08	13099919	NaN	NaN	NaN	NaN
2017-01-09	14506351	NaN	NaN	NaN	NaN
2017-01-10	14275628	NaN	NaN	NaN	NaN

现在检查前 5 行是否与数据集一致(对此 Excel 中的数据)。空条目将显示为 NaN。我们还可以仅通过一个小更改[将". head()"变为". tail()"]来查看数据的最后 5 行。

【例 7-8】检查数据。

```
1  # 输出数据的最后 5 行
2  spotify_data.tail()
```

运行结果:

Date	Shape of You	Despacito	Something Just Like This	HUMBLE.	Unforgettable
2018-01-05	4492978	3450315.0	2408365.0	2685857.0	2869783.0
2018-01-06	4416476	3394284.0	2188035.0	2559044.0	2743748.0
2018-01-07	4009104	3020789.0	1908129.0	2350985.0	2441045.0
2018-01-08	4135505	2755266.0	2023251.0	2523265.0	2622693.0
2018-01-09	4168506	2791601.0	2058016.0	2727678.0	2627334.0

7.2.4 绘制折线图

现在数据集已加载,只需要一行代码即可制作折线图,运行结果图如图 7-3 所示。

【例 7-9】绘制折线图。

```
1  # 显示每首歌曲的每日全球流媒体播放量的折线图
2  sns.lineplot(data=spotify_data)
```

运行结果:

```
< AxesSubplot:xlabel= 'Date'>
```

正如在[例 7-9]中看到的,这行代码相对较短,主要有以下两个组成部分。

(1)"sns. lineplot"——创建折线图。

在本章中学习的每个命令都将以 sns 开头,这表明该命令来自 Seaborn 包。例如,使用 sns. lineplot 来制作折线图。后续还会使用 sns. barplot 和 sns. heatmap 分别来制作条形图和热图。

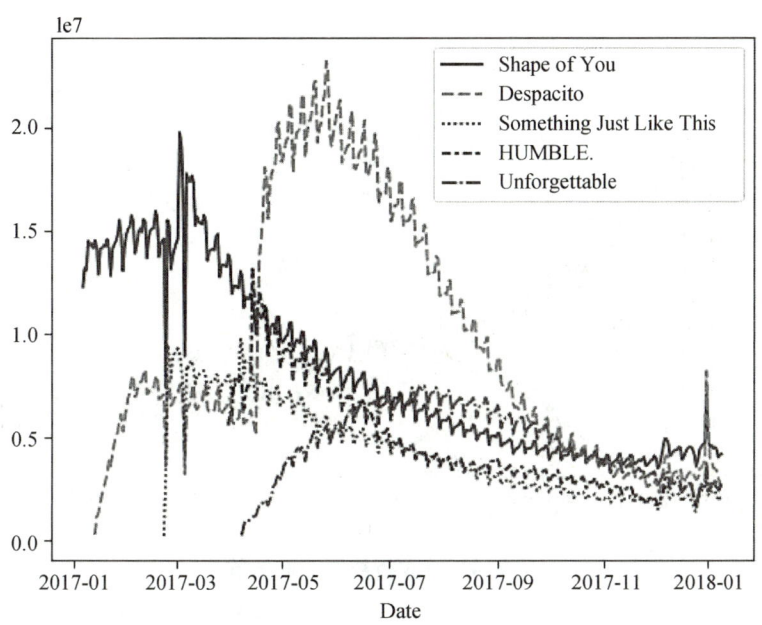

图 7-3　每首歌曲每日全球流媒体播放量的折线图

（2）"data＝spotify_data"——选择将用于创建图表的数据。

请注意，在创建折线图时，将始终使用相同的代码格式，随着新数据集发生变化的唯一内容是数据集的名称。因此，如果正在使用名为"financial_data"的不同数据集，则代码行应如下：

```
sns.lineplot(data= financial_data)
```

有时想要修改其他细节，如图形的大小和图表的标题。这些选项中的每一个都可以使用一行代码轻松设置。例如，[例 7-10]中的代码运行，运行结果图如图 7-3 所示。

【例 7-10】绘制图形。

```
1  # 设置图形的宽度和高度
2  plt.figure(figsize=(14,6))
3  # 添加标题
4  plt.title("Daily Global Streams of Popular Songs in 2017-2018")
5  # 显示每首歌曲的每日全球流媒体播放量的折线图
6  sns.lineplot(data=spotify_data)
```

运行结果：

```
< AxesSubplot: title= {'center':'Daily Global Streams of Popular Songs in 2017-2018'},
xlabel= 'Date'>
```

其中，代码行 2 将图形的大小设置为"14"（宽度）乘"6"（高度）。要设置任何图形的大小，只需复制显示的同一行代码。然后，如果想使用自定义尺寸，请将提供的"14"和"6"值更改为所需的宽度和高度。

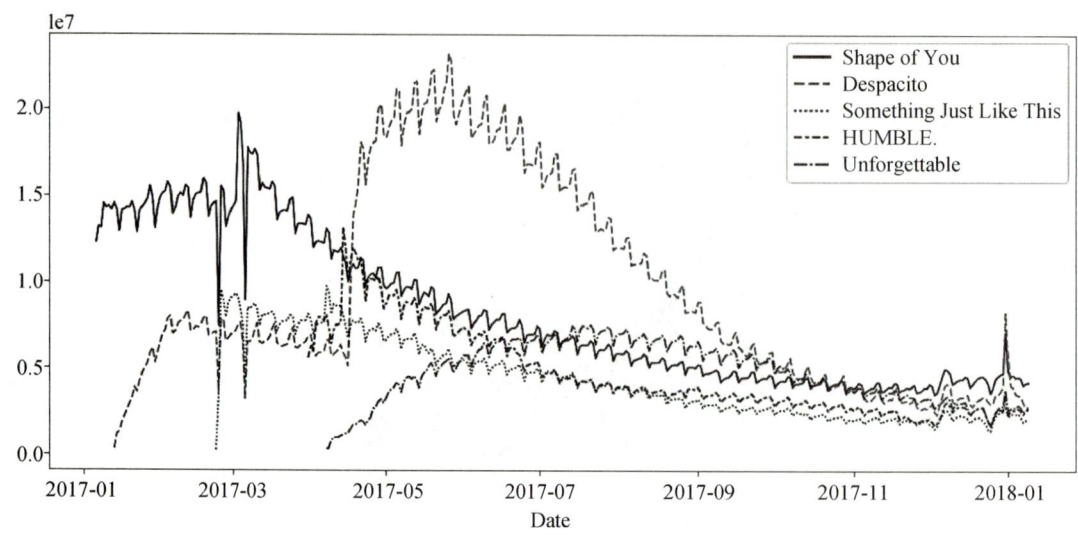

图 7-4　修改折线图图形细节

代码行 4 设置图形的标题。请注意，标题必须始终用引号括起来（"..."）。

7.2.5　绘制数据的一个子集

到目前为止，已经学习了如何为数据集中的每个列绘制一条线。这里将学习如何绘制列的子集。

绘制列的子集将从输出所有列的名称开始。这是用一行代码完成的，并且只需更改数据集的名称（在本例中为 spotify_data）即可适用于任何数据集。

【例 7-11】输出所有列的名称。

```
1  list(spotify_data.columns)
```

运行结果：

['Shape of You',

'Despacito',

'Something Just Like This',

'HUMBLE.',

'Unforgettable']

在［例 7-12］中，绘制了与数据集中前两列对应的线条。图形的标题和大小调整结果如图 7-5 所示。

【例 7-12】 绘制数据集前两列对应的线条。

```
1  # 设置图形的宽度和高度
2  plt.figure(figsize=(14,6))
3  # 添加标题
4  plt.title("Daily Global Streams of Popular Songs in 2017—2018")
5  # 显示"Shape of You"每日全球播放的折线图
6  sns.lineplot(data=spotify_data['Shape of You'], label="Shape of You")
7  # 显示"Despacito"每日全球播放的折线图
8  sns.lineplot(data=spotify_data['Despacito'], label="Despacito")
9  # 为水平轴添加标签
10 plt.xlabel("Date")
```

运行结果：

Text(0.5, 0, 'Date')

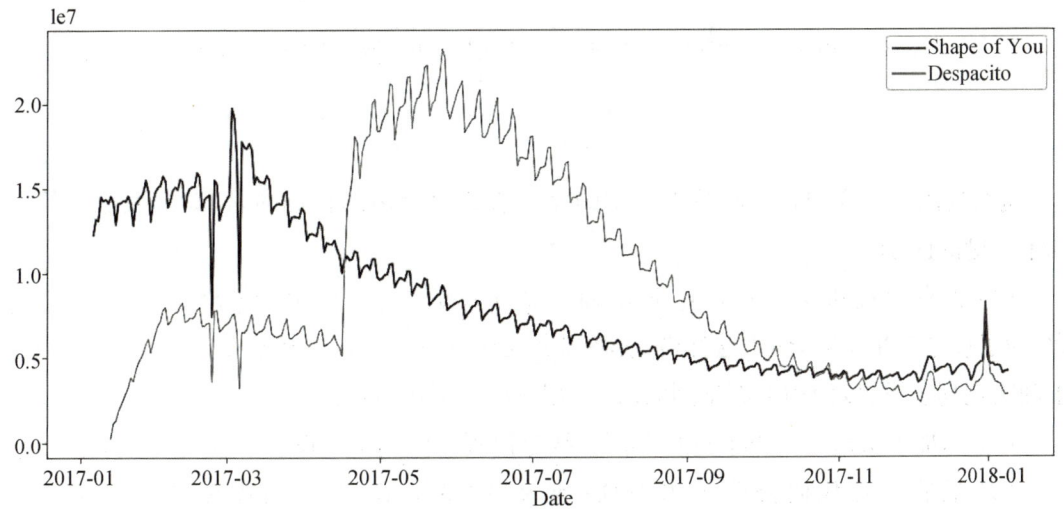

图 7-5　设置图形的大小和标题

[例 7-12]中，代码行 1 至 4 设置了图形的大小和标题。

代码行 6 和 8 分别在折线图中添加折线。例如，考虑代码行 6，它添加了"Shape of You"，如图 7-6 所示。

【例 7-13】 在图中添加第一条折线的代码。

```
1  # 显示"Shape of You"每日全球播放的折线图
2  sns.lineplot(data=spotify_data['Shape of You'], label="Shape of You")
```

运行结果：

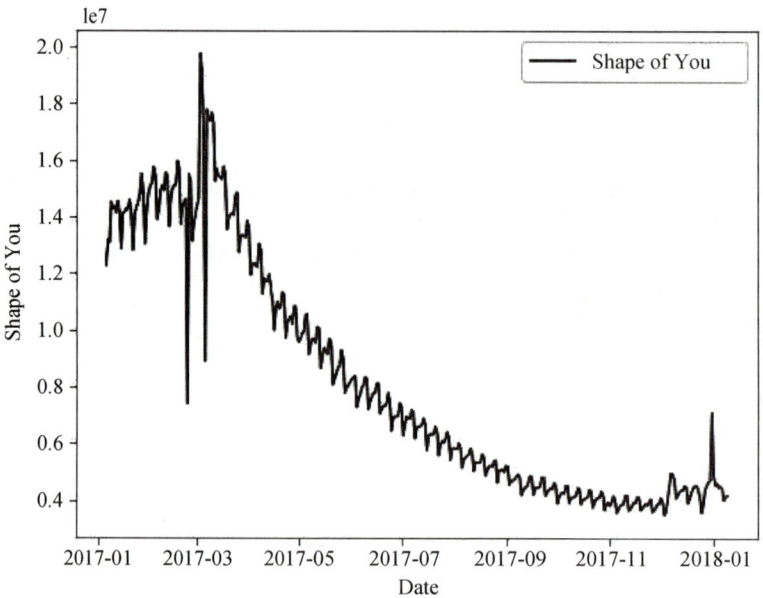

图 7-6   在折线图中添加"shape of you"的折线

这行代码看起来与在绘制数据集中的每条折线时使用的代码非常相似，但这行代码有几个关键的区别：

（1）没有设置 data＝spotify_data，而是设置 data＝spotify_data['Shape of You']。通常，为了仅绘制单个列，使用这种格式，将列名放在单引号中并将其括在方括号中。（为确保正确指定列名，可以使用上面学到的命令输出所有列名的列表）

（2）添加了 label＝"Shape of You"使线条出现在图例中并设置其对应的标签。

（3）最后一行代码修改了水平轴（或 x 轴）的标签，其中所需标签放在英文引号（"..."）中。

7.3   条形图和热图

条形图和热图分别是使用长度、颜色来比较数据集的可视化图形。

如果这是你第一次使用 Python 编写代码，你应该为迄今为止所取得的成就感到非常自豪，因为学习一项全新的技能绝非易事！如果坚持学习 Python，你将会发现一切只会变得更容易（而将构建的图表会更令人印象深刻！），因为所有图表的代码都非常相似。像任何技能一样，随着时间的推移和重复，编码会变得自然。

在本节，我们将了解、学习条形图和热图。

7.3.1　设置编程环境

与往常一样,设置好编码环境。

【例 7-14】设置编程环境。

```
1   import pandas as pd
2   pd.plotting.register_matplotlib_converters()
3   import matplotlib.pyplot as plt
4   % matplotlib inline
5   import seaborn as sns
6   # 设置中文显示字体
7   plt.rcParams["font.family"] = ["SimHei"]
8   # 设置正常显示符号
9   plt.rcParams["axes.unicode_minus"] = False
10  print("Setup Complete")
```

运行结果:

Setup Complete

7.3.2　加载数据

这里我们将使用交通部门跟踪航班延误的数据集。

在 Excel 中打开此 CSV 文件会发现,这一数据集通过行来表示 1～12 月的数据、通过列表示航空公司的代码,Excel 中的航班数据如图 7-7 所示。

	A	B	C	D	E	F	G	H	I	J	K	L	M	N	O
1	Month	CA	CZ	MF	HU	FM	SC	ZH	3U	MU	EU	HO	G5	JR	KN
2	1	6.955843	-0.32089	7.347281	-2.04385	8.537497	18.35724	3.51264	18.16497	11.39805	10.88989	6.352729	3.107457	1.420702	3.389466
3	2	7.530204	-0.78292	18.65767	5.614745	10.41724	27.42418	6.029967	21.30163	16.47447	9.588895	7.260662	7.114455	7.78441	3.501363
4	3	6.693587	-0.54473	10.74132	2.077965	6.730101	20.07485	3.468383	11.01842	10.03912	3.181693	4.892212	3.330787	5.348207	3.263341
5	4	4.931778	-3.009	2.780105	0.083343	4.821253	12.64044	0.011022	5.131228	8.766224	3.223796	4.376092	2.66029	0.995507	2.996399
6	5	5.173878	-1.7164	-0.70902	0.149333	7.72429	13.00755	0.826426	5.46679	22.39735	4.141162	6.827695	0.681605	7.102021	5.680777
7	6	8.191017	-0.22062	5.047155	4.419594	13.95279	19.71295	0.882786	9.639323	35.5615	8.338477	16.93266	5.766296	5.779415	10.74346
8	7	3.87044	0.377408	5.841454	1.204862	6.926421	14.46454	2.001586	3.980289	14.35238	6.790333	10.26255		7.135773	10.50494
9	8	3.193907	2.503899	9.28095	0.653114	5.154422	9.175737	7.448029	1.896565	20.51902	5.606689	5.014041		5.106221	5.532108
10	9	-1.43273	-1.8138	3.539154	-3.70338	0.851062	0.97846	3.696915	-2.16727	8.000101	1.530896	-1.79426		0.070998	-1.33626
11	10	-0.58093	-2.99362	3.676787	-5.01152	2.30376	0.082127	0.467074	-3.73505	6.810736	1.750897	-2.45654		2.254278	-0.68885
12	11	0.77263	-1.91652	1.418299	-3.17541	4.41593	11.16453	-2.71989	0.220061	7.543881	4.925548	0.281064		0.11637	0.995684
13	12	4.149684	-1.84668	13.83929	2.504595	6.685176	9.346221	-1.70647	0.662486	12.73312	10.94761	7.012079		13.49872	6.720893

图 7-7　航班数据

每个条目显示不同航空公司和月份的平均到达延迟时间(以分钟为单位)。负数条目表示航班倾向于提早到达。例如,1 月国航航班(代码:CA)大约平均晚点 7 分钟,而南方航空航班(代码:CZ)在 4 月大约平均提前 3 分钟到达。

和以前一样,使用 pd. read_csv 命令加载数据集。

【例7-15】加载数据。

```
1  # 要读取的文件路径
2  flight_filepath = "航班数据.csv"
3  # 将文件读入到变量
4  flight_data = pd.read_csv(flight_filepath, index_col= "Month")
```

我们注意到此代码比在 7.2.2 中使用的代码略短。在这种情况下，行标签（来自"Month"（月份）所在列）与日期（dates）不对应，因此不在括号中添加"parse_dates＝True"。但是，像以前一样保留前两段文本，以提供两个参数：①数据集的文件路径（在本例中为flight_filepath）。②用于索引行的列标题（在本例中为 index_col＝"Month"）。

7.3.3 检查数据

由于这次的数据集很小，Python 可以很容易地输出它的所有内容。这是通过编写仅包含数据集名称的一行代码来完成的，输出结果如图 7-8 所示。

【例7-16】检查数据。

```
1  # 输出数据到屏幕
2  flight_data
```

运行结果：

Month	CA	CZ	MF	HU	FM	SC	ZH	3U	MU	EU	HO	G5	JR	KN
1	6.955843	-0.320888	7.347281	-2.043847	8.537497	18.357238	3.512640	18.164974	11.398054	10.889894	6.352729	3.107457	1.420702	3.389466
2	7.530204	-0.782923	18.657673	5.614745	10.417236	27.424179	6.029967	21.301627	16.474466	9.588895	7.260662	7.114455	7.784410	3.501363
3	6.693587	-0.544731	10.741317	2.077965	6.730101	20.074855	3.468383	11.018418	10.039118	3.181693	4.892212	3.330787	5.348207	3.263341
4	4.931778	-3.009003	2.780105	0.083343	4.821253	12.640440	0.011022	5.131228	8.766224	3.223796	4.376092	2.660290	0.995507	2.996399
5	5.173878	-1.716398	-0.709019	0.149333	7.724290	13.007554	0.826426	5.466790	22.397347	4.141162	6.827695	0.681605	7.102021	5.680777
6	8.191017	-0.220621	5.047155	4.419594	13.952793	19.712951	0.882786	9.639323	35.561501	8.338477	16.932663	5.766296	5.779415	10.743462
7	3.870440	0.377408	5.841454	1.204862	6.926421	14.464543	2.001586	3.980289	14.352382	6.790333	10.262551	NaN	7.135773	10.504942
8	3.193907	2.503899	9.280950	0.653114	5.154422	9.175737	7.448029	1.896565	20.519018	5.606689	5.014041	NaN	5.106221	5.532108
9	-1.432732	-1.813800	3.539154	-3.703377	0.851062	0.978460	3.696915	-2.167268	8.000101	1.530896	-1.794265	NaN	0.070998	-1.336260
10	-0.580930	-2.993617	3.676787	-5.011516	2.303760	0.082127	0.467074	-3.735054	6.810736	1.750897	-2.456542	NaN	2.254278	-0.688851
11	0.772630	-1.916516	1.418299	-3.175414	4.415930	11.164527	-2.719894	0.220061	7.543881	4.925548	0.281064	NaN	0.116370	0.995684
12	4.149684	-1.846681	13.839290	2.504595	6.685176	9.346221	-1.706475	0.662486	12.733123	10.947612	7.012079	NaN	13.498720	6.720893

图 7-8 将数据输出到屏幕

7.3.4 绘制条形图

假设要创建一个条形图，按月显示东方航空（代码：MU）航班的平均抵达延误时间。

用于自定义文本（标题和垂直轴的标签）和图形大小的命令与之前的代码相似，但创建条形图的代码是新的。有关代码如[例7-17]所示，东方航空平均抵达延误（按月）条形图如图 7-9 所示。

【例 7-17】绘制数据。

```
1  # 设置图形的宽度和高度
2  plt.figure(figsize=(10,6))
3  # 添加标题
4  plt.title("东方航空平均抵达延误(按月)")
5  # 条形图按月显示东方航空航班的平均到达延误时间
6  sns.barplot(x=flight_data.index, y=flight_data['MU'])
7  # 为垂直轴添加标签
8  plt.ylabel("到达延迟(分钟)")
```

运行结果：

Text(0, 0.5, '到达延迟(分钟)')

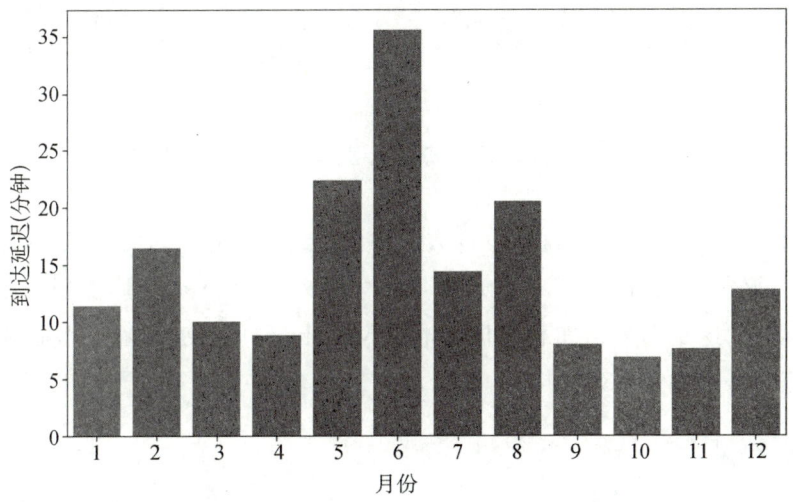

图 7-9　东方航空平均抵达延误(按月)条形图

在［例 7-17］中有关创建条形图的代码可以用［例 7-18］总结，运行结果如图 7-10 所示。

【例 7-18】绘制数据。

```
1  # 显示东方航空(MU)航班按月平均抵达延误时间的条形图
2  sns.barplot(x=flight_data.index, y=flight_data['MU'])
```

运行结果：

< Axes: xlabel= 'Month', ylabel= 'MU'>

［例 7-18］包含了三个主要组件：

（1）sns. barplot：创建条形图。

请记住，sns 指的是 Seaborn，在本书中用于创建图表的所有命令都将以此前缀开头。

（2）x＝flight_data. index：这里确定了水平轴上使用的数据。在本例中，我们选择了对行进行索引的列（在本例中为包含月份的列）。

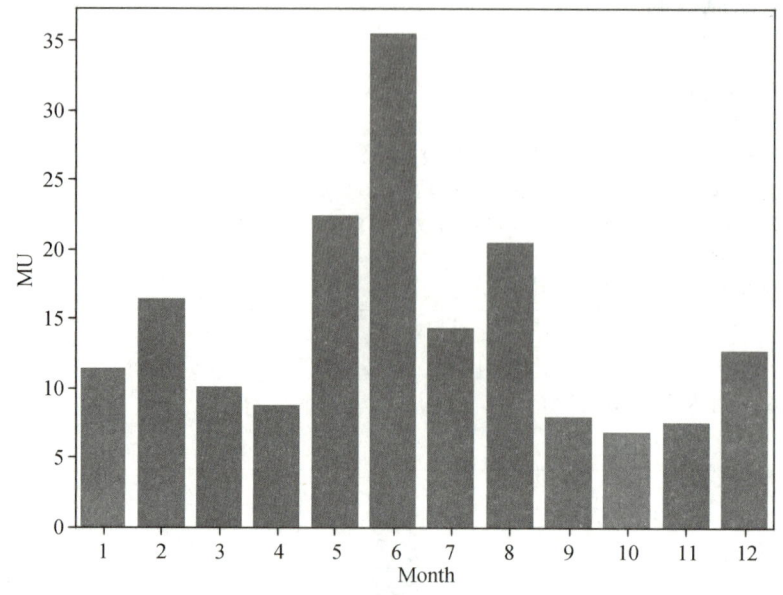

图 7-10　东方航空平均抵达延误(按月)条形图调整结果

（3）y＝flight_data['MU']：这里设置数据中使用的列。这次选择"MU"列。

重要提示：必须使用 flight_data.index 选择索引列，并且不能使用 flight_data['Month']（这将返回错误）。这是因为当加载数据集时，"Month"列用于索引行。我们总是必须使用这种特殊的符号来选择索引列。

7.3.5　绘制热图

还有一种绘图类型需要我们了解：热图！

在[例 7-19]中创建了一个热图来快速可视化"flight_data"中的规律。每个单元格都根据其对应的值进行颜色编码。仍沿用 7.3.2 中各家航空公司的数据，运行代码如[例 7-19]所示，各航空公司的平均抵达延误(按月)热图如图 7-11 所示。

【例 7-19】绘制数据。

```
1  #  设置图形的宽度和高度
2  plt.figure(figsize=(14,7))
3  #  添加标题
4  plt.title("各航空公司的平均抵达延误时间(按月)")
5  #  热图按月显示每家航空公司的平均抵达延误时间
6  sns.heatmap(data=flight_data, annot= True)
7  #  为水平轴添加标签
8  plt.xlabel("航空公司")
```

运行结果：

Text(0.5, 49.7222222222222, '航空公司')

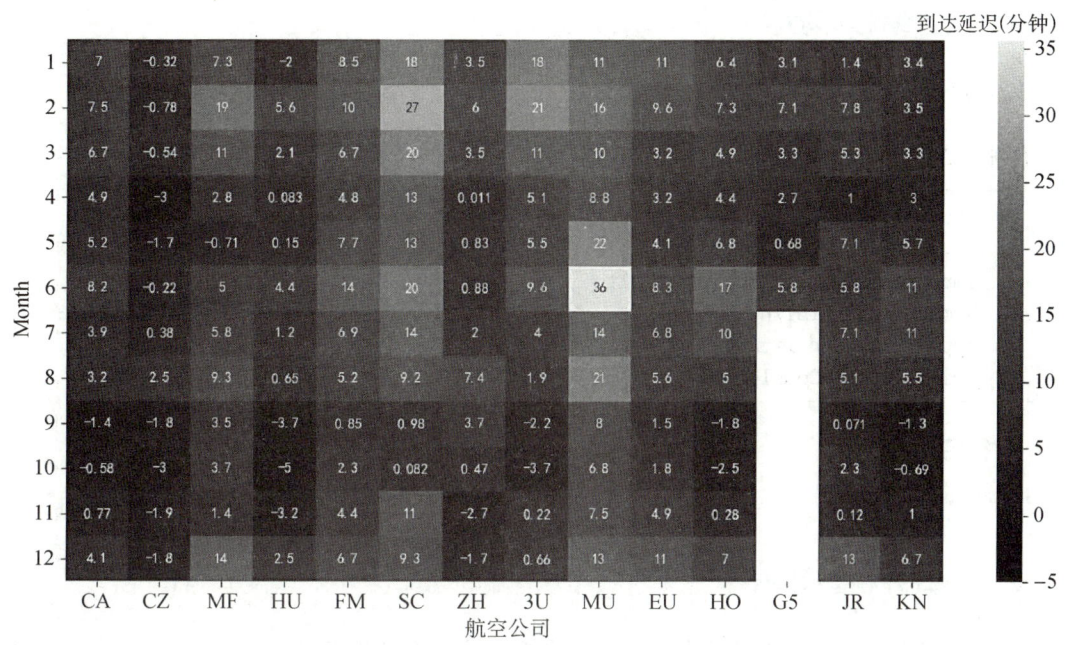

图 7-11　各航空公司的平均抵达延误时间(按月)热图

在[例 7-19]中,创建热图的相关代码如下(与条形图类似,这里不再重复运行):

```
1   #  热图按月显示每家航空公司的平均抵达延迟
2   sns.heatmap(data=flight_data, annot=True)
```

创建热图的代码包含了三个主要组件:

(1) sns. heatmap:创建热图。

(2) data=flight_data:使用 flight_data 中的数据来创建热图。

(3) annot=True:确保每个色块中的值都显示出来。(省略后不会显示色块中的数)

在图 7-11 中能发现哪些规律呢? 例如,如果仔细观察,年底前的月份(尤其是 9 ～ 11 月)对所有航空公司来说都相对显示深色。这表明所有航空公司在这几个月里(平均而言)更善于保持航班准点。

7.4　**散 点 图**

散点图是一种能利用坐标平面探索变量之间的关系的可视化图形。

在本节,我们将学习如何创建高级散点图。

7.4　散点图

7.4.1 设置编程环境

与往常一样,设置好编码环境。

【例 7-20】设置编程环境。

```
1  import pandas as pd
2  pd.plotting.register_matplotlib_converters()
3  import matplotlib.pyplot as plt
4  % matplotlib inline
5  import seaborn as sns
6  print("Setup Complete")
```

运行结果:

```
Setup Complete
```

7.4.2 加载并检查数据

这里我们将使用保险费用数据集,尝试分析为什么有些客户支付的费用比其他客户多。

【例 7-21】加载数据。

```
1  # 要读取的文件路径
2  insurance_filepath = "insurance.csv"
3  # 将文件读入到变量 insurance_data
4  insurance_data = pd.read_csv(insurance_filepath)
```

与往常一样,通过输出前 5 行来检查数据集是否正确加载。

【例 7-22】检查数据。

```
1  insurance_data.head()
```

运行结果:

	age	sex	bmi	children	smoker	region	charges
0	19	female	27.900	0	yes	southwest	16884.92400
1	18	male	33.770	1	no	southeast	1725.55230
2	28	male	33.000	3	no	southeast	4449.46200
3	33	male	22.705	0	no	northwest	21984.47061
4	32	male	28.880	0	no	northwest	3866.85520

7.4.3 绘制散点图

要创建一个简单的散点图,需要使用 sns.scatterplot 命令并指定以下值:①水平 x 轴

（x＝insurance_data['bmi']）。②垂直 y 轴（y＝insurance_data['charges']）。代码如[例 7-23]所示，散点图运行结果如图 7-12 所示。

【例 7-23】绘制数据。

```
1   sns.scatterplot(x=insurance_data['bmi'],y=insurance_data['charges'])
```

运行结果：

`< AxesSubplot:xlabel='bmi', ylabel='charges'>`

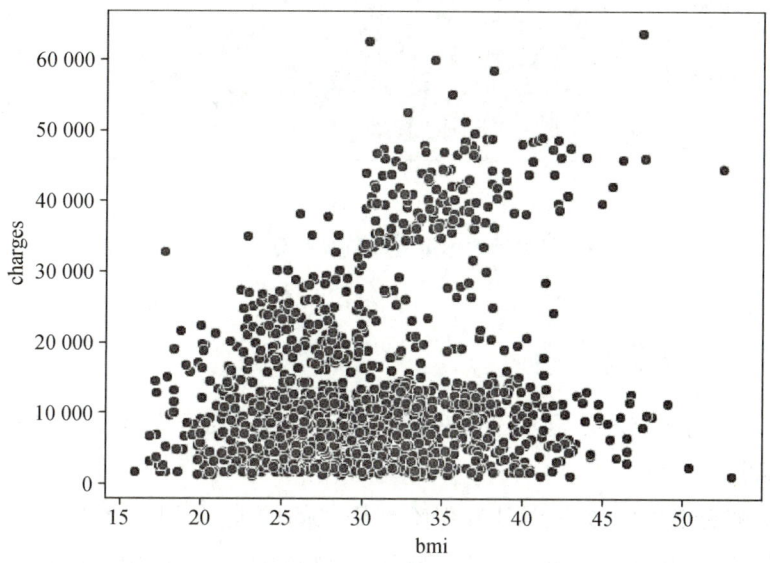

图 7-12　体重指数和保险费用的关系散点图

图 7-12 的散点图表明体重指数（BMI）和保险费用有一定的正相关关系，其中 BMI 较高的客户通常也倾向于支付更多的保险费用。（这种模式是有道理的，因为高 BMI 通常与较高的慢性病风险相关）

要仔细检查这种关系的强度，用户可能想要添加一条回归线，或最适合数据的线，可以通过将命令更改为 sns.regplot 来做到这一点，代码如[例 7-24]所示，优化后的散点图如图 7-13 所示。

【例 7-24】绘制数据。

```
1   sns.regplot(x=insurance_data['bmi'], y=insurance_data['charges'])
```

运行结果：

`< AxesSubplot:xlabel='bmi', ylabel='charges'>`

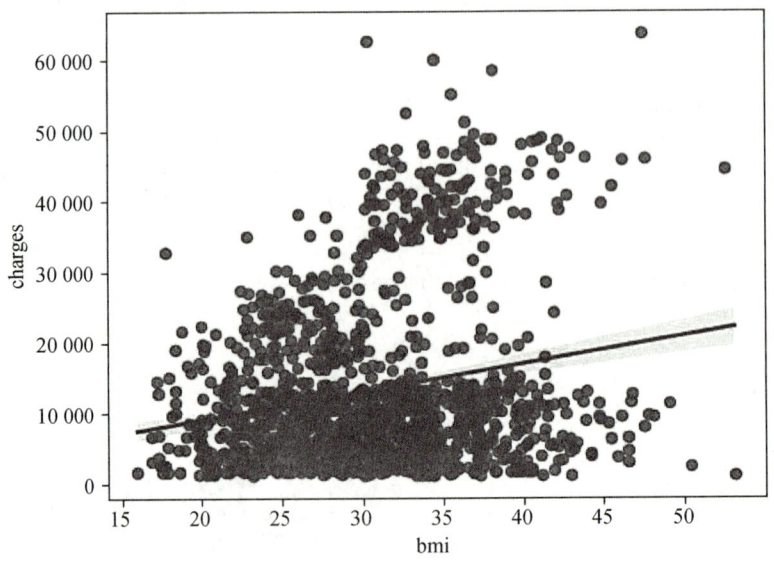

图 7-13　优化后的体重指数和保险费用的关系散点图

7.4.4　对颜色编码的散点图

用户还可以使用散点图来显示三个变量之间的关系。要达成这个目的的一种方法是对点进行颜色编码。

例如，要了解吸烟如何影响 BMI 和保险费用之间的关系，可以用"吸烟者"对点进行颜色编码，并将其他两列（"bmi""charges"）绘制在横轴纵轴。有关代码如[例 7-25]所示，对颜色编码的散点图如图 7-14 所示。

【例 7-25】绘制数据。

```
1  sns.scatterplot(x=insurance_data['bmi'], y=insurance_data['charges'],
2                  hue=insurance_data['smoker'])
```

运行结果：

< AxesSubplot:xlabel='bmi', ylabel='charges'>

图 7-14 的散点图显示，虽然不吸烟者倾向于随着 BMI 的增加而支付更多费用，但吸烟者支付的费用更多。

为了进一步强调这一事实，可以使用 sns.lmplot 命令添加两条回归线，分别对应吸烟者和不吸烟者，代码如[例 7-26]所示。优化后的散点图如图 7-15 所示。可以注意到吸烟者的回归线相对于非吸烟者的回归线有更陡峭的斜率。

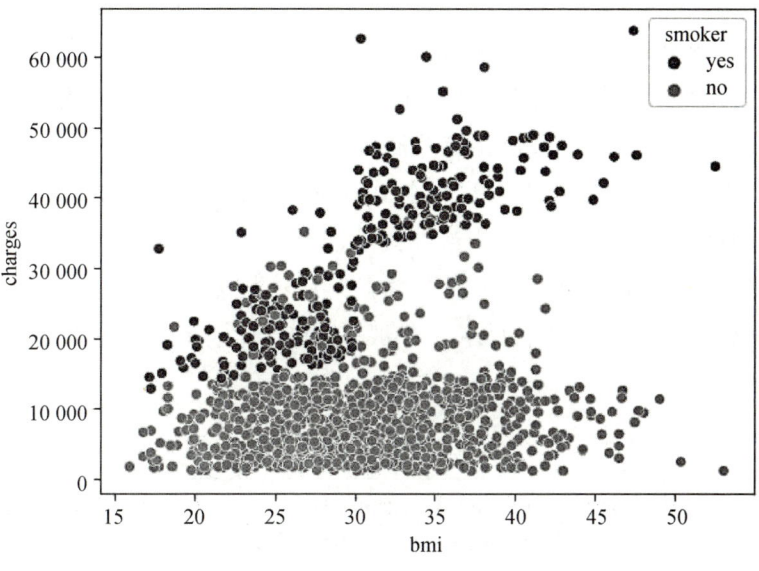

图 7-14　对颜色编码的散点图

【例 7-26】绘制数据。

```
1  sns.lmplot(x="bmi", y="charges", hue="smoker", data=insurance_data)
```

运行结果:

```
< seaborn.axisgrid.FacetGrid at 0x7f76accd7590>
```

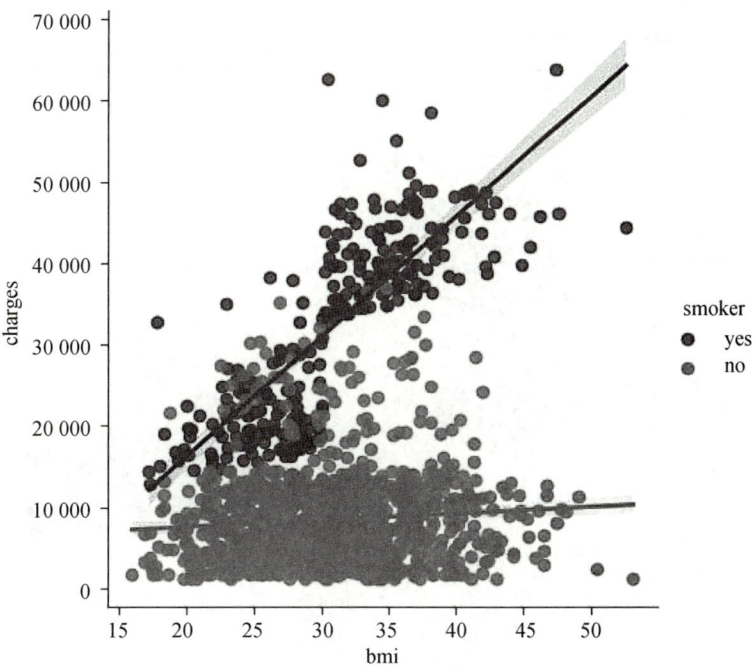

图 7-15　对颜色编码的散点图优化

[例 7-26]中的 sns. lmplot 命令与目前所学的命令略有不同：

（1）没有设置 x＝insurance_data['bmi']来选择 insurance_data 中的'bmi'列，而是设置 x＝"bmi"来仅指定列的名称。同样，y＝"charges"和 hue＝"smoker"也包含列的名称。

（2）使用 data＝insurance_data 指定数据集。

最后，我们还将了解另一类特殊的散点图，它看起来可能与习惯查看的散点图略有不同。通常，散点图是用来突出显示两个连续变量（如"bmi"和"charges"）之间的关系。但是，可以调整散点图的设计，使其在其中一个主轴上具有分类变量（如"smoker"），这种绘图类型被称为分类散点图，如图 7-16 所示。一般使用 sns. swarmplot 命令构建它，代码如[例 7-27]所示。

【例 7-27】绘制数据。

```
1  sns.swarmplot(x=insurance_data['smoker'],
2                 y=insurance_data['charges'])
```

运行结果：

< AxesSubplot: xlabel= 'smoker', ylabel= 'charges'>

UserWarning: 37.4% of the points cannot be placed; you may want to decrease the size of the markers or use stripplot.

warnings.warn(msg, UserWarning)

UserWarning: 60.8% of the points cannot be placed; you may want to decrease the size of the markers or use stripplot.

warnings.warn(msg, UserWarning)

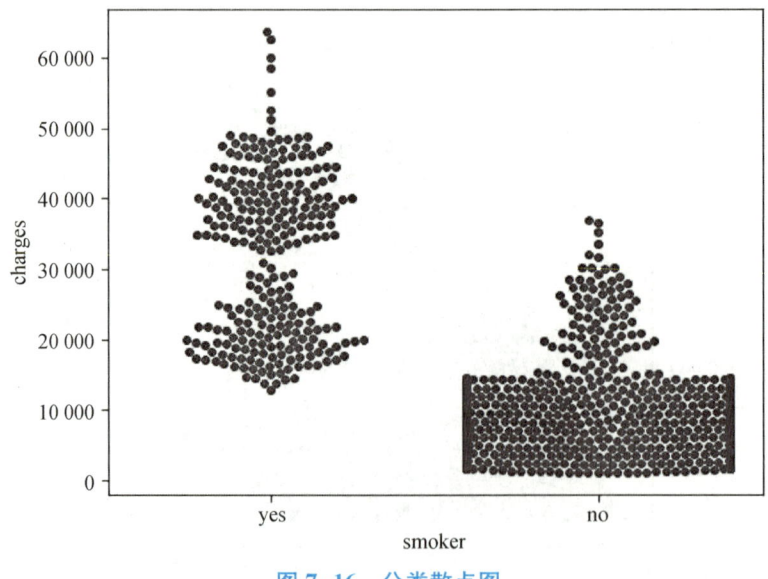

图 7-16　分类散点图

图 7-16 的结果显示：平均而言，非吸烟者的收费低于吸烟者，并且支付最多保险费用的顾客是吸烟者；而支付最少保险费用的顾客是非吸烟者。

7.5 直方图和密度图

直方图和密度图都是能帮助用户了解数据如何分布的可视化图形。

在本节，我们将全面了解直方图和密度图。

7.5 直方图
和密度图

7.5.1 设置编程环境

与往常一样，设置好编码环境。

【例 7-28】设置编程环境。

```
1  import pandas as pd
2  pd.plotting.register_matplotlib_converters()
3  import matplotlib.pyplot as plt
4  % matplotlib inline
5  import seaborn as sns
6  print("Setup Complete")
```

运行结果：

Setup Complete

7.5.2 加载并检查数据

这里我们将使用包含 150 种不同花朵的数据集，其中包含三种不同种类的鸢尾花（Iris setosa 山鸢尾、Iris versicolor 花斑鸢尾和 Iris virginica 弗吉尼亚鸢尾各 50 个）。

数据集中的每一行对应一朵不同的花。有四个测量值：萼片长度（sepal length）、萼片宽度（sepal width）、花瓣长度（petal length）、花瓣宽度（petal width）。

【例 7-29】加载并检查数据。

```
1  #  读取文件的路径
2  iris_filepath ="iris.csv"
3  #  将文件读入到变量 iris_data
4  iris_data =pd.read_csv(iris_filepath, index_col="Id")
5  #  输出前 5 行数据到屏幕
6  iris_data.head()
```

运行结果：

	Sepal Length (cm)	Sepal Width (cm)	Petal Length (cm)	Petal Width (cm)	Species
Id					
1	5.1	3.5	1.4	0.2	Iris-setosa
2	4.9	3.0	1.4	0.2	Iris-setosa
3	4.7	3.2	1.3	0.2	Iris-setosa
4	4.6	3.1	1.5	0.2	Iris-setosa
5	5.0	3.6	1.4	0.2	Iris-setosa

7.5.3　绘制直方图

假设想创建一个直方图来查看鸢尾花的花瓣长度的规律，可以使用 sns. histplot 命令来做到这一点。有关代码如［例 7-30］所示，直方图运行结果如图 7-17 所示。

【例 7-30】绘制数据。

```
1  # 直方图
2  sns.histplot(iris_data['Petal Length (cm)'])
```

运行结果：

< AxesSubplot: xlabel= 'Petal Length (cm)', ylabel= 'Count'>

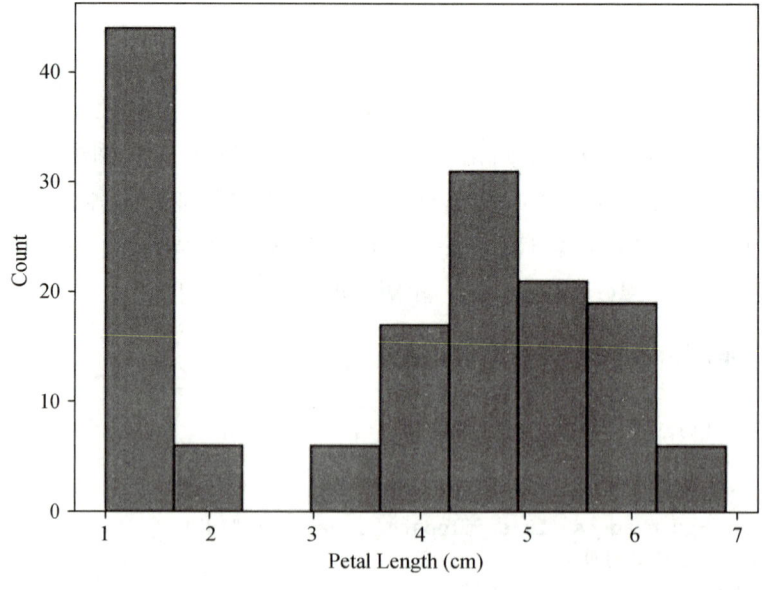

图 7-17　直方图运行结果

在［例 7-30］中，必须为想要绘制的列提供命令（这里选择的是"Petal Length（cm）"）。

7.5.4　绘制密度图

下一类型的图是核密度估计图（又称密度图、KDE 图）。如果不熟悉 KDE 图，可以将其视为平滑的直方图。

要制作 KDE 图，需要使用 sns. kdeplot 命令。设置 shade＝True 为曲线下方的区域着色（并且设置 data＝选择想要绘制的列）。有关代码如［例 7-31］所示，密度图运行结果如图 7-18 所示。

【例 7-31】绘制数据。

```
1  # 核密度估计图 KDE
2  sns.kdeplot(data=iris_data['Petal Length (cm)'], fill=True)
```

运行结果：

< AxesSubplot: xlabel= 'Petal Length (cm)', ylabel= 'Density'>

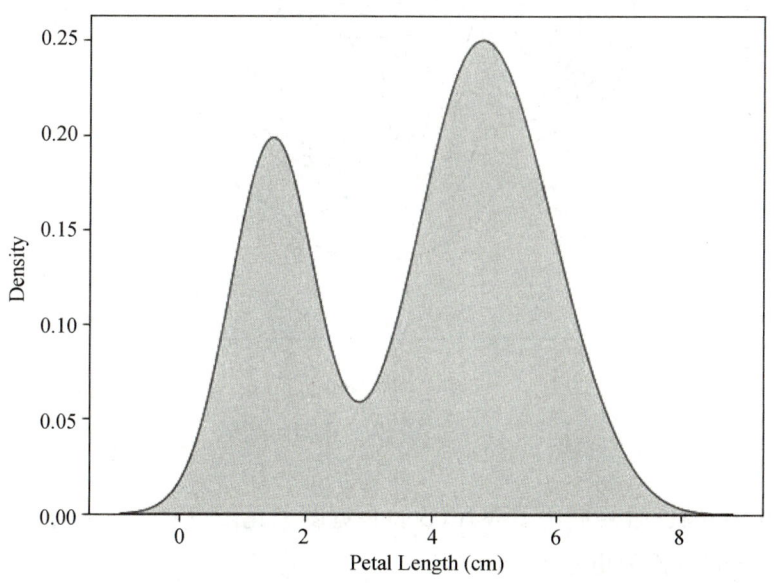

图 7-18　密度图运行结果

7.5.5　绘制二维 KDE 图

创建 KDE 图时，并不限于单列，还可以使用 sns. jointplot 命令创建一个二维（2D）KDE 绘图运行代码如［例 7-32］所示，二维 KDE 图运行结果如图 7-19 所示。

【例 7-32】绘制数据。

```
1  # 二维 KDE 图
2  sns.jointplot(x= iris_data['Petal Length (cm)'],
3  y= iris_data['Sepal Width (cm)'], kind= "kde")
```

运行结果：

< seaborn.axisgrid.JointGrid at 0x7f107667f1d0>

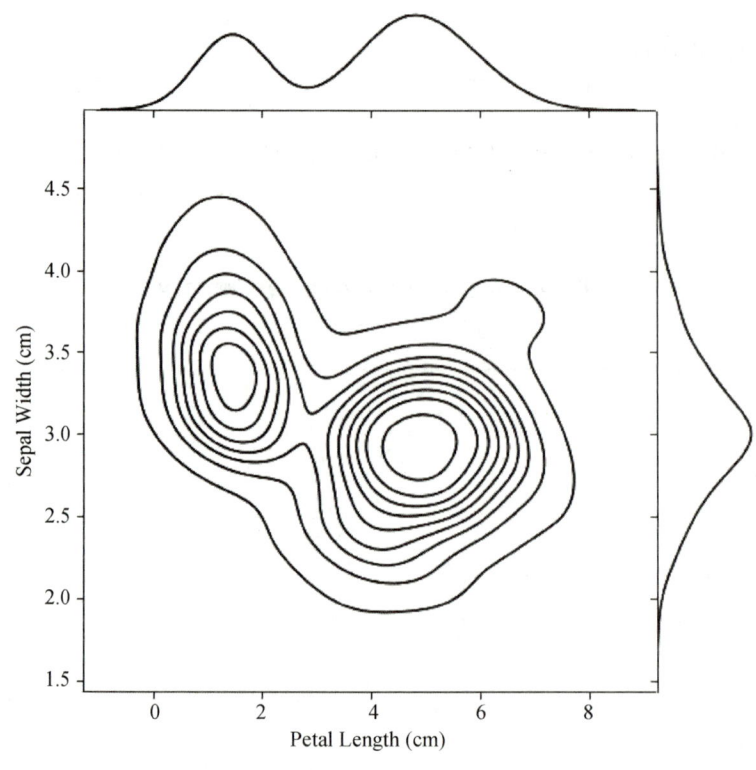

图 7-19   二维 KDE 图运行结果

在图 7-19 中，颜色编码展示了萼片（Sepal）宽度和花瓣（Petal）长度的不同组合的可能性有多大，图中较暗的部分更有可能出现。

请注意，除了中间的二维 KDE 图，图顶部的曲线是 x 轴上数据的 KDE 图（在本例中为iris_data['Petal Length（cm）']），以及图右侧的曲线是 y 轴上数据的 KDE 图（在本例中为iris_data['Sepal Width（cm）']）。

7.5.6   对颜色编码的直方图和密度图

这部分，我们将创建图表以了解物种之间的差异。

我们可以使用 sns. histplot 命令创建三个不同的花瓣长度直方图（每个物种一个），有关设置要求如下：

data＝提供用来读取数据的变量名称。

x＝通过被绘制的数据设置列的名称。

hue＝设置将数据拆分为不同直方图的列。

有关代码如［例 7-33］所示，有颜色编码的直方图如图 7-20 所示。

【例 7-33】绘制数据。

```
1  # 每个物种的直方图
2  sns.histplot(data=iris_data, x='Petal Length (cm)', hue='Species')
3  # 加入标题
4  plt.title("Histogram of Petal Lengths, by Species")
```

运行结果：

Text(0.5, 1.0, 'Histogram of Petal Lengths, by Species')

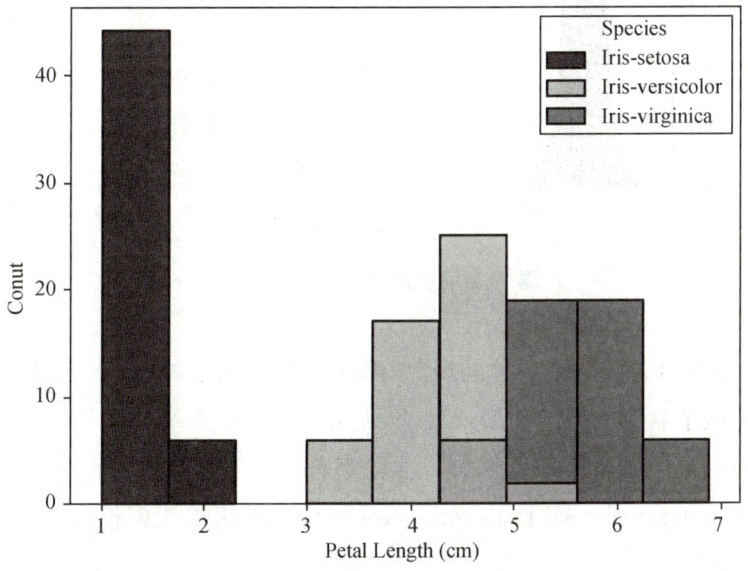

图 7-20　有颜色编码的直方图

我们还可以使用 sns. kdeplot（如上）为每个物种创建一个有颜色编码的 KDE 图。有关 data、x 和 hue 的作用与在［例 7-33］中使用 sns. histplot 时的功能相同。此外，设置 shade＝True 为每条曲线下方的区域着色。有关代码如［例 7-34］所示，有颜色编码的 KDE 图如图 7-21 所示。

【例 7-34】绘制数据。

```
1  # 每个物种的 KDE 图
2  sns.kdeplot(data=iris_data, x='Petal Length (cm)', hue='Species',
3           fill= True)
```

```
4  #  加入标题
5  plt.title("Distribution of Petal Lengths, by Species")
```

运行结果：

Text(0.5, 1.0, 'Distribution of Petal Lengths, by Species')

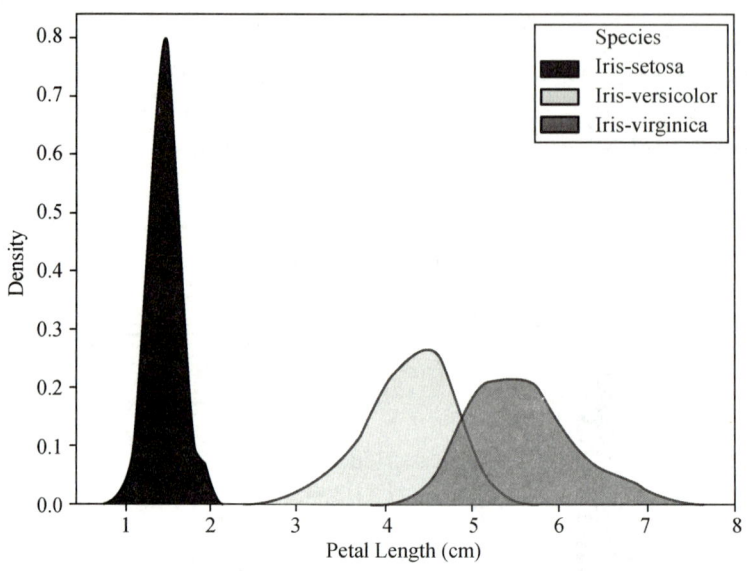

图 7-21　有颜色编码的 KDE 图

在图 7-21 中可以看到一个有趣的现象，即植物似乎属于两组之一，其中 Iris versicolor 和 Iris virginica 似乎具有相似的花瓣长度值，而 Iris setosa 本身就属于一个类别。

事实上，根据这个数据集，甚至可以通过查看花瓣长度将任何鸢尾植物归类为 Iris setosa（而不是 Iris versicolor 或 Iris virginica）：如果鸢尾花的花瓣长度小于 2 厘米，那极有可能是 Iris setosa！

7.6　选择绘图类型和自定义样式

7.6　绘图
类型和样式

在本章中，我们学习了如何创建许多不同的图表类型。现在，我们整理知识，然后学习一些可用于更改图表样式的快速命令。

7.6.1　图表分类

由于决定如何最好地讲述数据背后的故事并不总是那么容易，我们将图表类型分为三大类来帮助解决这个问题。

1）趋势

趋势（trends）是指变化的模式，以拆线图为代表。

sns. lineplot——折线图用来显示一段时间内的趋势，多条线可以用来显示多个组的趋势。

2）关系

关系（relationship）可以使用许多不同的图表类型来了解数据中变量之间的关系，包括条形图、热图、散点图。

sns. barplot——条形图用于比较不同组对应的数量。

sns. heatmap——热图用于查找数据中的根据颜色编码显示的规律。

sns. scatterplot——散点图能显示两个连续变量之间的关系；如果用颜色编码，还可以显示与第三个分类变量的关系。

sns. regplot——在散点图中包含一条回归线可以更容易地看到两个变量之间的任何线性关系。

sns. lmplot——如果散点图包含多个颜色编码组，则此命令可用于绘制多条回归线。

sns. swarmplot——分类散点图显示连续变量和分类变量之间的关系。

3）分布

分布（distribution）主要用来显示在变量中预期的可能值，以及它们出现的可能性，包括直方图和 KDE 图。

sns. histplot——直方图显示单个数值变量的分布。

sns. kdeplot——KDE 图（或 2D KDE 图）显示单个数值变量（或两个数值变量）的估计平滑分布。

sns. jointplot——此命令可用于同时显示 2D KDE 图以及每个单独变量的相应 KDE 图。

7. 6. 2　使用 Seaborn 改变样式

Seaborn 所有命令都为每个绘图提供了一个漂亮的默认样式。但是，用户可能会发现自定义图表的外观更有用，这只需再添加一行代码即可完成！

与往常一样，需要从设置编码环境开始。

【例 7-35】设置编程环境。

```
1  import pandas as pd
2  pd.plotting.register_matplotlib_converters()
3  import matplotlib.pyplot as plt
4  % matplotlib inline
5  import seaborn as sns
6  print("Setup Complete")
```

运行结果：

Setup Complete

使用在 7.2 中用于创建折线图的相同代码，运行［例 7-36］的代码加载数据集并创建图表，如图 7-22 所示。

【例 7-36】加载并绘制数据。

```
1   # 读取文件的路径
2   spotify_filepath ="spotify.csv"
3   # 将文件读入变量 spotify_data
4   spotify_data = pd.read_csv(spotify_filepath, index_col="Date",
5                            parse_dates= True)
6   # 折线图
7   plt.figure(figsize=(12,6))
8   sns.lineplot(data=spotify_data)
```

运行结果：

< AxesSubplot:xlabel= 'Date'>

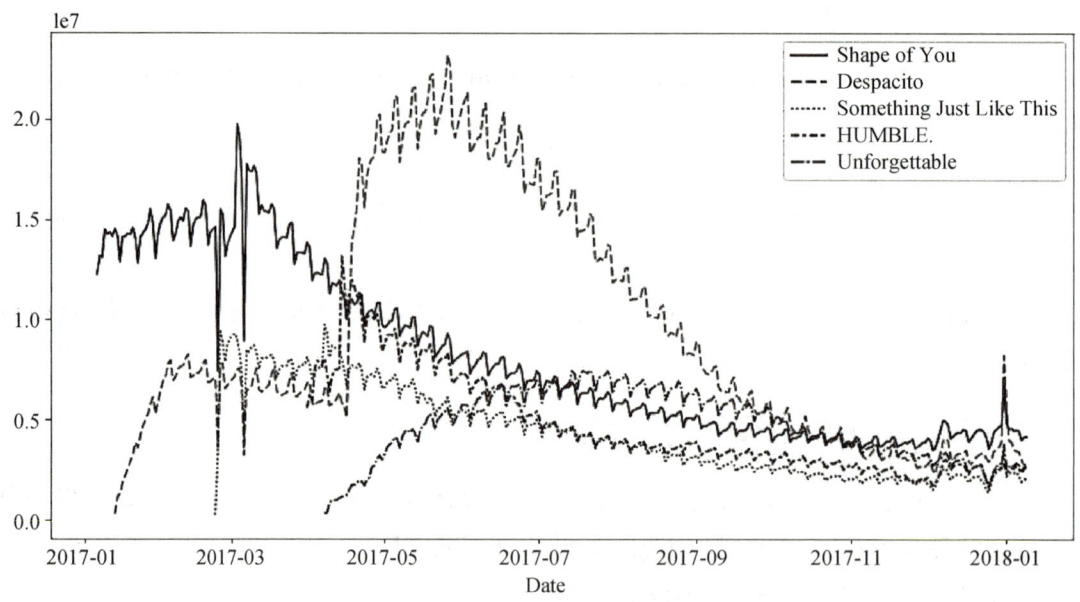

图 7-22　折线图运行结果

只需增加一行代码，就可以快速将图形的样式更改为不同的主题，代码如［例 7-37］所示，更改主题后的拆线图如图 7-23 所示。

【例7-37】更改图形主题。

```
1   #  将图形样式更改为"黑暗"主题
2   sns.set_style("dark")
3   #  折线图
4   plt.figure(figsize=(12,6))
5   sns.lineplot(data=spotify_data)
```

运行结果：

< AxesSubplot:xlabel= 'Date'>

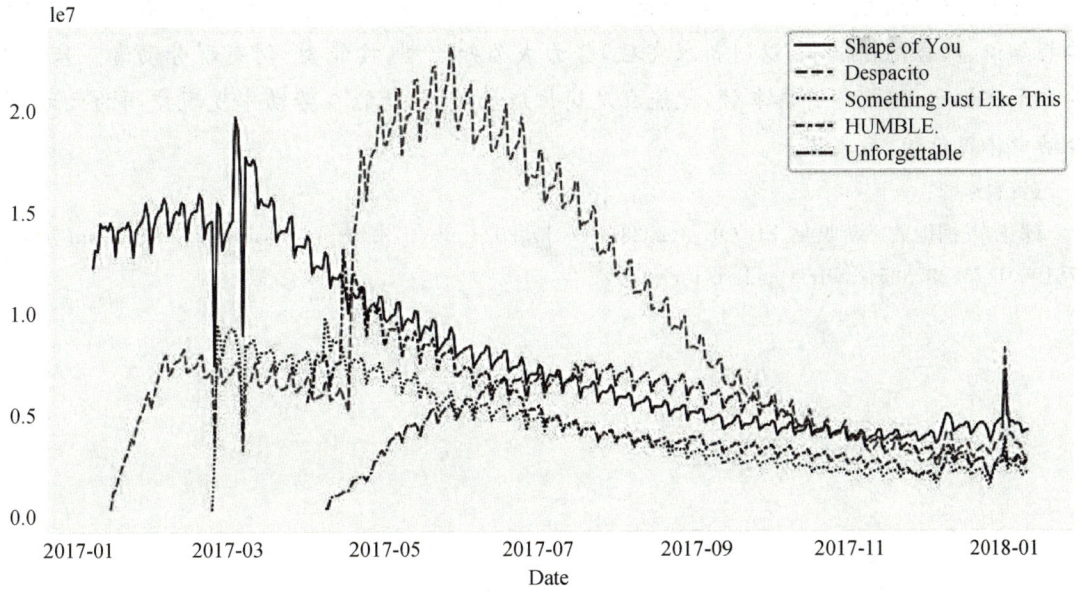

图 7-23　更改主题后的折线图

Seaborn 有五个不同的主题：darkgrid（暗格）、whitegrid（白网格）、dark（黑暗）、white（白色）和 ticks（标记），只需要使用类似于［例 7-37］中的命令来更改它。

 **拓展阅读**

大力弘扬工匠精神，拥抱数字新职业

数字技术在为我们衣食住行提供便利的同时，也孕育培养出了一批新兴数字职业。我国人力资源和社会保障部发布的《中华人民共和国职业分类大典（2022 年版）》，首次标注了数据安全工程技术人员、密码技术应用员等 97 个数字职业，占职业总数的 6%。

数字职业诞生的背后是新场景、新需求、新技术的不断涌现。蓬勃发展的数字经济和实体经济深度融合，为求职者提供更加多元灵活的就业选择，有助于稳就业目标的实现。

职业不断上新，提供更多发展新机遇，从业者更要上心。凡事预则立，面对澎湃而来的

数字化浪潮,相关从业者需提前谋划,做足准备。

（1）更新知识,提高素养。数字经济本身具有快速迭代的特点,新技术层出不穷,新模式不断涌现。数字职业的从业者应时刻保持创新意识,做到因时而进,及时更新技能,丰富知识储备,以适应行业日新月异的发展变化。

（2）注重实践,磨炼成才。数字职业更注重实践操作。以工业互联网为例,工业互联网是新一代信息技术与制造业融合的产物,工业互联网工程技术人员需要懂IT、懂工业、懂制造等。从业者需在深耕专业领域、提高自身工作专业性的同时,具备应有的敏锐与自觉,把从事的职业做精吃透,注重在实践中提升专业技能。

行行可建功、处处可立业。无论就业形态如何变化,对从业者来说,唯一不变的是以勤学长知识、以苦练精技术、以创新求突破,努力成为知识型、技能型、创新型劳动者。只要肯学肯干肯钻研,练就一身真本领,就能立足岗位成长成才,就能在劳动中发现广阔的天地,在劳动中体现价值、展现风采。

（资料来源:

郎竞宁.拥抱数字新职业[EB/OL].（2023-04-01)[2023-09-07]. https://baijiahao. baidu. com/s?id=1761930147582953254&wfr=spider&for=pc. ）

第 8 章

Python 在财务中的应用

 章节导读

"大数据"是有别于传统模式,需要新处理模式才能具有更强的分析力、洞察发现力和流程优化能力来适应海量、高增长率和多样化的信息资产。通过 Python 及 Pandas 等模块可以分析处理 Excel 无法应对的海量数据。

本章我们将财务日常工作内容和 Python 数据分析相结合,对财务数据进行分析处理。

学习目标

学完本章后,你将能够做到:

1. 对职工薪酬财务数据进行分析和处理。
2. 对应收账款账龄数据进行分析和处理。
3. 对固定资产财务数据进行分析和处理。
4. 对成本性态数据进行分析和处理。
5. 对本量利数据进行分析和处理。
6. 对作业成本法数据进行分析和处理。
7. 对货币的时间价值数据进行分析和处理。
8. 对现金流量数据进行分析和处理。

8.1 职工薪酬的核算

8.1 职工
薪酬核算

8.1.1 背景知识

核算职工薪酬是财务实际工作中需要每个月重复的一项工作。其计算过程重复繁琐。

《企业会计准则第 9 号——职工薪酬》规定,职工薪酬包括:

（1）职工工资、奖金、津贴和补贴。

（2）职工福利费。

（3）医疗保险费、养老保险费、失业保险费、工伤保险费和生育保险费等社会保险费。

（4）住房公积金。

（5）工会经费和职工教育经费。

（6）非货币性福利。

（7）因解除与职工的劳动关系给予的补偿。

（8）其他与获得职工提供的服务相关的支出。

8.1.2 数据和任务

这里将用到的"财务数据.xlsx"中已有职工薪酬数据，如图 8-1 所示。

员工序号	岗位	出勤天数	基础工资	绩效工资	奖金	津补贴	社保基数	专项附加扣除	上期累计应纳税所得
A001	生产人员	20	8,000.00			200.00	8,200.00		14,120.00
A002	管理人员	22	12,000.00			200.00	12,200.00	2,000.00	24,520.00
A003	生产人员	22	6,000.00			200.00	6,200.00		920.00
A004	生产人员	18	7,600.00			200.00	7,800.00	2,000.00	—
A005	生产人员	20	12,000.00			200.00	12,100.00	2,000.00	24,660.00
A006	销售人员	19	16,000.00	3,000.00		200.00	20,000.00	2,000.00	69,600.00
A007	销售人员	22	20,200.00			200.00	20,300.00		94,780.00
A008	销售人员	19	19,000.00			200.00	19,000.00	2,000.00	71,000.00
A009	管理人员	22	35,000.00			200.00	28,000.00		202,400.00
A010	管理人员	19	14,800.00			200.00	15,000.00	2,000.00	43,000.00
A011	管理人员	20	19,000.00			200.00	19,500.00	2,000.00	70,300.00

图 8-1　职工薪酬数据截图

我们接下来将采用"财务数据.xlsx"中的职工薪酬数据，计算本月所有员工的工资、五险一金和个人所得税计提数。

8.1.3 计算工资

【例 8-1】导入模块，读取数据，填充缺失数据为 0。

```
1  import pandas as pd
2  file = '财务数据.xlsx'
3  df = pd.read_excel(file, sheet_name='职工薪酬')
4  df.fillna(0,inplace=True)
5  df
```

运行结果：

	员工序号	岗位	出勤天数	基础工资	绩效工资	奖金	津补贴	社保基数	专项附加扣除	上期累计应纳税所得
0	A001	生产人员	20	8000	0.0	0.0	200	8200	0.0	14120
1	A002	管理人员	22	12000	0.0	0.0	200	12200	2000.0	24520
2	A003	生产人员	22	6000	0.0	0.0	200	6200	0.0	920
3	A004	生产人员	18	7600	0.0	0.0	200	7800	2000.0	0
4	A005	生产人员	20	12000	0.0	0.0	200	12100	2000.0	24660
5	A006	销售人员	19	16000	3000.0	0.0	200	20000	2000.0	69600
6	A007	销售人员	22	20200	0.0	0.0	200	20300	0.0	94780
7	A008	销售人员	19	19000	0.0	0.0	200	19000	2000.0	71000
8	A009	管理人员	22	35000	0.0	0.0	200	28000	0.0	202400
9	A010	管理人员	19	14800	0.0	0.0	200	15000	2000.0	43000
10	A011	管理人员	20	19000	0.0	0.0	200	19500	2000.0	70300

计算职工薪酬时，应发工资一般包含：基础工资、绩效工资、加班工资、奖金、津贴和补贴及其他补助。

在本案例中，有关计算公式如下：

应发工资＝基础工资＋绩效工资＋奖金＋津贴和补贴－缺勤

缺勤＝(实际工作日－出勤天数)×日工资

日工资＝基础工资÷平均月计薪天数

平均月计薪天数＝(365－104)÷12＝21.75(天)

其中，365 天为全年天数，104 为休息日，11 天法定节假日不扣除。

假定本案例当月实际工作天数为 22 天，计算"缺勤"和"应发工资"的代码如[例 8-2]所示。

【例 8-2】计算"缺勤"和"应发工资"。

```
1  df['缺勤'] =round((22- df['出勤天数'])* (df['基础工资']/21.75),2)
2  df['应发工资']=df['基础工资']+df['绩效工资']+df['奖金']+df['津补贴']-df['缺勤']
3  df
```

运行结果:

	员工序号	岗位	出勤天数	基础工资	...	专项附加扣除	上期累计应纳税所得	缺勤	应发工资
0	A001	生产人员	20	8000	...	0.0	14120	735.63	7464.37
1	A002	管理人员	22	12000	...	2000.0	24520	0.00	12200.00
2	A003	生产人员	22	6000	...	0.0	920	0.00	6200.00
3	A004	生产人员	18	7600	...	2000.0	0	1397.70	6402.30
4	A005	生产人员	20	12000	...	2000.0	24660	1103.45	11096.55
5	A006	销售人员	19	16000	...	2000.0	69600	2206.90	16993.10
6	A007	销售人员	22	20200	...	0.0	94780	0.00	20400.00
7	A008	销售人员	19	19000	...	2000.0	71000	2620.69	16579.31
8	A009	管理人员	22	35000	...	0.0	202400	0.00	35200.00
9	A010	管理人员	19	14800	...	2000.0	43000	2041.38	12958.62
10	A011	管理人员	20	19000	...	2000.0	70300	1747.13	17452.87

8.1.4 计算五险一金

五险一金分为单位缴纳和个人缴纳两部分,各个地区对缴纳比例及上下限额有不同的规定,这里以上海市的社保政策为依据。单位、个人社保缴费比例数据如表 8-1 所示。

表 8-1 单位、个人社保缴费比例

社保缴费比例	单位	个人
养老保险	16.00%	8.00%
医疗保险	9.50%	2.00%
失业保险	0.50%	0.50%
工伤保险	0.16%	—
生育保险	1.00%	—
五险合计	27.16%	10.50%
公积金比例	7.00%	7.00%
五险一金合计	34.16%	17.50%

五险一金(公司)和三险一金(个人)的计算公式如下:

五险一金(公司)=根据员工上年工资确定的社保基数×缴纳比例

三险一金(个人)=根据员工上年工资确定的社保基数×缴纳比例

根据以上公式,即可录入代码进行计算。

【例 8-3】 计算五险一金。

```
1  df['个人缴纳三险一金'] = round(df['社保基数']* 0.175,2)
2  df['单位缴纳五险一金'] = round(df['社保基数']* 0.3416,2)
3  pd.concat([df['员工序号'],df.loc[:,'应发工资':]],axis= 1)
```

运行结果：

	员工序号	应发工资	个人缴纳三险一金	单位缴纳五险一金
0	A001	7464.37	1435.0	2801.12
1	A002	12200.00	2135.0	4167.52
2	A003	6200.00	1085.0	2117.92
3	A004	6402.30	1365.0	2664.48
4	A005	11096.55	2117.5	4133.36
5	A006	16993.10	3500.0	6832.00
6	A007	20400.00	3552.5	6934.48
7	A008	16579.31	3325.0	6490.40
8	A009	35200.00	4900.0	9564.80
9	A010	12958.62	2625.0	5124.00
10	A011	17452.87	3412.5	6661.20

8.1.5 计算个人所得税

计算个人所得税的有关公式如下：

本月应纳税所得额＝应发工资－减除费用－三险一金－专项附加扣除

累计应纳税所得额＝上期累计应纳税所得额＋本月应纳税所得额

其中：专项附加扣除是指个人所得税法规定的子女教育、继续教育、大病医疗、住房贷款利息、住房租金、赡养老人等项目。

当月个人所得税＝累计应纳税所得额×超额累进税率－上期累计已缴税额

个人所得税速算扣除数如表 8-2 所示。

表 8-2 个人所得税速算扣除数表

级数	全年应纳税所得额	税率	速算扣除数
1	不超过 36 000 元的	3%	0
2	超过 36 000 元至 144 000 元的部分	10%	2 520
3	超过 14 4000 元至 300 000 元的部分	20%	16 920
4	超过 300 000 元至 420 000 元的部分	25%	31 920

（续表）

级数	全年应纳税所得额	税率	速算扣除数
5	超过 420 000 元至 660 000 元的部分	30%	52 920
6	超过 660 000 元至 960 000 元的部分	35%	85 920
7	超过 960 000 元的部分	45%	181 920

计算应纳税所得额与个人所得税税额的代码如［例 8-4］和［例 8-5］所示。

【例 8-4】根据已有职工薪酬数据等资料计算应纳税所得额。

```
1  df['本期应纳税所得']= (df['应发工资']- 5000- df['个人缴纳三险一金']- df['专项附
   加扣除']).apply(lambda x:x if x> 0 else 0)
2  df['累计应纳税所得']= df['本期应纳税所得']+ df['上期累计应纳税所得']
3  pd.concat([df['员工序号'],df.loc[:,'应发工资':]],axis= 1)
```

运行结果：

	员工序号	应发工资	个人缴纳三险一金	单位缴纳五险一金	本期应纳税所得	累计应纳税所得
0	A001	7464.37	1435.0	2801.12	1029.37	15149.37
1	A002	12200.00	2135.0	4167.52	3065.00	27585.00
2	A003	6200.00	1085.0	2117.92	115.00	1035.00
3	A004	6402.30	1365.0	2664.48	0.00	0.00
4	A005	11096.55	2117.5	4133.36	1979.05	26639.05
5	A006	16993.10	3500.0	6832.00	6493.10	76093.10
6	A007	20400.00	3552.5	6934.48	11847.50	106627.50
7	A008	16579.31	3325.0	6490.40	6254.31	77254.31
8	A009	35200.00	4900.0	9564.80	25300.00	227700.00
9	A010	12958.62	2625.0	5124.00	3333.62	46333.62
10	A011	17452.87	3412.5	6661.20	7040.37	77340.37

【例 8-5】依据应纳税所得额计算结果计算个人所得税税额。

```
1  def tax(x):
2      #  x 是累计应纳税所得额
3      if x> 960000:
4          return round(x*0.45-181920,2)
5      elif x> 660000:
6          return round(x*0.35-85920,2)
7      elif x> 420000:
8          return round(x*0.3-52920,2)
9      elif x> 300000:
10         return round(x*0.25-31920,2)
```

```
11        elif x> 144000:
12            return round(x* 0.2- 16920,2)
13        elif x> 36000:
14            return round(x* 0.1- 2520,2)
15        else:
16            return round(x* 0.03,2)
17 df['上期累计税额'] = df['上期累计应纳税所得'].map(tax)
18 df['累计税额'] = df['累计应纳税所得'].map(tax)
19 df['当月税额'] = df['累计税额']-df['上期累计税额']
20 pd.concat([df['员工序号'],df.loc[:,'应发工资':]],axis=1)
```

运行结果：

	员工序号	应发工资	个人缴纳 三险一金	单位缴纳 五险一金	本期应纳税所得	累计应纳税所得	上期累计税额	累计税额	当月税额
0	A001	7464.37	1435.0	2801.12	1029.37	15149.37	423.6	454.48	30.88
1	A002	12200.00	2135.0	4167.52	3065.00	27585.00	735.6	827.55	91.95
2	A003	6200.00	1085.0	2117.92	115.00	1035.00	27.6	31.05	3.45
3	A004	6402.30	1365.0	2664.48	0.00	0.00	0.0	0.00	0.00
4	A005	11096.55	2117.5	4133.36	1979.05	26639.05	739.8	799.17	59.37
5	A006	16993.10	3500.0	6832.00	6493.10	76093.10	4440.0	5089.31	649.31
6	A007	20400.00	3552.5	6934.48	11847.50	106627.50	6958.0	8142.75	1184.75
7	A008	16579.31	3325.0	6490.40	6254.31	77254.31	4580.0	5205.43	625.43
8	A009	35200.00	4900.0	9564.80	25300.00	227700.00	23560.0	28620.00	5060.00
9	A010	12958.62	2625.0	5124.00	3333.62	46333.62	1780.0	2113.36	333.36
10	A011	17452.87	3412.5	6661.20	7040.37	77340.37	4510.0	5214.04	704.04

8.1.6　计算实发工资

实发工资的计算公式如下：

个人实发工资＝应发工资－个人缴纳三险一金－当月税额

计算实发工资的代码如［例 8-6］所示。

【例 8-6】计算实发工资。

```
1 df['个人实发工资']=df['应发工资']-df['个人缴纳三险一金']-df['当月税额']
2 pd.concat([df['员工序号'],df.loc[:,'应发工资':]],axis= 1)
```

运行结果：

	员工序号	应发工资	个人缴纳三险一金	单位缴纳五险一金	本期应纳税所得	累计应纳税所得	上期累计税额	累计税额	当月税额	个人实发工资
0	A001	7464.37	1435.0	2801.12	1029.37	15149.37	423.6	454.48	30.88	5998.49
1	A002	12200.00	2135.0	4167.52	3065.00	27585.00	735.6	827.55	91.95	9973.05
2	A003	6200.00	1085.0	2117.92	115.00	1035.00	27.6	31.05	3.45	5111.55
3	A004	6402.30	1365.0	2664.48	0.00	0.00	0.0	0.00	0.00	5037.30
4	A005	11096.55	2117.5	4133.36	1979.05	26639.05	739.8	799.17	59.37	8919.68
5	A006	16993.10	3500.0	6832.00	6493.10	76093.10	4440.0	5089.31	649.31	12843.79
6	A007	20400.00	3552.5	6934.48	11847.50	106627.50	6958.0	8142.75	1184.75	15662.75
7	A008	16579.31	3325.0	6490.40	6254.31	77254.31	4580.0	5205.43	625.43	12628.88
8	A009	35200.00	4900.0	9564.80	25300.00	227700.00	23560.0	28620.00	5060.00	25240.00
9	A010	12958.62	2625.0	5124.00	3333.62	46333.62	1780.0	2113.36	333.36	10000.26
10	A011	17452.87	3412.5	6661.20	7040.37	77340.37	4510.0	5214.04	704.04	13336.33

8.1.7 三项经费计提

在职工薪酬之外，企业还会按照一定的比例计提职工福利、工会经费和职工教育经费，三者合称"三项经费"。会计准则对三项经费的规定如下：

（1）职工福利费。属于没有规定计提比例的情况，按工资总额的 14% 属于税法规定的扣除比例，不属于财政部规定的企业计提比例。因此，企业自行规定计提比例即可。

（2）工会经费。单位承担部分按工资总额的 2% 计提，个人缴纳计提部分则视公司是否成立工会来定。如果成立工会，加入工会的会员按工资的 0.5% 缴纳。

（3）职工教育经费。年度提取比例在 1.5%～8% 范围内确定，具体比例由企业自行确定。

计算已有职工薪酬数据中的三项经费，分别按 14% 计提职工福利费、2% 计提工会经费、1.5% 计提职工教育经费，个人无需缴纳工会经费。

【例 8-7】计算职工福利、工会经费和职工教育经费。

```
1  df['职工福利费']=round(df['应发工资']* 0.14,2)
2  df['工会经费']=round(df['应发工资']* 0.02,2)
3  df['职工教育经费']=round(df['应发工资']*0.015,2)
4  pd.concat([df['员工序号'],df.loc[:,'应发工资':]],axis=1)
```

运行结果:

	员工序号	应发工资	个人缴纳三险一金	单位缴纳五险一金	本期应纳税所得	累计应纳税所得	累计税额	职工福利费	工会经费	职工教育经费
0	A001	7464.37	1435.0	2801.12	1029.37	15149.37	454.48	1045.01	149.29	111.97
1	A002	12200.00	2135.0	4167.52	3065.00	27585.00	827.55	1708.00	244.00	183.00
2	A003	6200.00	1085.0	2117.92	115.00	1035.00	31.05	868.00	124.00	93.00
3	A004	6402.30	1365.0	2664.48	0.00	0.00	0.00	896.32	128.05	96.03
4	A005	11096.55	2117.5	4133.36	1979.05	26639.05	799.17	1553.52	221.93	166.45
5	A006	16993.10	3500.0	6832.00	6493.10	76093.10	5089.31	2379.03	339.86	254.90
6	A007	20400.00	3552.5	6934.48	11847.50	106627.50	8142.75	2856.00	408.00	306.00
7	A008	16579.31	3325.0	6490.40	6254.31	77254.31	5205.43	2321.10	331.59	248.69
8	A009	35200.00	4900.0	9564.80	25300.00	227700.00	28620.00	4928.00	704.00	528.00
9	A010	12958.62	2625.0	5124.00	3333.62	46333.62	2113.36	1814.21	259.17	194.38
10	A011	17452.87	3412.5	6661.20	7040.37	77340.37	5214.04	2443.40	349.06	261.79

8.1.8　职工薪酬分析

职工薪酬分析可以按以下步骤进行。

【例 8-8】职工薪酬明细表。

```
1  df0 = df[['岗位','个人实发工资','个人缴纳三险一金',
2            '单位缴纳五险一金','职工福利费','工会经费','职工教育经费']]
3  df0
```

运行结果:

	岗位	个人实发工资	个人缴纳三险一金	单位缴纳五险一金	职工福利费	工会经费	职工教育经费
0	生产人员	5998.49	1435.0	2801.12	1045.01	149.29	111.97
1	管理人员	9973.05	2135.0	4167.52	1708.00	244.00	183.00
2	生产人员	5111.55	1085.0	2117.92	868.00	124.00	93.00
3	生产人员	5037.30	1365.0	2664.48	896.32	128.05	96.03
4	生产人员	8919.68	2117.5	4133.36	1553.52	221.93	166.45
5	销售人员	12843.79	3500.0	6832.00	2379.03	339.86	254.90
6	销售人员	15662.75	3552.5	6934.48	2856.00	408.00	306.00
7	销售人员	12628.88	3325.0	6490.40	2321.10	331.59	248.69
8	管理人员	25240.00	4900.0	9564.80	4928.00	704.00	528.00
9	管理人员	10000.26	2625.0	5124.00	1814.21	259.17	194.38
10	管理人员	13336.33	3412.5	6661.20	2443.40	349.06	261.79

【例 8-9】按职工薪酬内容分析。

```
1  pd1= pd.pivot_table(df0, index='岗位',aggfunc='sum',
2                  fill_value=0, margins=True).T
3  pd1
```

运行结果：

岗位	生产人员	管理人员	销售人员	All
个人实发工资	25067.02	58549.64	41135.42	124752.08
个人缴纳三险一金	6002.50	13072.50	10377.50	29452.50
单位缴纳五险一金	11716.88	25517.52	20256.88	57491.28
工会经费	623.27	1556.23	1079.45	3258.95
职工教育经费	467.45	1167.17	809.59	2444.21
职工福利费	4362.85	10893.61	7556.13	22812.59

【例 8-10】计算职工薪酬分项的比例。

```
1   pd1['比例'] = pd1['All']/pd1['All'].sum()
2   pd1
```

运行结果：

岗位	生产人员	管理人员	销售人员	All	比例
个人实发工资	25067.02	58549.64	41135.42	124752.08	0.519342
个人缴纳三险一金	6002.50	13072.50	10377.50	29452.50	0.122611
单位缴纳五险一金	11716.88	25517.52	20256.88	57491.28	0.239336
工会经费	623.27	1556.23	1079.45	3258.95	0.013567
职工教育经费	467.45	1167.17	809.59	2444.21	0.010175
职工福利费	4362.85	10893.61	7556.13	22812.59	0.094969

【例 8-11】为方便统计不同岗位员工数量，提取为 df1。

```
1   df1 = df[['员工序号','岗位','个人实发工资','个人缴纳三险一金',
2        '单位缴纳五险一金','职工福利费','工会经费','职工教育经费']]
3   df1
```

运行结果：

	员工序号	岗位	个人实发工资	个人缴纳三险一金	单位缴纳五险一金	职工福利费	工会经费	职工教育经费
0	A001	生产人员	5998.49	1435.0	2801.12	1045.01	149.29	111.97
1	A002	管理人员	9973.05	2135.0	4167.52	1708.00	244.00	183.00
2	A003	生产人员	5111.55	1085.0	2117.92	868.00	124.00	93.00
3	A004	生产人员	5037.30	1365.0	2664.48	896.32	128.05	96.03
4	A005	生产人员	8919.68	2117.5	4133.36	1553.52	221.93	166.45
5	A006	销售人员	12843.79	3500.0	6832.00	2379.03	339.86	254.90
6	A007	销售人员	15662.75	3552.5	6934.48	2856.00	408.00	306.00
7	A008	销售人员	12628.88	3325.0	6490.40	2321.10	331.59	248.69
8	A009	管理人员	25240.00	4900.0	9564.80	4928.00	704.00	528.00
9	A010	管理人员	10000.26	2625.0	5124.00	1814.21	259.17	194.38
10	A011	管理人员	13336.33	3412.5	6661.20	2443.40	349.06	261.79

【例 8-12】统计员工人数。

```
1 pd2 = pd.concat([pd.pivot_table(df0, index= '岗位',aggfunc= 'sum',
2                               fill_value= 0, margins= True),
3              pd.pivot_table(df1, index= '岗位',values= '员工序号',
4                               aggfunc= 'count', margins= True)],
5              axis= 1)
6 pd2.rename(columns= {'员工序号':'员工人数'}, inplace = True)
7 pd2
```

运行结果：

岗位	个人实发工资	个人缴纳三险一金	单位缴纳五险一金	工会经费	职工教育经费	职工福利费	员工人数
生产人员	25067.02	6002.5	11716.88	623.27	467.45	4362.85	4
管理人员	58549.64	13072.5	25517.52	1556.23	1167.17	10893.61	4
销售人员	41135.42	10377.5	20256.88	1079.45	809.59	7556.13	3
All	124752.08	29452.5	57491.28	3258.95	2444.21	22812.59	11

【例 8-13】计算平均薪酬。

```
1 pd2['平均薪酬']= round(pd2.loc[:,'个人实发工资':'职工福利费'].
2              sum(axis= 1)/pd2['员工人数'],2)
3 pd2
```

运行结果：

岗位	个人实发工资	个人缴纳三险一金	单位缴纳五险一金	工会经费	职工教育经费	职工福利费	员工人数	平均薪酬
生产人员	25067.02	6002.5	11716.88	623.27	467.45	4362.85	4	12059.99
管理人员	58549.64	13072.5	25517.52	1556.23	1167.17	10893.61	4	27689.17
销售人员	41135.42	10377.5	20256.88	1079.45	809.59	7556.13	3	27071.66
All	124752.08	29452.5	57491.28	3258.95	2444.21	22812.59	11	21837.42

8.2　应收账款账龄分析

8.2　账龄
分析

8.2.1　数据和任务

我们已有的通过 Excel 统计的应收账款账龄明细数据内容如图 8-2 所示。

客户编号	总账账目	凭证编号	D/C	过账日期	本币金额	摘要	年	月
3100003	1221010000	100048	S	12/31/2013	33,000.00	销售货物33件	2013	12
3100003	1221010000	100140	H	6/5/2014	-3,000.00	客户回款	2014	06
3100006	1221010000	502734	S	12/14/2019	60,000.00	销售货物60件	2019	12
3100015	1221010000	300000	S	1/12/2019	25,000.00	销售货物25件	2019	01
3100035	1221010000	502144	S	10/11/2019	100,000.00	销售货物100件	2019	10
3100035	1221010000	502780	S	12/19/2019	30,000.00	销售货物30件	2019	12
3100035	1221010000	500355	S	1/25/2020	100,000.00	销售货物100件	2020	01
3100035	1221010000	501359	S	6/8/2020	100,000.00	销售货物100件	2020	06

图 8-2 应收账款账龄明细数据截图

通过应收账款账龄明细数据,我们将根据应收账款的凭证日期统计账龄。

8.2.2 导入数据

【例 8-14】导入数据。

```
1  import pandas as pd
2  from datetime import datetime, date
3  import warnings
4  warnings.filterwarnings("ignore")
5  pd.options.display.float_format = '{:,.2f}'.format
6  file = '财务数据.xlsx'
7  df = pd.read_excel(file, sheet_name= '客户往来账')
8  df.fillna(0,inplace= True)
9  df.head()
```

运行结果:

	客户编号	总账账目	凭证编号	D/C	过账日期	本币金额	摘要	年	月
0	3100003	1221010000	100048	S	2013-12-31	33000.00	销售货物 33 件	2013	12
1	3100003	1221010000	100140	H	2014-06-05	-3000.00	客户回款	2014	6
2	3100006	1221010000	502734	S	2019-12-14	60000.00	销售货物 60 件	2019	12
3	3100015	1221010000	300000	S	2019-01-12	25000.00	销售货物 25 件	2019	1
4	3100035	1221010000	502144	S	2019-10-11	100000.00	销售货物 100 件	2019	10
...	...	...	...	...	...	...	...	...	...
283	29000055	1221010000	102271	H	2020-09-30	-60.00	市场营销费	2020	9
284	29000055	1221010000	102272	H	2020-09-30	-200.00	市场营销费	2020	9
285	29000055	1221010000	102273	H	2020-09-30	-60.00	市场营销费	2020	9
286	29000055	1221010000	102274	H	2020-09-30	-100.00	市场营销费	2020	9
287	29000055	1221010000	102275	H	2020-09-30	-200.00	市场营销费	2020	9

288 rows×9 columns

8.2.3 分组统计账龄

按客户统计账龄,先对应收账款数据按客户分组 group,再在每个分组 group 中进行计算,这里将分组 group 内的逻辑打包成一个 AR 函数。

观察数据,我们发现有些应收账款借方发生额其实已经回款,这部分交易不影响我们对应收账款账龄的统计。

因此,倒序统计应收账款余额分布在哪几笔借方发生(定义为"实际应收")即可按实际应收借方发生的日期统计应收账款账龄。暂不考虑应收账款借方红字的情况,操作如下。

【例 8-15】分组统计账龄。

```
1   def AR(x):
2       # 计算客户应收账款余额
3       total = x['本币金额'].sum()
4       # 统计应收账款借方
5       df_dr = x[x['本币金额']> 0]
6       # 按过账日期降序
7       df_dr= df_dr.sort_values(by= ['过帐日期'],ascending= False).reset_index(drop= True)
8       # 应收账款先进先出,因此将余额分摊在最后几笔借方交易,一旦分摊完则停止
9       for index, row in df_dr.iterrows():
10          if total-row['本币金额']> 0:
11              df_dr.loc[index,'实际应收'] = row['本币金额']
12          else:
13              df_dr.loc[index,'实际应收'] = total
14              break
15          total = total-row['本币金额']
16      return df_dr
17  df2 = df.groupby('客户编号',as_index= False).apply(AR)
18  # 找一个客户验证计算结果
19  df2.loc[df2['客户编号']= = 23500000]
```

运行结果:

		客户编号	总账账目	凭证编号	D/C	过账日期	本币金额	摘要	年	月	实际应收
21	0	23500000	1221010000	1001003	S	2020-08-10	5000.00	销售货物 5 件	2020	8	5000.00
	1	23500000	1221010000	1001251	S	2019-10-26	10000.00	销售货物 10 件	2019	10	10000.00
	2	23500000	1221010000	1000814	S	2019-07-24	10000.00	销售货物 10 件	2019	7	6459.37
	3	23500000	1221010000	1000217	S	2019-03-20	10000.00	销售货物 10 件	2019	3	NaN
	4	23500000	1221010000	1000030	S	2019-01-22	21085.63	销售货物 21 件	2019	1	NaN
	5	23500000	1221010000	1000020	S	2018-12-27	40000.00	销售货物 40 件	2018	12	NaN
	6	23500000	1221010000	1000016	S	2018-12-26	23975.32	销售货物 23 件	2018	12	NaN
	7	23500000	1221010000	100000006	S	2018-11-30	38680.27	销售货物 38 件	2018	11	NaN

【例 8-16】过滤实际应收为空或者为 0 的数据(代表已清账)。

```
1   df3 = df2[(pd.isna(df2['实际应收'])= = False)&(df2['实际应收']! = 0)]
2   df3.loc[df3['客户编号']= = 23500000]
```

运行结果：

		客户编号	总账账目	凭证编号	D/C	过账日期	本币金额	摘要	年	月	实际应收
	0	23500000	1221010000	1001003	S	2020-08-10	5000.00	销售货物 5 件	2020		85000.00
21	1	23500000	1221010000	1001251	S	2019-10-26	10000.00	销售货物 10 件	2019		1010000.00
	2	23500000	1221010000	1000814	S	2019-07-24	10000.00	销售货物 10 件	2019		76459.37

8.2.4 计算账龄区间

这里我们对应收账款截至 2020 年 9 月 30 日（2020/09/30）的账龄计算。账龄以月份数据表示，不足一月的按照"天数÷30"计算小数。

【例 8-17】计算账龄。

```
1  enddate = date(2020, 9, 30)
2  def totalmonth(startdate):
3      return round((enddate.year- startdate.year)* 12 +
4              (enddate.month-startdate.month) +
5              (enddate.day- startdate.day)/30,2)
6  df3['账龄']= df3['过帐日期'].map(totalmonth)
7  df3.loc[df3['客户编号']= = 23500000]
```

运行结果：

		客户编号	总账账目	凭证编号	D/C	过账日期	本币金额	摘要	年	月	实际应收	账龄
	0	23500000	1221010000	1001003	S	2020-08-10	5000.00	销售货物 5 件	2020	8	5000.00	1.67
21	1	23500000	1221010000	1001251	S	2019-10-26	10000.00	销售货物 10 件	2019	10	10000.00	11.13
	2	23500000	1221010000	1000814	S	2019-07-24	10000.00	销售货物 10 件	2019	7	6459.37	14.20

计算账龄区间时的标准如下：

（1）当账龄小于等于 3 个月时，落入账龄区间"1—3 月"。

（2）当账龄大于 3 个月小于等于 12 个月时，落入账龄区间"3 月—1 年"。

（3）当账龄大于 12 个月小于等于 24 个月时，落入账龄区间"1—2 年"。

（4）当账龄大于 36 个月时，落入账龄区间"3 年以上"。

【例 8-18】计算账龄区间。

```
1  def age(totalmonth):
2      if totalmonth< = 3:
3          age= '1- 3 月'
4      elif totalmonth< = 12:
5          age= '3 月- 1 年'
6      elif totalmonth< = 24:
7          age= '1- 2 年'
8      else:
9          age= '3 年以上'
10      return age
11  df3['账龄区间']= df3['账龄'].map(age)
12  df3.loc[df3['客户编号']= = 23500000]
```

运行结果：

		客户编号	总账账目	凭证编号	D/C	过账日期	本币金额	摘要	年	月	实际应收	账龄	账龄区间
	0	23500000	1221010000	1001003	S	2020-08-10	5000.00	销售货物 5 件	2020	8	5000.00	1.67	1—3 月
21	1	23500000	1221010000	1001251	S	2019-10-26	10000.00	销售货物 10 件	2019	10	10000.00	11.13	3 月—1 年
	2	23500000	1221010000	1000814	S	2019-07-24	10000.00	销售货物 10 件	2019	7	6459.37	14.20	1—2 年

接下来实现账龄统计，代码及运行结果如下。

【例 8-19】实现账龄统计。

```
1  pd.pivot_table(df3,index= ['客户编号'],columns= ['账龄区间'],
2                 values= ['实际应收'],aggfunc= sum, fill_value= 0)
```

运行结果：

账龄区间 客户编号	1—3 月	3 月—1 年	1—2 年	3 年以上
3100003	0.00	0.00	0.00	30000
3100006	0.00	60000.00	0.00	0
3100015	0.00	0.00	25000.00	0
3100035	0.00	330000.00	0.00	0
3100048	4260.00	0.00	0.00	0
3100055	0.00	50000.00	0.00	0
3100057	9000.00	0.00	0.00	0
3100063	0.00	1250.00	0.00	0
4000001	9142.48	63000.00	0.00	0
20000007	0.00	0.00	0.00	0
20000079	80000.00	0.00	0.00	0
...	...	...	...	...

8.3 固定资产核算

8.3 固定
资产核算

8.3.1 背景知识

固定资产是指企业为生产产品、提供劳务、出租或者经营管理而持有的、使用时间超过

12 个月的,价值达到一定标准的非货币性资产。例如,与企业生产经营相关的房屋、建筑物、机器、设备、运输工具等。

固定资产明细表用于记录企业各类固定资产使用状态、增减变化等数据,一般管理部门汇总记录的数据形式如图 8-3 所示。固定资产明细表一般采用卡片的形式,也称固定资产卡片。

编号	资产名称	规格型号	类别名称	供应商	来源	使用状况	使用部门	折旧费用类别	使用年限	开始使用日期	折旧方法	原值	预计残值	减值	期初累计折旧
1	**	**	机器设备	**	外购	在用	生产车间	生产费用	10	5/1/2015	年限平均法	2,755,078.24	137,753.91		1,395,906.31
2	**	**	机器设备	**	自建	在用	生产车间	生产费用	10	4/12/2016	年限平均法	3,517,675.83	175,883.79	500,000.00	1,475,958.15
3	**	**	机器设备	**	外购	改造	生产车间	生产费用	10	4/5/2017	年限平均法	435,590.85	21,779.54		141,385.53
4	**	**	机器设备	**	租赁	在用	装配车间	生产费用	10	5/1/2017	年限平均法	2,400,000.00	120,000.00		760,000.00
5	**	**	机器设备	**	外购	在用	装配车间	生产费用	10	4/20/2018	年限平均法	114,031.93	5,701.60		25,277.08
6	**	**	电子设备	**	外购	闲置	管理部门	管理费用	2	9/16/2018	年限平均法	35,000.00	1,750.00		31,666.67
7	**	**	电子设备	**	外购	报废	管理部门	管理费用	3	2/1/2019	年限平均法	120,000.00	6,000.00		60,166.67
8	**	**	房屋建筑	**	外购	修理	销售部门	销售费用	20	9/23/2019	年限平均法	6,913,461.55	345,673.08		301,023.64

图 8-3 固定资产明细表数据截图

财务部门或使用部门登记完固定资产卡片后,财务人员需要每个月对固定资产计提折旧。

我国会计准则中可选用的折旧方法包括年限平均法、工作量法、双倍余额递减法和年数总和法。不同的折旧方法体现固定资产经济利益的预期消耗方式。

8.3.2 数据和任务

以下将采用固定资产明细"财务数据.xlsx",计算固定资产折旧 2020 年 9 月的折旧额。

这里的固定资产折旧采用年限平均法,计算公式如下:

$$固定资产折旧=(原值-减值-残值-期初累计折旧)\div 剩余使用期限$$

8.3.3 导入数据

【例 8-20】导入模块。

```
1  import pandas as pd
2  import datetime as dt
3  from pandas.tseries.offsets import DateOffset
```

【例 8-21】读取数据,填充缺失数据为 0。

```
1  file = '财务数据.xlsx'
2  df = pd.read_excel(file, sheet_name='固定资产卡片')
3  df.fillna(0,inplace=True)
4  df
```

运行结果：

	编号	资产名称	规格型号	类别名称	供应商	来源	使用状况	使用部门	折旧费用类别	使用年限	开始使用日期	...
0	1	＊＊	＊＊	机器设备	＊＊	外购	在用	生产车间	生产费用	10	2015-05-01	...
1	2	＊＊	＊＊	机器设备	＊＊	自建	在用	生产车间	生产费用	10	2016-04-12	...
2	3	＊＊	＊＊	机器设备	＊＊	外购	改造	生产车间	生产费用	10	2017-04-05	...
3	4	＊＊	＊＊	机器设备	＊＊	租赁	在用	装配车间	生产费用	10	2017-05-01	...
4	5	＊＊	＊＊	机器设备	＊＊	外购	在用	装配车间	生产费用	10	2018-04-20	...
5	6	＊＊	＊＊	电子设备	＊＊	外购	闲置	管理部门	管理费用	2	2018-09-16	...
6	7	＊＊	＊＊	电子设备	＊＊	外购	报废	管理部门	管理费用	3	2019-02-01	...
7	8	＊＊	＊＊	房屋建筑	＊＊	外购	修理	销售部门	销售费用	20	2019-09-23	...

8.3.4　计算剩余使用期限

固定资产当月增加，次月开始计提折旧，因此，计算剩余使用期限时应考虑时间差异。

【例 8-22】计算剩余使用期限。

```
1  # 开始计提折旧日期=开始使用日期的次月 1 日
2  df['开始计提折旧日期'] = df['开始使用日期'].apply(lambda x:
   (x+pd.DateOffset(months=1)).replace(day=1))
3  # 已折旧期限=2020 年 8 月 31 日-开始计提折旧日期+1 天
4  enddate=dt.date(2020, 9, 1)
5  def totalmonth(startdate):
6      return (enddate.year-startdate.year)*12 +
       (enddate.month-startdate.month) + (enddate.day-startdate.day)/30
7  df['已折旧期限'] = df['开始计提折旧日期'].map(totalmonth)
8  # 剩余折旧期限= 使用年限-已折旧期限,当已提足折旧仍继续使用时,剩余期限=0
9  df['剩余折旧期限']= (df['使用年限']*12-df['已折旧期限']).apply(lambda x:max(x,
   0))
10 df
```

运行结果：

	编号	资产名称	规格型号	类别名称	...	已折旧期限	剩余折旧期限	本月折旧	转出	净值	净值率
0	1	＊＊	＊＊	机器设备	...	63.0	57.0	21428.39	0.00	1337743.54	0.485556
1	2	＊＊	＊＊	机器设备	...	52.0	68.0	20085.79	0.00	1521631.89	0.432567
2	3	＊＊	＊＊	机器设备	...	40.0	80.0	0.00	294205.32	- 0.00	0.000000
3	4	＊＊	＊＊	机器设备	...	39.0	81.0	18765.43	0.00	1621234.57	0.675514
4	5	＊＊	＊＊	机器设备	...	28.0	92.0	902.75	0.00	87852.10	0.770417
5	6	＊＊	＊＊	电子设备	...	23.0	1.0	1583.33	0.00	1750.00	0.050000
6	7	＊＊	＊＊	电子设备	...	18.0	18.0	0.00	59833.33	0.00	0.000000
7	8	＊＊	＊＊	房屋建筑	...	11.0	229.0	27365.79	0.00	6585072.12	0.952500

8 rows×23 columns

8.3.5　计算折旧

计算折旧时，应先判断无需计提折旧的固定资产：报废和改造的固定资产无需计算折旧。再对一般固定资产计提折旧。

本月折旧的计算公式如下：

$$本月折旧＝(原值－减值－残值－期初累计折旧)÷剩余使用期限$$

【例 8-23】 计算折旧。

```
1   def dep(x):
2       if x['使用状况']= = '改造'or x['使用状况']= = '报废':
3           x['本月折旧'] = 0
4           x['转出'] = round((x['原值']-x['减值']-x['期初累计折旧']),2)
5       elif x['剩余折旧期限']= = 0:
6           x['本月折旧'] = round((x['原值']-x['减值']-x['预计残值']
7                               -x['期初累计折旧']),2)
8           x['转出'] = 0
9       else:
10          x['本月折旧'] = round((x['原值']-x['减值']-x['预计残值']
11                              -x['期初累计折旧'])/x['剩余折旧期限'],2)
12          x['转出'] = 0
13      return x
14  df = df.apply(dep,axis=1)
15  df
```

运行结果：(这里仅显示关键列的数据，其他列用省略号替代，下同。)

	编号	资产名称	规格型号	类别名称	...	本月折旧	转出
0	1	* *	* *	机器设备	...	21428.39	0.00
1	2	* *	* *	机器设备	...	20085.79	0.00
2	3	* *	* *	机器设备	...	0.00	294205.32
3	4	* *	* *	机器设备	...	18765.43	0.00
4	5	* *	* *	机器设备	...	902.75	0.00
5	6	* *	* *	电子设备	...	1583.33	0.00
6	7	* *	* *	电子设备	...	0.00	59833.33
7	8	* *	* *	房屋建筑	...	27365.79	0.00

8 rows×21 columns

8.3.6　计算固定资产净值

【例 8-24】计算折旧后的固定资产净值。

```
1  df['净值'] = round(df['原值']- df['减值']- df['期初累计折旧']- df['本月折旧']-
   df['转出'],2)
2  df
```

运行结果：

	编号	资产名称	规格型号	类别名称	...	本月折旧	转出	净值
0	1	＊＊	＊＊	机器设备	...	21428.39	0.00	1337743.54
1	2	＊＊	＊＊	机器设备	...	20085.79	0.00	1521631.89
2	3	＊＊	＊＊	机器设备	...	0.00	294205.32	- 0.00
3	4	＊＊	＊＊	机器设备	...	18765.43	0.00	1621234.57
4	5	＊＊	＊＊	机器设备	...	902.75	0.00	87852.10
5	6	＊＊	＊＊	电子设备	...	1583.33	0.00	1750.00
6	7	＊＊	＊＊	电子设备	...	0.00	59833.33	0.00
7	8	＊＊	＊＊	房屋建筑	...	27365.79	0.00	6585072.12

8 rows×22 columns

8.3.7　分析固定资产

一般从两个方面对固定资产进行分析，即固定资产的使用程度和固定资产净值率。

（1）应根据日常使用情况，判断、分析固定资产的使用程度。

（2）计算固定资产净值率，计算公式如下：

固定资产净值率＝固定资产净值÷固定资产原值

对于固定资产净值率较低的项目，应关注是否需要设备更替或更新改造。

计算固定资产净值率的有关代码与运行结果如[例 8-25]所示。

【例 8-25】计算固定资产净值率。

```
1  df['净值率'] = df['净值']/df['原值']
2  df
```

运行结果：

	编号	资产名称	规格型号	类别名称	...	转出	净值	净值率
0	1	＊＊	＊＊	机器设备	...	0.00	1337743.54	0.485556
1	2	＊＊	＊＊	机器设备	...	0.00	1521631.89	0.432567
2	3	＊＊	＊＊	机器设备	...	294205.32	- 0.00	- 0.000000
3	4	＊＊	＊＊	机器设备	...	0.00	1621234.57	0.675514
4	5	＊＊	＊＊	机器设备	...	0.00	87852.10	0.770417
5	6	＊＊	＊＊	电子设备	...	0.00	1750.00	0.050000
6	7	＊＊	＊＊	电子设备	...	59833.33	0.00	0.000000
7	8	＊＊	＊＊	房屋建筑	...	0.00	6585072.12	0.952500

8 rows × 23 columns

固定资产的使用方向，可以通过统计折旧费用的部门或费用类别来观察。

此外，也可以根据企业需求，对固定资产的购买来源和使用状态等进行分析，使用数据透视表（pivot_table）很容易实现多角度分析。有关代码及运行结果如[例8-26]所示。

【例8-26】分析数据透视表。

```
1  pd.pivot_table(df, values= '本月折旧', index= '使用部门',
2                 columns= '折旧费用类别', aggfunc= 'sum',
3                 fill_value= 0, margins= True)
```

运行结果：

折旧费用类别 使用部门	生产费用	管理费用	销售费用	All
生产车间	41514.18	0.00	0.00	41514.18
管理部门	0.00	1583.33	0.00	1583.33
装配车间	19668.18	0.00	0.00	19668.18
销售部门	0.00	0.00	27365.79	27365.79
All	61182.36	1583.33	27365.79	90131.48

8.4　成本性态分析

8.4　成本
性态分析

8.4.1　背景知识

成本性态分析是指对成本与业务量之间的相互依存关系进行的分析。

按照成本性态,成本可划分为固定成本、变动成本和混合成本。

固定成本是指在一定范围内,其总额不随业务量变动而增减变动,但单位成本随业务量增加而相对减少的成本。

变动成本是指在一定范围内,其总额随业务量变动发生相应的正比例变动,而单位成本保持不变的成本。

混合成本是指总额随业务量变动但不成比例变动的成本。

8.4.2　数据和任务

某生产车间 1～12 月与机器有关成本汇总表,如表 8-3 所示。

表 8-3　某生产车间 1～12 月与机器有关成本汇总表

月份	机器工作小时(小时)	维修成本(元)	电费成本(元)
1	350	720	1 085
2	420	820	1 100
3	500	1 010	1 500
4	440	915	1 205
5	430	960	1 200
6	380	737	1 100
7	330	640	1 090
8	410	902	1 280
9	470	958	1 400
10	380	780	1 210
11	300	660	1 080
12	400	900	1 230

接下来将要完成的任务如下:

(1) 使用 Python 实现成本性态分析,拆分给定实验数据为固定成本和变动成本。

(2) 使用回归直线法,回归函数可使用 numpy 的 polyfit(x, y, deg)。

(3) 用散点图观察成本与业务量的关系。

8.4.3　导入数据

【例 8-27】导入模块,进行相关设置。

```
1  import numpy as np
2  import pandas as pd
3  from matplotlib import pyplot as plt
4  # 设置中文字体
5  plt.rcParams['font.family'] = 'SimHei'
```

```
6  # 中文字体状态下负号(-)正常显示
7  plt.rcParams['axes.unicode_minus'] = False
8  pd.options.display.float_format = '{:,.2f}'.format
```

【例 8-28】 准备数据，将表 8-3 中的某生产车间 1～12 月与机器有关成本汇总表导入。

```
1   data = [[1,350,720,1085],
2           [2,420,820,1100],
3           [3,500,1010,1500],
4           [4,440,915,1205],
5           [5,430,960,1200],
6           [6,380,737,1100],
7           [7,330,640,1090],
8           [8,410,902,1280],
9           [9,470,958,1400],
10          [10,380,780,1210],
11          [11,300,660,1080],
12          [12,400,900,1230]]
13  df = pd.DataFrame(data,columns= ['月份','机器工作小时',
14                          '维修成本','电费成本'])
15  df
```

运行结果：

	月份	机器工作小时	维修成本	电费成本
0	1	350	720	1085
1	2	420	820	1100
2	3	500	1010	1500
3	4	440	915	1205
4	5	430	960	1200
5	6	380	737	1100
6	7	330	640	1090
7	8	410	902	1280
8	9	470	958	1400
9	10	380	780	1210
10	11	300	660	1080
11	12	400	900	1230

8.4.4 构建模型

【例 8-29】构建线性回归模型,观察机器工作小时和维修成本的关系。

```
1  z1 = np.polyfit(df['机器工作小时'], df['维修成本'],1)
2  z1
```

运行结果:

array([2.033849 , 18.26552759])

根据模型,绘制机器工作小时和维修关系图,如图 8-4 所示。

【例 8-30】根据模型,绘制图形。

```
1  df.plot(x= '机器工作小时',y= '维修成本',kind= 'scatter')
```

运行结果:

<Axes: xlabel= '机器工作小时', ylabel= '维修成本'>

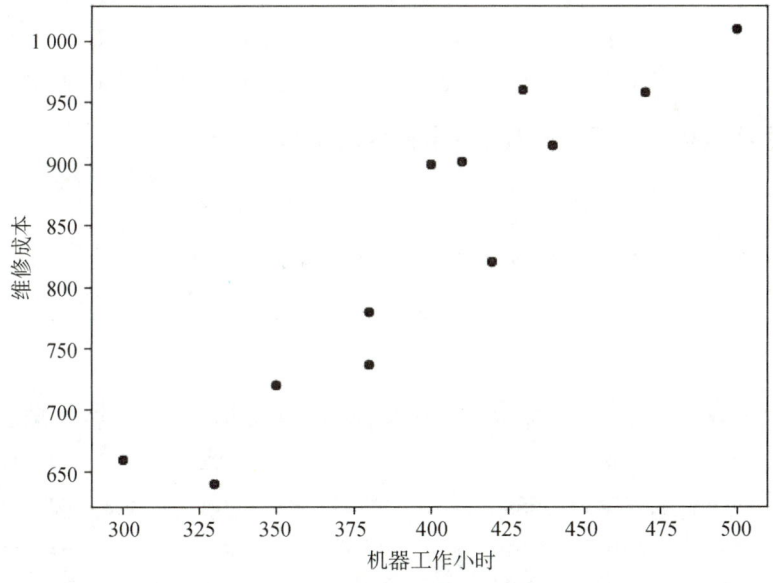

图 8-4　机器工作小时和维修成本关系图

8.4.5 数据处理

数据处理的方式是对维修成本和电费成本进行拆分,区分固定成本和变动成本。

【例8-31】将维修成本拆分为固定成本和变动成本。

```
1  df['维修成本_固定'] = z1[1]
2  df['维修成本_变动'] = df['维修成本']-df['维修成本_固定']
3  df
```

运行结果：

	月份	机器工作小时	维修成本	电费成本	维修成本_固定	维修成本_变动
0	1	350	720	1085	18.27	701.73
1	2	420	820	1100	18.27	801.73
2	3	500	1010	1500	18.27	991.73
3	4	440	915	1205	18.27	896.73
4	5	430	960	1200	18.27	941.73
5	6	380	737	1100	18.27	718.73
6	7	330	640	1090	18.27	621.73
7	8	410	902	1280	18.27	883.73
8	9	470	958	1400	18.27	939.73
9	10	380	780	1210	18.27	761.73
10	11	300	660	1080	18.27	641.73
11	12	400	900	1230	18.27	881.73

【例8-32】将电费成本拆分为固定成本和变动成本。

```
1  z2 = np.polyfit(df['机器工作小时'], df['电费成本'],1)
2  df['电费成本_固定'] = z2[1]
3  df['电费成本_变动'] = df['电费成本']-df['电费成本_固定']
4  df
```

运行结果：

	月份	机器工作小时	维修成本	电费成本	维修成本_固定	维修成本_变动	电费成本_固定	电费成本_变动
0	1	350	720	1085	18.27	701.73	427.21	657.79
1	2	420	820	1100	18.27	801.73	427.21	672.79
2	3	500	1010	1500	18.27	991.73	427.21	1,072.79
3	4	440	915	1205	18.27	896.73	427.21	777.79
4	5	430	960	1200	18.27	941.73	427.21	772.79
5	6	380	737	1100	18.27	718.73	427.21	672.79
6	7	330	640	1090	18.27	621.73	427.21	662.79
7	8	410	902	1280	18.27	883.73	427.21	852.79
8	9	470	958	1400	18.27	939.73	427.21	972.79
9	10	380	780	1210	18.27	761.73	427.21	782.79
10	11	300	660	1080	18.27	641.73	427.21	652.79
11	12	400	900	1230	18.27	881.73	427.21	802.79

8.4.6　输出结果

【例 8-33】根据已有数据，计算总固定成本和变动成本。

```
1  df['机器固定成本'] = df['维修成本_固定']+df['电费成本_固定']
2  df['机器变动成本'] = df['维修成本_变动']+df['电费成本_变动']
3  df
```

运行结果：

	月份	机器工作小时	维修成本	电费成本	维修成本_固定	维修成本_变动	电费成本_固定	电费成本_变动	机器固定成本	机器变动成本
0	1	350	720	1085	18.27	701.73	427.21	657.79	445.48	1359.52
1	2	420	820	1100	18.27	801.73	427.21	672.79	445.48	1474.52
2	3	500	1010	1500	18.27	991.73	427.21	1072.79	445.48	2064.52
3	4	440	915	1205	18.27	896.73	427.21	777.79	445.48	1674.52
4	5	430	960	1200	18.27	941.73	427.21	772.79	445.48	1714.52
5	6	380	737	1100	18.27	718.73	427.21	672.79	445.48	1391.52
6	7	330	640	1090	18.27	621.73	427.21	662.79	445.48	1284.52
7	8	410	902	1280	18.27	883.73	427.21	852.79	445.48	1736.52
8	9	470	958	1400	18.27	939.73	427.21	972.79	445.48	1912.52
9	10	380	780	1210	18.27	761.73	427.21	782.79	445.48	1544.52
10	11	300	660	1080	18.27	641.73	427.21	652.79	445.48	1294.52
11	12	400	900	1230	18.27	881.73	427.21	802.79	445.48	1684.52

8.5　本 量 利 分 析

8.5　本量
利分析

8.5.1　背景知识

本量利分析是指以成本性态分析为基础，运用数学模型和图式，对成本、利润、业务量与单价等因素之间的依存关系进行分析，发现变动的规律性，为企业进行预测、决策、计划和控制等活动提供支持的一种方法。本量利分析可以从以下方面理解：

"本"：成本，包括固定成本和变动成本。

"量"：业务量，一般指销售量。

"利"：一般指营业利润。

有关本量利分析的计算公式如下：

营业利润＝销售收入－变动成本－固定成本＝（单价－单位变动成本）×销售量－固定成本

边际贡献＝销售收入－变动成本＝（单价－单位变动成本）×销售量

单位边际贡献＝单价－单位变动成本

其中,边际贡献是指销售收入弥补完变动成本后,对剩下的固定成本所作出的贡献。本量利分析示意图如图 8-5 所示。

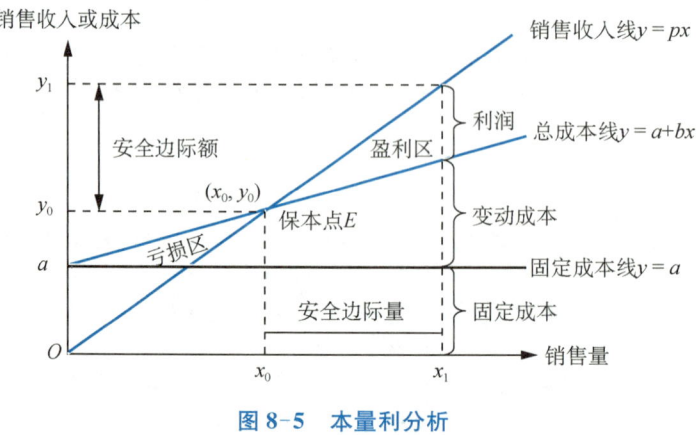

图 8-5　本量利分析

以本量利核心为基础,衍生出的本量利分析方法通常包括:①盈亏平衡分析(保本分析)。②安全边际分析(实际销售量与保本量的距离)。③目标利润分析(保利分析)。④敏感性分析。

8.5.2　数据和任务

根据已有财务数据,请完成以下任务:

(1)用 Python 来构建本量利分析基本模型。

(2)根据本量利基本模型,完成盈亏平衡分析、安全边际分析、目标利润分析、敏感性分析。

8.5.3　构建本量利分析模型

【例 8-34】 导入模块,进行相关设置。

```
1  import pandas as pd
2  from matplotlib import pyplot as plt
3  # 设置中文字体
4  plt.rcParams['font.family'] = 'SimHei'
5  # 中文字体状态下负号(-)正常显示
6  plt.rcParams['axes.unicode_minus'] = False
7  pd.options.display.float_format = '{:,.2f}'.format
```

本量利分析各项指标如表 8-4 所示。

表 8-4　本量利分析各项指标

指标	实际数	变量名称	公式
单价	120	unit_price	输入参数
单位变动成本	65	unit_variable_costs	变动成本/销售量
单位边际贡献	55	unit_marginal_contribution	边际贡献/销售量
销售量	3 500	volume	输入参数
销售额	420 000	sales	单价＊销售量
变动成本	227 500	variable_costs	输入参数
边际贡献	192 500	marginal_contribution	销售收入－变动成本
固定成本	160 000	fixed_costs	输入参数
营业利润	32 500	profit	边际贡献－固定成本

　　根据核心公式(营业利润计算公式)，构建本量利分析模型(CVP)需要输入四个参数：
①单价；②单位变动成本；③销售量；④固定成本。然后需要输出本量利分析各项指标。

【例 8-35】构建本量利分析模型。

```
1  def CVP(unit_price,unit_variable_costs,volumn,fixed_costs):
2      sales = unit_price *  volumn
3      unit_marginal_contribution = unit_price - unit_variable_costs
4      marginal_contribution = unit_marginal_contribution *  volumn
5      variable_costs = unit_variable_costs *  volumn
6      profit = (unit_price- unit_variable_costs) *  volumn - fixed_costs
7      return [unit_price,unit_variable_costs,unit_marginal_contribution,
8              volumn,sales,variable_costs,marginal_contribution,
9              fixed_costs,profit]
```

【例 8-36】初始化产品实际经营数据。

```
1  unit_price = 120
2  unit_variable_costs = 65
3  volumn = 3500
4  fixed_costs = 160000
5  df= pd.DataFrame(CVP(unit_price,unit_variable_costs,volumn,
6                       fixed_costs),
7                 columns= ['实际数'],
8                 index= ['单价','单位变动成本','单位边际贡献',
9                         '销售量','销售额','变动成本','边际贡献',
10                        '固定成本','营业利润'])
11 df
```

运行结果:

	实际数
单价	120
单位变动成本	65
单位边际贡献	55
销售量	3500
销售额	420000
变动成本	227500
边际贡献	192500
固定成本	160000
营业利润	32500

8.5.4 盈亏平衡分析

盈亏平衡分析(break even point，BEP，也称保本分析)的原理是:通过计算企业在利润为零时处于盈亏平衡的业务量,分析项目对市场需求变化的适应能力等。

根据营业利润的计算公式:

$$营业利润＝(单价－单位变动成本)×销售量－固定成本＝0$$

推出:

$$盈亏平衡点的销售量＝固定成本÷(单价－单位变动成本)$$

$$盈亏平衡点的销售额＝单价×盈亏平衡点的销售量＝固定成本÷(1－变动成本率)$$

$$＝固定成本÷边际贡献率$$

其中:

$$变动成本率＝变动成本÷销售收入＝单位变动成本÷单价$$

$$边际贡献率＝(单价－单位变动成本)÷单价＝1－变动成本率$$

在计算分析中,只需计算出盈亏平衡点的销售量,再导入本量利基本模型,就可以计算出其他指标。

【例 8-37】盈亏平衡分析。

```
1  BEP = fixed_costs/(unit_price- unit_variable_costs)
2  df['盈亏平衡分析'] = CVP(unit_price,unit_variable_costs,BEP,fixed_costs)
3  df
```

运行结果:

	实际数	盈亏平衡分析
单价	120	120.00
单位变动成本	65	65.00
单位边际贡献	55	55.00
销售量	3500	2909.09
销售额	420000	349090.91
变动成本	227500	189090.91
边际贡献	192500	160000.00
固定成本	160000	160000.00
营业利润	32500	0.00

8.5.5　安全边际分析

安全边际分析(margin of safety)是指通过分析正常销售额超过盈亏临界点销售额的差额,衡量企业在保本的前提下,能够承受销售额下降带来的不利影响的程度和企业抵御营运风险的能力。有关计算公式如下:

安全边际＝实际销售量－盈亏平衡点的销售量

安全边际率＝安全边际÷实际销售量或预期销售量

安全边际或安全边际率的数值越大,企业发生亏损的可能性越小,抵御营运风险的能力越强,盈利能力越大。

【例 8-38】安全边际分析。

```
1  # 安全边际＝实际销售量或预期销售量－盈亏平衡点的销售量
2  df['安全边际分析'] = df['实际数']-df['盈亏平衡分析']
3  df
```

运行结果:

	实际数	盈亏平衡分析	安全边际分析
单价	120	120.00	0.00
单位变动成本	65	65.00	0.00
单位边际贡献	55	55.00	0.00
销售量	3500	2909.09	590.91
销售额	420000	349090.91	70909.09
变动成本	227500	189090.91	38409.09
边际贡献	192500	160000.00	32500.00
固定成本	160000	160000.00	0.00
营业利润	32500	0.00	32500.00

8.5.6 目标利润分析

目标利润分析（target of profit）是指在本量利分析方法的基础上，计算对达到目标利润所需达到的业务量、收入和成本的一种规划方法，该方法应反映市场的变化趋势、企业战略规划目标以及管理层需求等。有关计算公式如下：

目标利润＝（单价－单位变动成本）×业务量－固定成本

实现目标利润的业务量＝（目标利润＋固定成本）÷（单价－单位变动成本）

实现目标利润的销售额＝单价×实现目标利润的业务量

计算分析中，只需计算出实现目标利润的业务量，再导入本量利基本模型，就可以计算出其他指标。

【例 8-39】目标利润分析。

```
1   #  假设目标利润是:60000
2   TOP = (60000+fixed_costs)/(unit_price-unit_variable_costs)
3   df['目标利润分析'] = CVP(unit_price,unit_variable_costs,TOP,fixed_costs)
4   df
```

运行结果：

	实际数	盈亏平衡分析	安全边际分析	目标利润分析
单价	120	120.00	0.00	120.00
单位变动成本	65	65.00	0.00	65.00
单位边际贡献	55	55.00	0.00	55.00
销售量	3500	2909.09	590.91	4000.00
销售额	420000	349090.91	70909.09	480000.00
变动成本	227500	189090.91	38409.09	260000.00
边际贡献	192500	160000.00	32500.00	220000.00
固定成本	160000	160000.00	0.00	160000.00
营业利润	32500	0.00	32500.00	60000.00

8.5.7 敏感性分析

敏感性分析（sensitive analysis）是指对影响目标实现的因素进行量化分析，以确定各因素对实现目标的影响及敏感程度。企业应根据敏感系数绝对值的大小对其进行排序，按照有关因素的敏感程度优化规划和决策。

也就是，假设单一因素从−100%到100%的变动，计算对应的营业利润敏感系数。

敏感程度的衡量指标是敏感系数,有关计算公式如下:

敏感系数＝目标值变动百分比÷因素值变动百分比

营业利润＝(单价－单位变动成本)×销售量－固定成本

敏感性分析运用到本量利分析上,可以计算单价、单位变动成本、销售量和固定成本分别对利润的影响程度。

【例 8-40】 构建一个函数,输入因素值的变动百分比,输出敏感系数。

```
1  def Sens(ratio_p,ratio_vc,ratio_vol,ratio_fc):
2     unit_price2 = unit_price* (1+ratio_p/100)
3     unit_variable_costs2 = unit_variable_costs* (1+ratio_vc/100)
4     volumn2 = volumn* (1+ratio_vol/100)
5     fixed_costs2 = fixed_costs* (1+ratio_fc/100)
6     profit = (unit_price-unit_variable_costs)* volumn-fixed_costs
7     profit2 = (unit_price2-unit_variable_costs2)* volumn2-fixed_costs2
8     return profit2/profit-1
```

【例 8-41】 用 range(－100,110,10),构建一个从－100 到 100 的变动百分比序列。

```
1  df_sens = pd.DataFrame(range(- 100,110,10),columns= ['变动百分比'])
2  df_sens
```

运行结果:(仅显示首末几行,中间行省略号表示,下同)

	变动百分比
0	-100%
1	-90%
2	-80%
3	-70%
...	...
17	70%
18	80%
19	90%
20	100%

【例 8-42】 计算单价变化对利润的影响(利润变动百分比),也就是单价从－100 到 100 变化,其他三个因素不变。

```
1  df_sens['利润-单价']= df_sens['变动百分比'].map(lambda x:Sens(x,0,0,0))
2  df_sens
```

运行结果：

	变动百分比	利润-单价
0	-100%	-12.92
1	-90%	-11.63
2	-80%	-10.34
3	-70%	-9.05
...	...	...
17	70%	9.05
18	80%	10.34
19	90%	11.63
20	100%	12.92

【例 8-43】计算剩余因素。

```
1  df_sens['利润-变动成本']= df_sens['变动百分比'].map(lambda x:Sens(0,x,0,0))
2  df_sens['利润-销量']= df_sens['变动百分比'].map(lambda x:Sens(0,0,x,0))
3  df_sens['利润-固定成本']= df_sens['变动百分比'].map(lambda x:Sens(0,0,0,x))
4  df_sens
```

运行结果：

	变动百分比	利润-单价	利润-变动成本	利润-销量	利润-固定成本
0	-100%	-12.92	7.00	-5.92	4.92
1	-90%	-11.63	6.30	-5.33	4.43
2	-80%	-10.34	5.60	-4.74	3.94
3	-70%	-9.05	4.90	-4.15	3.45
...	...	...	...	...	...
17	70%	9.05	-4.90	4.15	-3.45
18	80%	10.34	-5.60	4.74	-3.94
19	90%	11.63	-6.30	5.33	-4.43
20	100%	12.92	-7.00	5.92	-4.92

根据上述运行结果绘制图形，敏感性分析结果如图 8-6 所示。

【例 8-44】根据运行结果绘制图形。

```
1  df_sens.plot(x= '变动百分比',
2          y= ['利润-单价','利润-变动成本','利润-销量','利润-固定成本'])
```

运行结果：

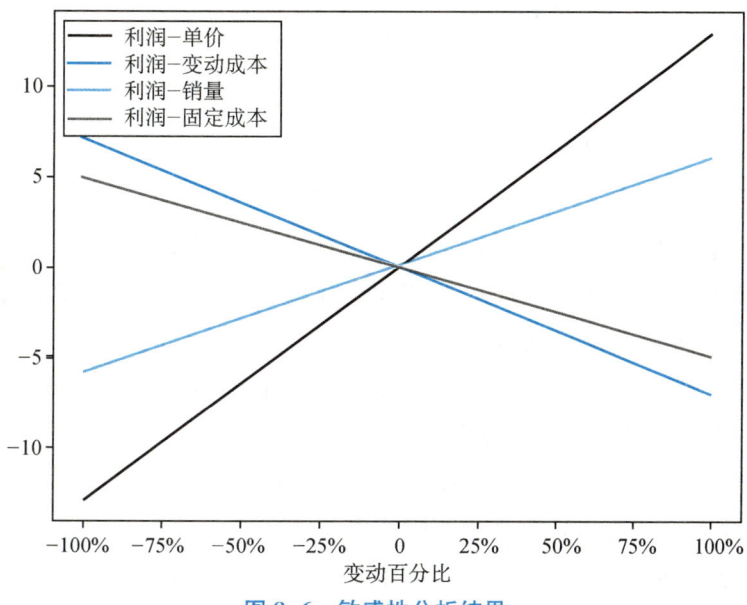

图 8-6　敏感性分析结果

图 8-6 中斜率体现了变动百分比的敏感系数，斜率越高，越敏感。

【例 8-45】 计算敏感系数具体金额。

```
1  df_sens.apply(lambda x:x/df_sens['变动百分比'],axis= 0)
```

运行结果：

	变动百分比	利润-单价	利润-变动成本	利润-销量	利润-固定成本
0	1.00	0.13	-0.07	0.06	-0.05
1	1.00	0.13	-0.07	0.06	-0.05
2	1.00	0.13	-0.07	0.06	-0.05
...	...	...	...	...	...
10	nan	nan	nan	nan	nan
...	...	...	...	...	...
19	1.00	0.13	-0.07	0.06	-0.05
20	1.00	0.13	-0.07	0.06	-0.05

8.6　作　业　成　本　法

8.6.1　背景知识

作业成本法是指以"作业消耗资源、产出消耗作业"为原则,按照资源动因将资源费用追溯或分配至各项作业,计算出作业成本,然后再根据作业动因,将作业成本追溯或分配至各成本对象,最终完成成本计算的成本管理方法。

作业成本法原理:直接材料、直接人工、直接制造费用可以根据成本和产品之间的对应关系进行分配,因此,作业成本法主要用于将间接成本分配到产品。

相对于传统成本法根据单一因素对间接成本进行分配,作业成本法能更加真实地反映产品成本,一般主要应用于产品或服务的成本以及获利能力评估,以实现:①消除亏损的产品和服务。②降低价格过高的产品和服务的价格。③合理配置资源,持续优化作业、流程和作业链。作业成本法的分析思路如图 8-7 所示。

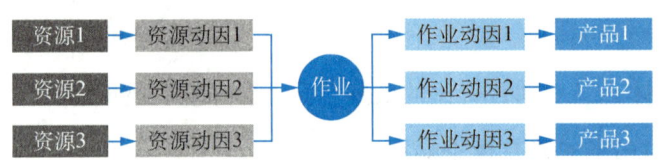

图 8-7　作业成本法

8.6.2　数据和任务

某公司的两种产品成本表如表 8-5 所示。

表 8-5　某公司的两种产品成本表　　　　　　　　　金额单位:元

项目	甲产品	乙产品
产量(件)	10 000	2 000
直接人工工时(小时)	25 000	4 000
直接人工	300 000	40 000
直接材料	200 000	40 000
制造费用总额	232 000	
制造费用	200 000	32 000
单位成本(元/件)	70	56

在传统成本法下,一般根据直接人工工时对制造费用总额进行分配。根据作业成本法

对"制造费用总额"重新分配,相关作业成本库如表 8-6 所示。

表 8-6　相关作业成本库

作业	总成本(元)	成本动因	作业量-甲	作业量-乙
机器准备	50 000	准备次数	300	200
质量检测	45 000	检验次数	150	50
设备维修	30 000	维修工时	200	100
材料订单	55 000	订单份数	195	80
生产订单	25 000	订单份数	140	60
生产协调	27 000	协调次数	50	50

根据已有数据,请要完成以下任务:

(1) 使用 Python 按作业成本法分配制造费用。

(2) 分别计算甲产品和乙产品重新分配后的总成本。

(3) 对单位成本进行分析,得出分析结论。

8.6.3　导入数据

【例 8-46】导入数据,构建相关模型。

```
1  import pandas as pd
2  data= [['机器准备',50000,'准备次数',300,200],
3         ['质量检测',45000,'检验次数',150,50],
4         ['设备维修',30000,'维修工时',200,100],
5         ['材料订单',55000,'订单份数',195,80],
6         ['生产订单',25000,'订单份数',140,60],
7         ['生产协调',27000,'协调次数',50,50]]
8  df = pd.DataFrame(data,
9          columns= ['作业','总成本','成本动因','作业量-甲','作业量-乙'])
10 df
```

运行结果:

	作业	总成本	成本动因	作业量-甲	作业量-乙
0	机器准备	50000	准备次数	300	200
1	质量检测	45000	检验次数	150	50
2	设备维修	30000	维修工时	200	100
3	材料订单	55000	订单份数	195	80
4	生产订单	25000	订单份数	140	60
5	生产协调	27000	协调次数	50	50

8.6.4 数据处理

【例8-47】 计算分配率：分配率＝总成本÷总作业量。

```
1  #  计算分配率:总成本/总作业量
2  df['分配率'] = df['总成本']/(df['作业量-甲']+df['作业量-乙'])
3  df
```

运行结果：

	作业	总成本	成本动因	作业量-甲	作业量-乙	分配率
0	机器准备	50000	准备次数	300	200	100.0
1	质量检测	45000	检验次数	150	50	225.0
2	设备维修	30000	维修工时	200	100	100.0
3	材料订单	55000	订单份数	195	80	200.0
4	生产订单	25000	订单份数	140	60	125.0
5	生产协调	27000	协调次数	50	50	270.0

8.6.5 分析比较

【例8-48】 计算各产品应分配的成本：各产品应分配的成本＝产品分配率×产品作业量。

```
1  df['甲成本'] = df['分配率']* df['作业量-甲']
2  df['乙成本'] = df['分配率']* df['作业量-乙']
3  df
```

运行结果：

	作业	总成本	成本动因	作业量-甲	作业量-乙	分配率	甲成本	乙成本
0	机器准备	50000	准备次数	300	200	100.0	30000.0	20000.0
1	质量检测	45000	检验次数	150	50	225.0	33750.0	11250.0
2	设备维修	30000	维修工时	200	100	100.0	20000.0	10000.0
3	材料订单	55000	订单份数	195	80	200.0	39000.0	16000.0
4	生产订单	25000	订单份数	140	60	125.0	17500.0	7500.0
5	生产协调	27000	协调次数	50	50	270.0	13500.0	13500.0

【例8-49】 计算甲成本。

```
1  (df['甲成本'].sum()+300000+200000)/10000
```

运行结果：

65.375

【例 8-50】计算乙成本。

```
1  (df['乙成本'].sum()+40000+40000)/2000
```

运行结果：

79.125

根据表 8-5 和［例 8-49］［例 8-50］的结果，分析可得出以下结论：

在传统成本法下，甲单位成本＞乙单位成本。

在作业成本法下，乙单位成本＞甲单位成本。

8.7　货币的时间价值

8.7.1　背景知识

货币时间价值是指在不考虑风险和通货膨胀的情况下，货币经过一定时间的投资和再投资所产生的价值。与货币的时间价值有关的概念包括终值和现值。

8.7　货币
时间价值

终值：现在的货币折合成未来某一时点的本金和利息的合计数，反映一定数量的货币在将来某个时点的价值。

现值：未来某一时点的一定数额的货币折算为当今的价值。

构建一个计算货币时间价值的函数，输入参数为投资额、投资时间、利率、目标时间，输出为投资在目标时间的价值（可能是终值，也可能是现值）。

8.7.2　计算终值

某项投资在 2010 年 1 月 1 日的现值是 1 000 万元，年利率是 5.6％，在复利模式下的 2020 年 12 月 31 日终值是多少？

【例 8-51】计算终值。

```
1  1000* (1+5.6/100)* * 10
```

运行结果：

1724.4046368313645

若上述案例改为每年年底支付年金 100 万元，共支付 10 年，终值是多少？

【例 8-52】计算终值。

```
1  result=0
2  for i in range(10):
3      result+=100* (1+5.6/100)**i
4  print(result)
```

运行结果：

1293.5797086274356

8.7.3 数据准备

投资额与投资时间应该是一一对应的，因为有可能有多次投资，所以将其存储为由列表 list 组成的元组 tuple，列表 list 里的第一个元素是投资额，第二个元素是投资时间。

【例 8-53】数据准备。

```
1  import pandas as pd
2  import datetime as dt
3  invest = ([100,'2018-5-1'],
4           [200,'2018-12-1'],
5           [300,'2019-4-1'])
6  rate_year = 0.12
7  target_time = '2019-12-31'
8  df = pd.DataFrame(invest,columns= ['投资额','投资时间'])
9  df
```

运行结果：

	投资额	投资时间
0	100	2018-5-1
1	200	2018-12-1
2	300	2019-4-1

8.7.4 时间处理

【例 8-54】将时间文本转化为 datetime 格式。

```
1  df['投资时间'] = pd.to_datetime(df['投资时间'])
2  target = dt.datetime.strptime(target_time,'%Y-%m-%d')
3  df.dtypes
```

运行结果：

投资额   int64
投资时间   datetime64[ns]
dtype: object

【例 8-55】 计算时间间隔,转化为天。

```
1  df['间隔时间'] = (target-df['投资时间']).dt.days
2  df
```

运行结果:

	投资额	投资时间	间隔时间
0	100	2018-05-01	609
1	200	2018-12-01	395
2	300	2019-04-01	274

8.7.5　数据计算

【例 8-56】 年利率转化为日利率,根据日利率和间隔时间计算系数。

```
1  # 年利率转化为日利率
2  rate = (1+rate_year)* * (1/365)-1
3  df['系数'] = (1+rate)* * df['间隔时间']
4  df
```

运行结果:

	投资额	投资时间	间隔时间	系数
0	100	2018-05-01	609	1.208147
1	200	2018-12-01	395	1.130481
2	300	2019-04-01	274	1.088798

【例 8-57】 计算投资额的时间价值。

```
1  df['投资额_时间价值'] = df['投资额']* df['系数']
2  df
```

运行结果:

	投资额	投资时间	间隔时间	系数	投资额_时间价值
0	100	2018-05-01	609	1.208147	120.814743
1	200	2018-12-01	395	1.130481	226.096238
2	300	2019-04-01	274	1.088798	326.639335

8.7.6　组合函数

组合函数是指组合成一个可以复用的函数。invest 参数前的"＊"号,代表函数有可变数量参数,也就是说,参数数量是变化的,所以能传输任意多次投资进入函数。

【例 8-58】组合成一个可以复用的函数。

```
1   def TVM(rate_year,target_time,*invest):
2       # 转化为日利率
3       rate = (1+rate_year)**(1/365)-1
4       # 转化为 datetime 格式
5       target = dt.datetime.strptime(target_time,'%Y-%m-%d')
6       df = pd.DataFrame(invest,columns= ['投资额','投资时间'])
7       df['投资时间'] = pd.to_datetime(df['投资时间'])
8       df['间隔时间'] = (target-df['投资时间']).dt.days
9       df['系数'] = (1+ rate)**df['间隔时间']
10      df['投资额_时间价值'] = df['投资额']*df['系数']
11      return df,df['投资额_时间价值'].sum() # 给两个返回值
```

【例 8-59】当目标时间大于投资时间时,计算终值。调用函数。

```
1   df1,result1 = TVM(0.12,'2019-12-31',[100,'2018-5-1'],
2   [200,'2018-12-1'],[300,'2019-4-1'])
3   df1
```

运行结果:

	投资额	投资时间	间隔时间	系数	投资额_时间价值
0	100	2018-05-01	609	1.208147	120.814743
1	200	2018-12-01	395	1.130481	226.096238
2	300	2019-04-01	274	1.088798	326.639335

【例 8-60】输出结果。

```
1   result1
```

运行结果:

673.5503152866193

【例 8-61】当目标时间小于投资时间时,计算现值。再次调用函数。

```
1   df2,result2 = TVM(0.12,'2017-12-31',[100,'2018-5-1'],
2                     [200,'2018-12-1'],[300,'2019-4-1'])
3   df2
```

运行结果:

	投资额	投资时间	间隔时间	系数	投资额_时间价值
0	100	2018-05-01	-121	0.963128	96.312773
1	200	2018-12-01	-335	0.901213	180.242536
2	300	2019-04-01	-456	0.867983	260.394878

【例 8-62】输出结果。

```
1   result2
```

运行结果：

536.9501875690546

8.8　现金流量折现法

8.8.1　数据准备

现金流量折现法一般用于投资项目评估，以如下案例分析为例：

某投资项目需要 2 年建成，每年年初投入建设资金 50 万元，共投资 100 万元。项目投产后，固定资产使用年限为 5 年，估计每年税后销售收入为 100 万元，付现成本为 66 万元（每年增加 1 万元），所得税税率为 25％，采用直线法折旧。该项目的期望投资回报率是 10％。

根据以上资料，请评估该项目是否可行。

8.8　现金
流量折现法

【例 8-63】导入模块，进行相关设置。

```
1   import pandas as pd
2   pd.options.display.float_format = '{:,.2f}'.format
```

【例 8-64】列表数据以年为间隔，有 2 年建设期和 5 年投产期，代表所属年份现金流。

```
1   data={'投资成本':[500000,500000,0,0,0,0,0],
2         '销售收入':[0,0,1000000,1000000,1000000,1000000,1000000],
3         '付现成本':[0,0,660000,670000,680000,690000,700000],
4         '折旧':[0,0,180000,180000,180000,180000,180000],
5   }
6   df=pd.DataFrame(data)
7   df
```

运行结果：

	投资成本	销售收入	付现成本	折旧
0	500000	0	0	0
1	500000	0	0	0
2	0	1000000	660000	180000
3	0	1000000	670000	180000
4	0	1000000	680000	180000
5	0	1000000	690000	180000
6	0	1000000	700000	180000

8.8.2 计算营业利润、所得税、税后营业利润

【例8-65】计算各年度营业利润：营业利润＝销售收入－付现成本－折旧。

```
1  df['营业利润']=df['销售收入']-df['付现成本']-df['折旧']
2  df
```

运行结果：

	投资成本	销售收入	付现成本	折旧	营业利润
0	500000	0	0	0	0
1	500000	0	0	0	0
2	0	1000000	660000	180000	160000
3	0	1000000	670000	180000	150000
4	0	1000000	680000	180000	140000
5	0	1000000	690000	180000	130000
6	0	1000000	700000	180000	120000

【例8-66】计算各年度所得税：所得税＝营业利润×25％。

```
1  # 计算所得税=营业利润*25%
2  df['所得税']=df['营业利润']*0.25
3  df
```

运行结果：

	投资成本	销售收入	付现成本	折旧	营业利润	所得税
0	500000	0	0	0	0	0.00
1	500000	0	0	0	0	0.00
2	0	1000000	660000	180000	160000	40000.00
3	0	1000000	670000	180000	150000	37500.00
4	0	1000000	680000	180000	140000	35000.00
5	0	1000000	690000	180000	130000	32500.00
6	0	1000000	700000	180000	120000	30000.00

【例8-67】计算各年度税后营业利润：税后营业利润＝营业利润－所得税。

```
1  df['税后营业利润']=df['营业利润']-df['所得税']
2  df
```

运行结果：

	投资成本	销售收入	付现成本	折旧	营业利润	所得税	税后营业利润
0	500000	0	0	0	0	0.00	0.00
1	500000	0	0	0	0	0.00	0.00
2	0	1000000	660000	180000	160000	40000.00	120000.00
3	0	1000000	670000	180000	150000	37500.00	112500.00
4	0	1000000	680000	180000	140000	35000.00	105000.00
5	0	1000000	690000	180000	130000	32500.00	97500.00
6	0	1000000	700000	180000	120000	30000.00	90000.00

8.8.3　计算现金净流量

【例 8-68】计算各年度现金净流量：现金净流量＝税后营业利润＋折旧－投资成本。

（现金净流量不包含非付现成本，因此应加回折旧）

```
1  df['现金净流量']=df['税后营业利润']+df['折旧']-df['投资成本']
2  df
```

运行结果：

	投资成本	销售收入	付现成本	折旧	营业利润	所得税	税后营业利润	现金净流量
0	500000	0	0	0	0	0.00	0.00	-500000.00
1	500000	0	0	0	0	0.00	0.00	-500000.00
2	0	1000000	660000	180000	160000	40000.00	120000.00	300000.00
3	0	1000000	670000	180000	150000	37500.00	112500.00	292500.00
4	0	1000000	680000	180000	140000	35000.00	105000.00	285000.00
5	0	1000000	690000	180000	130000	32500.00	97500.00	277500.00
6	0	1000000	700000	180000	120000	30000.00	90000.00	270000.00

8.8.4　计算净现值

【例 8-69】计算折现系数，距离 0 时间点越近，折现的次数越少，折现系数越小。

```
1  df['折现系数']= (1+0.1)**df.index        # index 代表年数
2  df
```

运行结果：

	投资成本	销售收入	付现成本	折旧	营业利润	所得税	税后营业利润	现金净流量	折现系数
0	500000	0	0	0	0	0.00	0.00	-500000.00	1.00
1	500000	0	0	0	0	0.00	0.00	-500000.00	1.10
2	0	1000000	660000	180000	160000	40000.00	120000.00	300000.00	1.21
3	0	1000000	670000	180000	150000	37500.00	112500.00	292500.00	1.33
4	0	1000000	680000	180000	140000	35000.00	105000.00	285000.00	1.46
5	0	1000000	690000	180000	130000	32500.00	97500.00	277500.00	1.61
6	0	1000000	700000	180000	120000	30000.00	90000.00	270000.00	1.77

【例 8-70】计算各年度现金流现值：现金流现值＝现金净流量÷折现系数。

```
1  df['现金流折现']=df['现金净流量']/df['折现系数']
2  df
```

运行结果：

	投资成本	销售收入	付现成本	折旧	营业利润	所得税	税后营业利润	现金净流量	折现系数	现金流折现
0	500000	0	0	0	0	0.00	0.00	-500000.00	1.00	-500000.00
1	500000	0	0	0	0	0.00	0.00	-500000.00	1.10	-454545.45
2	0	1000000	660000	180000	160000	40000.00	120000.00	300000.00	1.21	247933.88
3	0	1000000	670000	180000	150000	37500.00	112500.00	292500.00	1.33	219759.58
4	0	1000000	680000	180000	140000	35000.00	105000.00	285000.00	1.46	194658.83
5	0	1000000	690000	180000	130000	32500.00	97500.00	277500.00	1.61	172305.67
6	0	1000000	700000	180000	120000	30000.00	90000.00	270000.00	1.77	152407.96

【例 8-71】调整运行结果格式，使之更符合日常使用习惯。

```
1  # 可以将 dataframe 转置过来，这样更符合现金流量表习惯
2  df.T
```

运行结果：

	0	1	2	3	4	5	6
投资成本	500000.00	500000.00	0.00	0.00	0.00	0.00	0.00
销售收入	0.00	0.00	1000000.00	1000000.00	1000000.00	1000000.00	1000000.00
付现成本	0.00	0.00	660000.00	670000.00	680000.00	690000.00	700000.00
折旧	0.00	0.00	180000.00	180000.00	180000.00	180000.00	180000.00
营业利润	0.00	0.00	160000.00	150000.00	140000.00	130000.00	120000.00
所得税	0.00	0.00	40000.00	37500.00	35000.00	32500.00	30000.00
税后营业利润	0.00	0.00	120000.00	112500.00	105000.00	97500.00	90000.00
现金净流量	-500000.00	-500000.00	300000.00	292500.00	285000.00	277500.00	270000.00
折现系数	1.00	1.10	1.21	1.33	1.46	1.61	1.77
现金流折现	-500000.00	-454545.45	247933.88	219759.58	194658.83	172305.67	152407.96

【例 8-72】根据以上结果,根据项目投资的净现值分析项目的可行性。

```
1  NPV= df['现金流折现'].sum()
2  NPV
```

运行结果:

32520.472058257903

分析结论:NPV>0,项目投资具有可行性。

8.8.5　计算投资回收期

【例 8-73】使用累计窗口函数对现金净流量和现金流现值进行累加。

```
1  df[['现金净流量','现金流折现']].cumsum()
```

运行结果:

	现金净流量	现金流折现
0	-500000.00	-500000.00
1	-1000000.00	-954545.45
2	-700000.00	-706611.57
3	-407500.00	-486851.99
4	-122500.00	-292193.16
5	155000.00	-119887.49
6	425000.00	32520.47

观察得到结论:

静态回收期在总项目周期的 4 年到 5 年之间。

动态回收期在总项目周期的 5 年到 6 年之间。

8.8.6　计算内含报酬率

【例 8-74】遍历 Series 的 index 和 item。

```
1  for index, item in df['现金净流量'].items():
2  print(index, item)
```

运行结果:

0 -500000.0

1 -500000.0

2 300000.0

3 292500.0

```
4   285000.0
5   277500.0
6   270000.0
```

【例 8-75】定义方程式，用于计算折现率。现金流计算公式如下：

$$P = \sum_{t=1}^{n} \frac{CF_t}{(1+r)^t}$$

```
1   from sympy import *
2   y= 0      # 初始化 y
3   for i, cf in df['现金净流量'].items():
4       x= Symbol("x")
5       y= cf/(1+x)* * i+y
6   print(y)
7   y
```

运行结果：

用两种形式输出 y，print(y)结果分别如下：

（1）直接根据公式计算：

-500000.0 -500000.0/(x + 1) + 300000.0/(x + 1)* * 2 + 292500.0/(x + 1)* * 3 + 285000.0/(x + 1)* * 4 + 277500.0/(x + 1)* * 5 + 270000.0/(x + 1)* * 6

（2）直接在 Jupyter 查看结果：

$$-500000.0 - \frac{500000.0}{x+1} + \frac{300000.0}{(x+1)^2} + \frac{292500.0}{(x+1)^3} + \frac{285000.0}{(x+1)^4} + \frac{277500.0}{(x+1)^5} + \frac{270000.0}{(x+1)^6}$$

【例 8-76】用牛顿迭代法求多次方程的解。

```
1   def newton(y,x0=0.001,e=1e-6):
2       x_n = x0 - (y.subs(x,x0) / diff(y).subs(x,x0))
3       # diff(y).subs(x,x0)即 y 的导数的解
4       while abs(x_n - x0) > e:
5           x0 = x_n
6           x_n = x0 - (y.subs(x,x0) / diff(y).subs(x,x0))
7       return x_n
8   newton(y)
```

运行结果：

0.111315638072618

分析结论：内含报酬率为 11.13%，大于期望报酬率 10%，项目可行。

 拓展阅读

大数据解读

大数据的英文是 big data，是指高速（velocity）涌现的大量（volume）多样化（variety）数据，其特性可简单概括为"3V"。

简而言之，大数据是指非常庞大、复杂的数据集，特别是来自新数据源的数据集，其规模之大令传统数据处理软件束手无策，却能帮助我们解决以往非常棘手的业务难题。

在过去几年，大数据又新增了两个"V"特性：价值（value）和真实性（veracity）。首先，数据固然蕴含着价值，但是如果不通过适当方法将其价值挖掘出来，数据就毫无用处。其次，数据的真实性和可靠性也同样重要。

大数据技术的战略意义不在于掌握庞大的数据信息，而在于对这些含有意义的数据进行专业化处理。换而言之，如果把大数据比作一种产业，那么这种产业实现盈利的关键，在于提高对数据的"加工能力"，通过"加工"实现数据的"增值"。

第9章

利用 Python 进行财务综合分析

 章节导读

本章我们将通过综合运用 Pandas、Pyecharts 等数据分析和数据可视化模块来进行财务分析。

 学习任务

学完本章后,你将能够做到:

1. 对企业进行业绩概况分析。
2. 对企业进行盈利能力分析。
3. 对企业进行偿债能力分析。
4. 对企业进行现金获取能力分析。
5. 对企业进行营运能力分析。
6. 对企业进行成长能力分析。
7. 对企业进行综合分析。

9.1 数据的采集

9.1 数据采集

1)数据采集方法

进入同花顺股票数据页面(http://stockpage.10jqka.com.cn/002415/finance/),在财务指标中可以从"按照报告期"导出数据,这里以分析海康威视(SH.002415)的相关财务数据为例。财务数据导出页面如图 9-1 所示。

用户可以按照"主要指标""资产负债表""利润表""现金流量表"顺序分别导出数据,并合并工作表,取消首行合并的单元格,调整第一行标题。本书资料同时提供了相应的导出 Excel 表格便于直接进行使用。

2)财务分析

财务分析主要从以下维度展开,具体如表 9-1 所示。

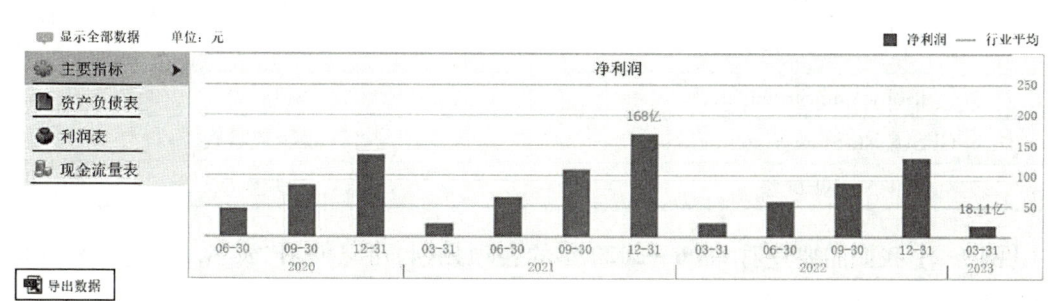

图 9-1　财务数据导出页面

表 9-1　财务分析维度

分析维度	主要指标
业绩概况	营业总收入及增长率、扣非归母净利润
盈利能力	核心利润和利润总额、毛利和毛利率、净资产收益率
偿债能力	流动比率、资产负债率
现金获取能力	收现率和净现比、现金流量净额、销售现金比率
营运能力	应收账款周转率、存货周转率、总资产周转率
成长能力	营业总收入增速、总资产增速、归母净利增长率

9.2　业绩概况分析

9.2　业绩
概况分析

本节是财务分析的起点，具体分析步骤如下。

【例 9-1】 使用 Pandas 读取 Excel 数据到 Jupyter Notebook。

```
1  import pandas as pd
2  with pd.ExcelFile("002415 财务数据.xlsx") as xlsx:
3      BS = pd.read_excel(xlsx, "BS", index_col=0,header=0)
4      IS = pd.read_excel(xlsx, "IS", index_col=0,header=0)
5      CFS = pd.read_excel(xlsx, "CFS", index_col=0,header=0)
6      KPIs= pd.read_excel(xlsx, "KPIs", index_col=0,header=0)
```

读取到的表格名单如表 9-2 所示。

表 9-2 Pandas 读取表格的名单

表名	中文名
BS(Balance Sheet)	资产负债表
IS(Income Statement)	利润表
CFS(Cash Flow Statement)	现金流量表
KPIs	业绩概况

【例 9-2】我们需要查看 2006—2022 年的各项数据，可以使用"表名.head( )"来默认查看前 5 行。

```
1  BS.head()
```

运行结果：(仅显示前 5 列，其他列作省略号，下同)

	2022	2021	2020	2019	2018	...
科目\时间	NaN	NaN	NaN	NaN	NaN	...
报表核心指标(元)	NaN	NaN	NaN	NaN	NaN	...
* 所有者权益(或股东权益)合计(元)	72970154000	65394642300	54479743400	45472858900	37962908100	...
* 资产合计(元)	119233282800	103864543200	88701682400	75358000200	63491508700	...
* 负债合计(元)	46263128800	38469900900	34221939000	29885141400	25528600700	...

【例 9-3】计算相关指标和调整数据。我们需要计算得出净利润、扣非净利润、营业总收入及其增长率。

```
1   # 从 KPIs 索引相关的年份的数据
2   业绩概况=KPIs.loc[['净利润(元)','净利润同比增长率','扣非净利润(元)',
3                      '扣非净利润同比增长率','营业总收入(元)',
4                      '营业总收入同比增长率'],
5                      '2022':'2018']
6   # 将数据变为以亿元为单位，并且对百分比设置百分号，并且保留两位小数
7   业绩概况.loc['净利润(元)']=业绩概况.loc['净利润(元)'].apply(lambda x: x/
    100000000)
8   业绩概况.loc['净利润(元)']=业绩概况.loc['净利润(元)'].apply(lambda x: '% .2f' %
    x)
9   业绩概况.loc['扣非净利润(元)']=业绩概况.loc['扣非净利润(元)'].apply(lambda x: x/
    100000000)
10  业绩概况.loc['扣非净利润(元)']=业绩概况.loc['扣非净利润(元)'].apply(lambda x:
    '% .2f' % x)
11  业绩概况.loc['营业总收入(元)']=业绩概况.loc['营业总收入(元)'].apply(lambda x: x/
    100000000)
12  业绩概况.loc['营业总收入(元)']=业绩概况.loc['营业总收入(元)'].apply(lambda x:
    '% .2f' % x)
13  # 对数据按列标题(年份)进行排序
14  业绩概况=业绩概况.sort_index(axis=1)
15  # 将行标题中的"元"替换为"亿元"
16  业绩概况.index=业绩概况.index.str.replace('元','亿元')
17  业绩概况
```

运行结果：

	2018	2019	2020	2021	2022
净利润(亿元)	113.52	124.15	133.86	168.00	128.37
净利润同比增长率	20.63%	9.36%	7.82%	25.51%	-23.59%
扣非净利润(亿元)	109.83	120.38	128.06	164.45	123.31
扣非净利润同比增长率	19.68%	9.60%	6.38%	28.42%	-25.02%
营业总收入(亿元)	498.37	576.58	635.03	814.20	831.66
营业总收入同比增长率	18.93%	15.69%	10.14%	28.21%	2.14%

【例 9-4】索引和计算毛利及毛利率。

```
1  # 从 KPIs 索引相关的年份的数据
2  主营分析=KPIs.loc[['销售毛利率']]
3  # 计算毛利
4  主营分析.loc['毛利']=IS.loc['* 营业总收入(元)']-IS.loc['* 营业总成本(元)']
5  主营分析=主营分析.loc[['销售毛利率','毛利'],'2022':'2018']
6  # 对'毛利'列变为以亿元为单位,并且对百分比设置百分号,并且保留两位小数
7  主营分析.loc['毛利']=主营分析.loc['毛利'].apply(lambda x: x/100000000)
8  主营分析.loc['毛利']=主营分析.loc['毛利'].apply(lambda x: '% .2f' % x)
9  # 对数据按照列标题(年份)进行排序
10 主营分析=主营分析.sort_index(axis=1)
11 主营分析
```

运行结果：

	2018	2019	2020	2021	2022
销售毛利率	44.85%	45.99%	46.53%	44.33%	42.29%
毛利	101.80	117.58	126.38	156.75	122.55

【例 9-5】通过转置查看数据。

```
1  # 设置转置并查看转置后的相关数据
2  业绩概况 T=业绩概况.T
3  业绩概况 T
```

运行结果：

	净利润(亿元)	净利润同比增长率	扣非净利润(亿元)	扣非净利润同比增长率	营业总收入(亿元)	营业总收入同比增长率
2018	113.52	20.63%	109.83	19.68%	498.37	18.93%
2019	124.15	9.36%	120.38	9.60%	576.58	15.69%
2020	133.86	7.82%	128.06	6.38%	635.03	10.14%
2021	168.00	25.51%	164.45	28.42%	814.20	28.21%
2022	128.37	-23.59%	123.31	-25.02%	831.66	2.14%

【例 9-6】层叠图绘制——对营业收入和营业收入增长率做柱状图和折线图，如图 9-2 所示。

```
1   import pyecharts.options as opts
2   from pyecharts.charts import Bar, Line
3
4   x_data = ['2018','2019','2020','2021','2022']
5
6   bar = (
7       Bar()
8       .add_xaxis(xaxis_data=x_data)
9       .add_yaxis(
10          series_name= "营业收入",
11          y_axis=[498.37,576.58,635,814,831],
12          label_opts=opts.LabelOpts(is_show=False),
13          z=0,
14          category_gap='60% '     # 设置柱子宽度
15      )
16
17      .extend_axis(
18          yaxis=opts.AxisOpts(
19              name="增长率",
20              type_="value",
21              min_=0,
22              max_=30,
23              interval=10,
24              axislabel_opts=opts.LabelOpts(formatter="{value}% "),
25          )
26      )
27      .set_global_opts(
28          tooltip_opts=opts.TooltipOpts(
29              is_show=True, trigger="axis", axis_pointer_type="cross"
30          ),
31          xaxis_opts=opts.AxisOpts(
32              type_="category",
33              axispointer_opts=opts.AxisPointerOpts(is_show=True,
34                                                    type_="shadow"),
35          ),
36          yaxis_opts=opts.AxisOpts(
37              name="收入",
38              type_="value",
39              min_=0,
40              max_=1000,
41              interval=200,
42              axislabel_opts=opts.LabelOpts(formatter="{value} 亿元"),
43              axistick_opts=opts.AxisTickOpts(is_show=True),
44              splitline_opts=opts.SplitLineOpts(is_show=True),
45          ),
46      )
47  )
48
```

```
49  line = (
50      Line()
51      .add_xaxis(xaxis_data=x_data)
52      .add_yaxis(
53          series_name="同比增长率",
54          yaxis_index=1,
55          y_axis=[18,15,10,28,2],
56          label_opts=opts.LabelOpts(is_show=False),
57      )
58  )
59
60  bar.overlap(line)
61  bar.render_notebook()
```

运行结果：

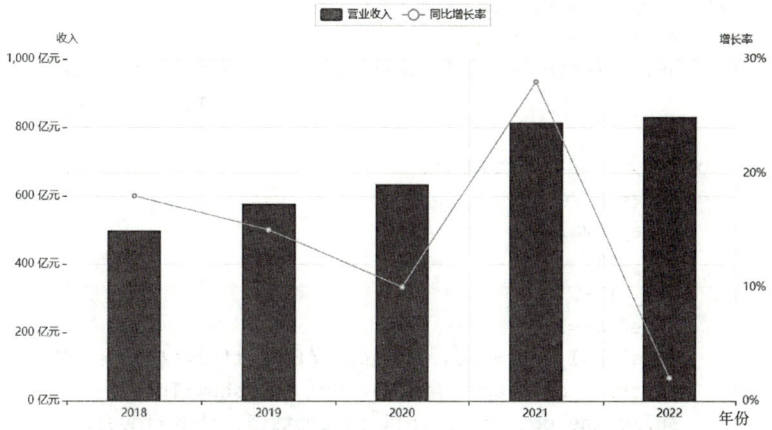

图 9-2　营业收入和营业收入增长率的柱状图和折线图

【例 9-7】层叠图绘制——对扣非净利润及其增长率做柱状图和折线图，如图 9-3 所示。

```
1   import pyecharts.options as opts
2   from pyecharts.charts import Bar, Line
3
4   x_data = ['2018','2019','2020','2021','2022']
5
6   bar = (
7       Bar()
8       .add_xaxis(xaxis_data=x_data)
9       .add_yaxis(
10          series_name="扣非净利润",
11          y_axis=[109.83,120.38,128.06,164.45,123.31],
12          label_opts=opts.LabelOpts(is_show=False),
13          z=0,
14          category_gap='60%'
```

```
15              # bar_width='50%'
16          )
17          .extend_axis(
18              yaxis=opts.AxisOpts(
19                  name="增长率",
20                  type_="value",
21                  min_=30,
22                  max_=-30,
23                  interval=10,
24                  axislabel_opts=opts.LabelOpts(formatter="{value}% "),
25              )
26          )
27          .set_global_opts(
28              tooltip_opts=opts.TooltipOpts(
29                  is_show=True, trigger="axis", axis_pointer_type="cross"
30              ),
31              xaxis_opts=opts.AxisOpts(
32                  type_="category",
33                  axispointer_opts=opts.AxisPointerOpts(is_show=True,
34                                                        type_="shadow"),
35              ),
36              yaxis_opts=opts.AxisOpts(
37                  name="收入",
38                  type_="value",
39                  min_=25,
40                  max_=175,
41                  interval=25,
42                  axislabel_opts=opts.LabelOpts(formatter="{value} 亿元"),
43                  axistick_opts=opts.AxisTickOpts(is_show=True),
44                  splitline_opts=opts.SplitLineOpts(is_show=True),
45              ),
46          )
47  )
48
49  line = (
50      Line()
51      .add_xaxis(xaxis_data=x_data)
52      .add_yaxis(
53          series_name="同比增长率",
54          yaxis_index=1,
55          y_axis=[19.68, 9.60, 6.38, 28.42, - 25.02],
56          label_opts=opts.LabelOpts(is_show=False),
57      )
58  )
59
60  bar.overlap(line)
61  bar.render_notebook()
```

运行结果：

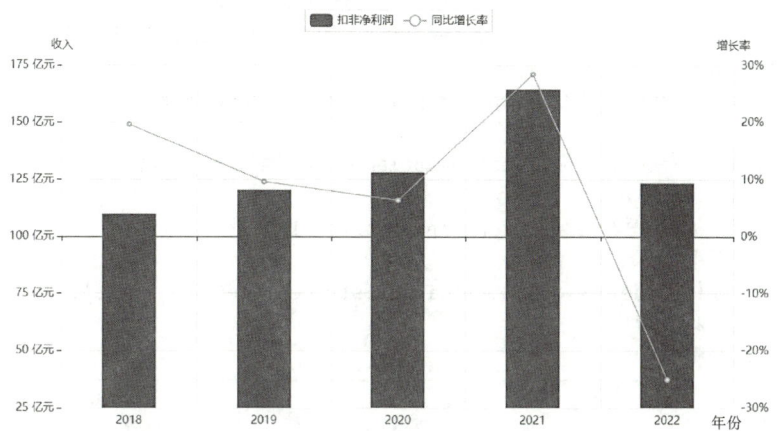

图 9-3　扣非净利润及其增长率的柱状图和折线图

9.3　盈利能力分析

盈利能力分析的具体分析步骤如下。

【例 9-8】使用 Pandas 读取 Excel 数据到 Jupyter Notebook。

```
1  import pandas as pd
2  with pd.ExcelFile("002415财务数据.xlsx") as xlsx:
3      BS = pd.read_excel(xlsx, "BS", index_col=0,header=0)
4      IS = pd.read_excel(xlsx, "IS", index_col=0,header=0)
5      CFS = pd.read_excel(xlsx, "CFS", index_col=0,header=0)
6      KPIs= pd.read_excel(xlsx, "KPIs", index_col=0,header=0)
```

【例 9-9】计算核心利润：核心利润＝营业收入－营业成本－税金及附加－销售费用－管理费用－财务费用。

```
1   # 索引相关的年份的数据
2   核心利润分析=IS.loc[['其中:营业收入(元)','其中:营业成本(元)',
3                      '税金及附加(元)','销售费用(元)','管理费用(元)',
4                      '研发费用(元)','财务费用(元)','其中:利息费用(元)',
5                      '利息收入(元)','资产减值损失(元)'],
6                      '2022':'2018']
7   # 计算核心利润
8   核心利润分析.loc['核心利润']=(核心利润分析.loc['其中:营业收入(元)']
9                      -核心利润分析.loc['其中:营业成本(元)']
10                     -核心利润分析.loc['税金及附加(元)']
11                     -核心利润分析.loc['销售费用(元)']
```

```
12                          -核心利润分析.loc['管理费用(元)']
13                          -核心利润分析.loc['研发费用(元)']
14                          -核心利润分析.loc['财务费用(元)'])
15  # 转化为亿元
16  核心利润分析=核心利润分析.applymap(lambda x: x/100000000)
17  # 保留两位小数
18  核心利润分析=核心利润分析.applymap(lambda x: '% .2f' % x)
19  # 对列标题进行排序
20  核心利润分析=核心利润分析.sort_index(axis= 1)
21  # 将行标题中单位 元换为亿元
22  核心利润分析.index=核心利润分析.index.str.replace('元','亿元')
23  # 显示核心利润结果
24  核心利润分析
```

运行结果：

	2018	2019	2020	2021	2022
其中:营业收入(亿元)	498.37	576.58	635.03	814.20	831.66
其中:营业成本(亿元)	274.83	311.40	339.58	453.29	479.96
税金及附加(亿元)	4.18	4.17	4.16	5.61	5.82
销售费用(亿元)	58.93	72.57	73.78	85.86	97.73
管理费用(亿元)	13.77	18.22	17.90	21.32	26.42
研发费用(亿元)	44.83	54.84	63.79	82.52	98.14
财务费用(亿元)	-4.24	-6.40	3.96	-1.33	-9.90
其中:利息费用(亿元)	1.55	1.93	2.02	2.30	3.11
利息收入(亿元)	4.45	7.00	7.20	8.86	9.22
资产减值损失(亿元)	4.27	1.98	3.63	4.48	5.08
核心利润	498.37	576.58	635.03	814.20	831.66

【例 9-10】计算和汇总利润相关指标。

```
1   # 索引和计算相关指标
2   盈利能力分析=核心利润分析.loc[['核心利润']]
3   盈利能力分析.loc['利润总额']=IS.loc['三、营业利润(元)']
4   盈利能力分析.loc['利润总额']=盈利能力分析.loc['利润总额'].apply(lambda x: x/
    100000000)
5   盈利能力分析.loc['利润总额']=盈利能力分析.loc['利润总额'].apply(lambda x: '% .2f'
    % x)
6   盈利能力分析.loc['毛利率']=KPIs.loc['销售毛利率']
7   盈利能力分析.loc['净利率']=KPIs.loc['销售净利率']
8   盈利能力分析.loc['净资产收益率']=KPIs.loc['净资产收益率']
9   # 对数据按列标题(年份)进行排序
10  盈利能力分析.sort_index(axis=1)
11  盈利能力分析
```

运行结果：

	2018	2019	2020	2021	2022
核心利润	106.07	121.78	131.87	166.93	133.49
利润总额	123.34	137.08	151.97	184.74	147.83
毛利率	44.85%	45.99%	46.53%	44.33%	42.29%
净利率	22.84%	21.62%	21.54%	21.51%	16.30%
净资产收益率	33.99%	30.53%	27.72%	28.99%	19.62%

【例 9-11】柱状图绘制——通过核心利润和利润总额做柱状图分析，如图 9-4 所示。

```
1   from pyecharts import options as opts
2   from pyecharts.charts import Bar
3
4   bar = (
5       Bar()
6       .add_xaxis(['2018','2019','2020','2021','2022'])
7       .add_yaxis("核心利润(亿元)",
8                   [106.07,121.78,131.87,166.93,133.49])
9       .add_yaxis("利润总额(亿元)",
10                  [123.34,137.08,151.97,184.74,147.83])
11      .set_global_opts(
12          title_opts= opts.TitleOpts(title= "核心利润和利润总额",
13                                      subtitle= "对比分析"),
14          brush_opts= opts.BrushOpts(),
15          )
16          )
17  bar.render_notebook()
```

运行结果：

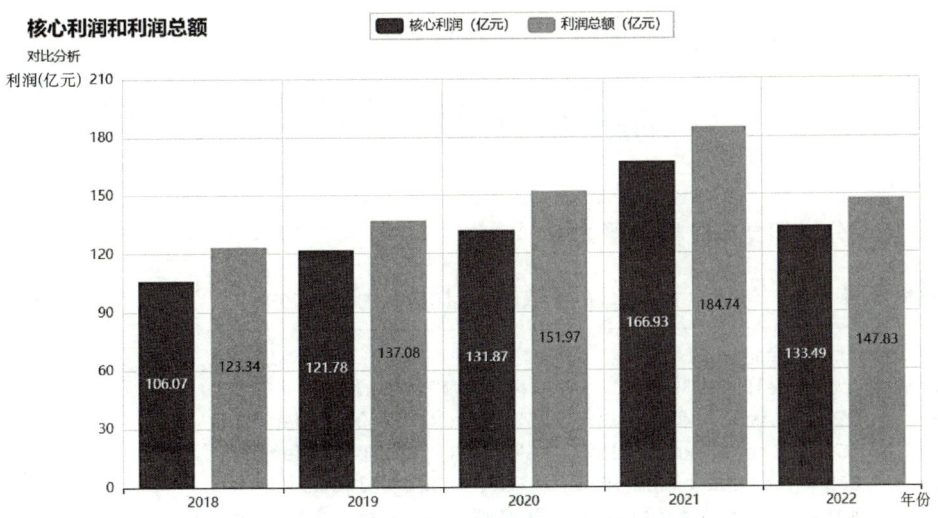

图 9-4 核心利润和利润总额的柱状图

【例9-12】折线图绘制——对毛利和净利率做折线图分析，如图9-5所示。

```
1   import pyecharts.options as opts
2   from pyecharts.charts import Line
3
4   line = (
5       Line()
6       .add_xaxis(['2018','2019','2020','2021','2022'])
7       .add_yaxis("毛利率% ", [44.85,45.99,46.53,44.33,42.29])
8       .add_yaxis("净利率% ", [22.84,21.62,21.54,21.51,16.30])
9       .set_global_opts(title_opts=opts.TitleOpts(title="毛利率和净利率"))
10      )
11
12  line.render_notebook()
```

运行结果：

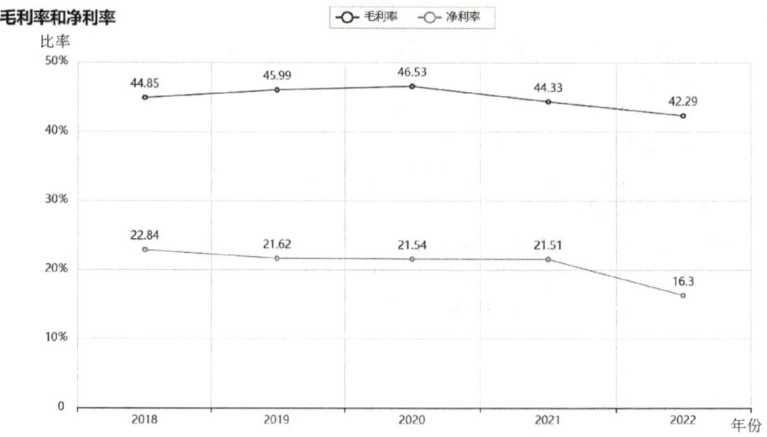

图 9-5 毛利和净利率的折线图

9.4 偿债
能力分析

9.4 偿债能力分析

偿债能力分析的具体分析步骤如下。

【例9-13】使用 Pandas 读取 Excel 数据到 Jupyter Notebook。

```
1   import pandas as pd
2   with pd.ExcelFile("002415财务数据.xlsx") as xlsx:
3       BS = pd.read_excel(xlsx, "BS", index_col=0,header=0)
4       IS = pd.read_excel(xlsx, "IS", index_col=0,header=0)
5       CFS = pd.read_excel(xlsx, "CFS", index_col=0,header=0)
6       KPIs= pd.read_excel(xlsx, "KPIs", index_col=0,header=0)
```

【例 9-14】索引和汇总流动比率、资产负债率。

```
1  # 从 KPIs 索引相关的年份的数据
2  偿债能力分析=KPIs.loc[['流动比率','资产负债率'],'2022':'2018']
3  # 对数据按照列标题(年份)进行排序
4  偿债能力分析=偿债能力分析.sort_index(axis=1)
5  偿债能力分析
```

运行结果：

	2018	2019	2020	2021	2022
流动比率	2.17	2.72	2.39	2.58	2.85
资产负债率	40.20%	39.66%	38.58%	37.04%	38.80%

【例 9-15】折线图绘制——对流动比率做折线图，如图 9-6 所示。

```
1   import pyecharts.options as opts
2   from pyecharts.charts import Line
3
4   line = (
5       Line()
6       .add_xaxis(['2018','2019','2020','2021','2022'])
7       .add_yaxis("流动比率", [2.17,2.72,2.39,2.58,2.85])
8   .set_global_opts(title_opts=opts.TitleOpts(
9   title="偿债能力分析-流动比率"))
10  )
11
12  line.render_notebook()
```

运行结果：

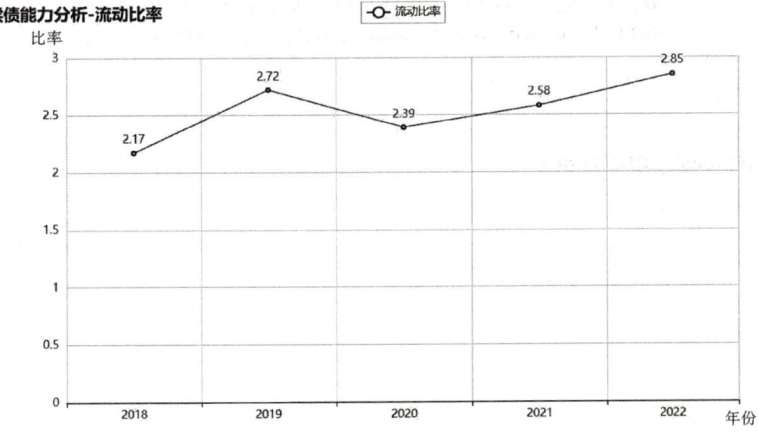

图 9-6　流动比率的折线图

【例 9-16】折线图绘制——对资产负债率做折线图，如图 9-7 所示。

```
1   import pyecharts.options as opts
2   from pyecharts.charts import Line
3
4   line = (
5       Line()
6       # 设置 x,y 轴数据
7       .add_xaxis(['2018','2019','2020','2021','2022'])
8       .add_yaxis("资产负债率%", [40.20,39.66,38.58,37.04,38.80])
9       # 设置标题
10      .set_global_opts(
11          title_opts=opts.TitleOpts(title="偿债能力分析-资产负债率"))
12      .set_global_opts(
13          tooltip_opts=opts.TooltipOpts(
14              is_show=True, trigger="axis", axis_pointer_type="cross"
15          ),
16          xaxis_opts=opts.AxisOpts(
17              type_="category",
18              axispointer_opts=opts.AxisPointerOpts(is_show=True,
19              type_="shadow"),
20          ),
21          # 设置纵坐标轴,标题、最大值、最小值和百分号
22          yaxis_opts=opts.AxisOpts(
23              name="资产负债率",
24              type_="value",
25              min_=30,
26              max_=50,
27              interval=5,
28              axislabel_opts=opts.LabelOpts(formatter= "{value} %"),
29              axistick_opts=opts.AxisTickOpts(is_show=True),
30              splitline_opts=opts.SplitLineOpts(is_show=True),
31          ),
32      )
33  )
34  line.render_notebook()
```

运行结果：

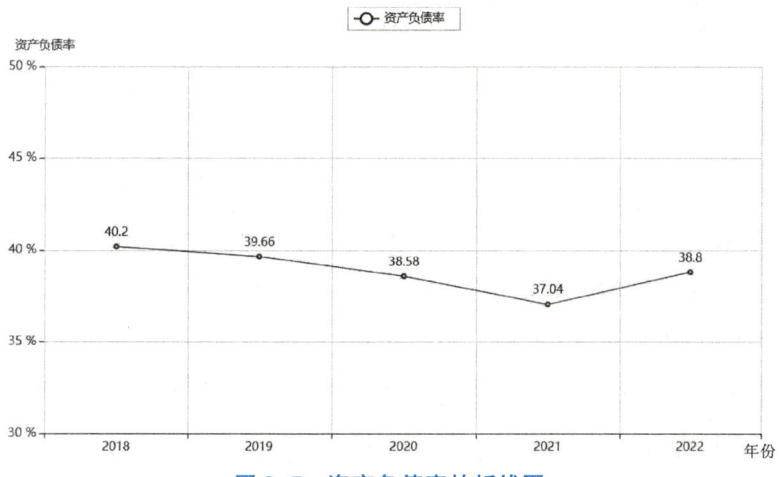

图 9-7　资产负债率的折线图

9.5 现金获取能力分析

9.5　现金获取能力分析

现金获取能力分析的具体的步骤如下。

【例 9-17】使用 Pandas 读取 Excel 数据到 Jupyter Notebook。

```
1  import pandas as pd
2  with pd.ExcelFile("002415 财务数据.xlsx") as xlsx:
3      BS = pd.read_excel(xlsx, "BS", index_col=0,header=0)
4      IS = pd.read_excel(xlsx, "IS", index_col=0,header=0)
5      CFS = pd.read_excel(xlsx, "CFS", index_col=0,header=0)
6      KPIs= pd.read_excel(xlsx, "KPIs", index_col=0,header=0)
```

【例 9-18】索引和整理现金流量净额。

```
1   现金流量净额= CFS.loc[['* 经营活动产生的现金流量净额(元)',
2   '* 投资活动产生的现金流量净额(元)',
3   '* 筹资活动产生的现金流量净额(元)','销售商品、提供劳务收到的现金(元)'
4   ],'2022':'2018']
5   # 转化为亿元
6   现金流量净额=现金流量净额.applymap(lambda x: x/100000000)
7   # 保留两位小数
8   现金流量净额=现金流量净额.applymap(lambda x: '% .2f' %  x)
9   # 对列标题进行排序
10  现金流量净额=现金流量净额.sort_index(axis=1)
```

```
11    # 将行标题中单位 元换为亿元
12    现金流量净额.index=现金流量净额.index.str.replace('元','亿元')
13    # 显示图标内容
14    现金流量净额
```

运行结果：

	2018	2019	2020	2021	2022
* 经营活动产生的现金流量净额(亿元)	91.13	77.68	160.88	127.09	101.64
* 投资活动产生的现金流量净额(亿元)	14.51	-19.23	-25.55	-31.56	-37.25
* 筹资活动产生的现金流量净额(亿元)	-7.97	-54.71	-45.60	-97.91	-14.56
销售商品、提供劳务收到的现金(亿元)	519.87	594.05	681.69	835.03	867.99

【例 9-19】计算现金能力相关指标。有关公式如下：

销售现金比率＝经营活动现金流量净额÷营业收入

净现比＝经营活动现金流量净额÷净利润

销售收现率＝销售商品、提供劳务收到的现金÷营业收入

```
1    现金获取能力分析=CFS.loc[['* 经营活动产生的现金流量净额(元)',
2    '销售商品、提供劳务收到的现金(元)']]
3    # 转化为亿元
4    现金获取能力分析=现金获取能力分析.applymap(lambda x: x/100000000)
5    现金获取能力分析.loc['销售现金比率']=CFS.loc['* 经营活动产生的现金流量净额(元)
     ']/IS.loc['其中:营业收入(元)']
6    现金获取能力分析.loc['净现比']=CFS.loc['* 经营活动产生的现金流量净额(元)']/IS.
     loc['* 净利润(元)']
7    现金获取能力分析.loc['销售收现率']=CFS.loc['销售商品、提供劳务收到的现金(元)']/
     IS.loc['其中:营业收入(元)']
8    # 保留两位小数
9    现金获取能力分析=现金获取能力分析.applymap(lambda x: '% .2f' % x)
10   # 对列标题进行排序
11   现金获取能力分析=现金获取能力分析.sort_index(axis=1)
12   # 将行标题中单位"元"换为"亿元"
13   现金获取能力分析.index=现金获取能力分析.index.str.replace('元','亿元')
14   现金获取能力分析
```

运行结果：

	...	2018	2019	2020	2021	2022
* 经营活动产生的现金流量净额(亿元)	...	91.13	77.68	160.88	127.09	101.64
销售商品、提供劳务收到的现金(亿元)	...	519.87	594.05	681.69	835.03	867.99
销售现金比率	...	0.18	0.13	0.25	0.16	0.12
净现比	...	0.80	0.62	1.18	0.73	0.75
销售收现率	...	1.04	1.03	1.07	1.03	1.04

【例 9-20】按照年份(2018—2022)对分析表格进行筛选。

```
1   现金获取能力分析=现金获取能力分析.loc[:,'2018':'2022']
2   现金获取能力分析
```

运行结果：

	2018	2019	2020	2021	2022
* 经营活动产生的现金流量净额(亿元)	91.13	77.68	160.88	127.09	101.64
销售商品、提供劳务收到的现金(亿元)	519.87	594.05	681.69	835.03	867.99
销售现金比率	0.18	0.13	0.25	0.16	0.12
净现比	0.80	0.62	1.18	0.73	0.75
销售收现率	1.04	1.03	1.07	1.03	1.04

【例 9-21】柱状图绘制——对现金流量净额分类做柱状图分析,如图 9-8 所示。

```
1   from pyecharts import options as opts
2   from pyecharts.charts import Bar
3
4   bar = (
5       Bar()
6       .add_xaxis(['2018','2019','2020','2021','2022'])
7       .add_yaxis("经营性", [91.13,77.68,160.88,127.09,101.64])
8       .add_yaxis("投资性", [14.51,-19.23,-25.55,-31.56,-37.25])
9       .add_yaxis("筹资性", [-7.97,-54.71,-45.60,-97.91,-14.56])
10      .set_global_opts(title_opts= opts.TitleOpts(title="现金获取能力",
11                                     subtitle="现金流量净额(亿元)
12  "))
13  )
14  bar.render_notebook()
```

运行结果：

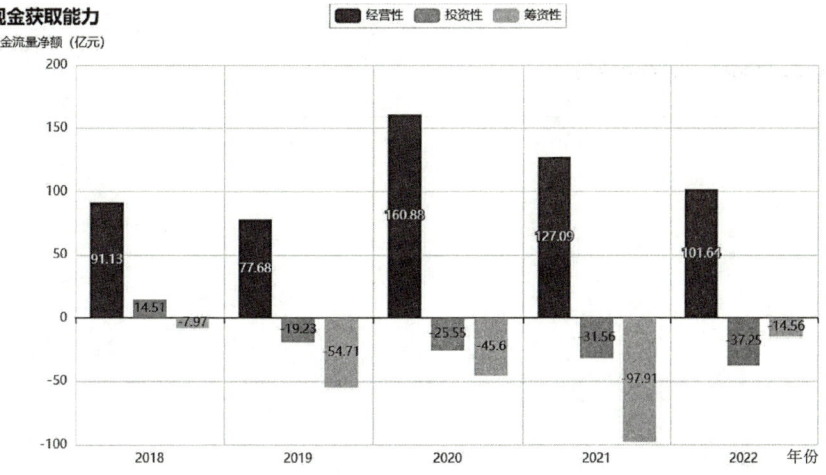

图 9-8　现金流量净额分类的柱状图

【例 9-22】折线图绘制——对净现比和销售收现率做折线图分析，如图 9-9 所示。

```
1   import pyecharts.options as opts
2   from pyecharts.charts import Line
3   line = (
4       Line()
5       # 设置 x,y 轴数据
6       .add_xaxis(['2018','2019','2020','2021','2022'])
7       .add_yaxis("净现比% ", [80,62,118,73,75])
8       .add_yaxis("销售收现率% ", [104,103,107,103,104])
9       # 设置标题
10      .set_global_opts(title_opts=opts.TitleOpts
11      (title="现金获取能力-净现比和销售收现率"))
12      .set_global_opts(
13          tooltip_opts=opts.TooltipOpts(
14              is_show=True, trigger="axis", axis_pointer_type="cross"
15          ),
16          xaxis_opts=opts.AxisOpts(
17              type_="category",
18              axispointer_opts=opts.AxisPointerOpts(is_show=True,
19              type_="shadow"),
20          ),
21          # 设置纵坐标轴，标题、最大值、最小值和百分号
22          yaxis_opts=opts.AxisOpts(
23              name="比率",
24              type_="value",
25              min_=00,
26              max_=120,
27              interval=20,
28              axislabel_opts=opts.LabelOpts(formatter="{value} % "),
29              axistick_opts=opts.AxisTickOpts(is_show=True),
30              splitline_opts=opts.SplitLineOpts(is_show=True)
31          )
32      )
33  )
34  line.render_notebook()
```

运行结果：

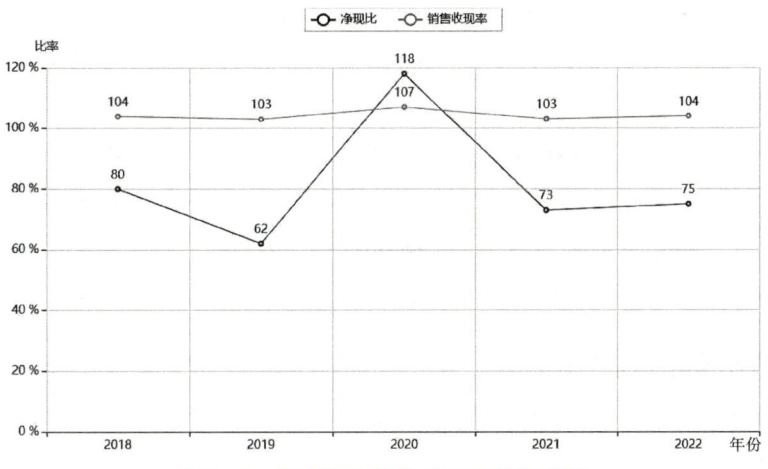

图 9-9　净现比和销售收现率的折线图

9.6　营运能力分析

营运能力分析的具体分析步骤如下。

【例 9-23】使用 Pandas 读取 Excel 数据到 Jupyter Notebook。

```
1   import pandas as pd
2   with pd.ExcelFile("002415 财务数据.xlsx") as xlsx:
3       BS = pd.read_excel(xlsx, "BS", index_col=0,header=0)
4       IS = pd.read_excel(xlsx, "IS", index_col=0,header=0)
5       CFS = pd.read_excel(xlsx, "CFS", index_col=0,header=0)
6       KPIs= pd.read_excel(xlsx, "KPIs", index_col=0,header=0)
```

【例 9-24】索引和计算相关指标。

```
1   营运能力分析=KPIs.loc[['营业周期(天)']]
2   营运能力分析.loc['存货周转率']=KPIs.loc['存货周转率(次)']
3   营运能力分析.loc['存货周转天数']=KPIs.loc['存货周转天数(天)']
4   营运能力分析.loc['应收账款周转率']=360/KPIs.loc['应收账款周转天数(天)']
5   营运能力分析.loc['应收账款周转天数']=KPIs.loc['应收账款周转天数(天)']
6   营运能力分析.loc['总资产周转率']=IS.loc['其中:营业收入(元)']/BS.loc['* 资产合计
    (元)']
7   # 保留两位小数
8   营运能力分析=营运能力分析.applymap(lambda x: '% .2f' %  x)
9   营运能力分析
```

运行结果：

	2022	2021	2020	2019	2018	...
营业周期(天)	260.04	223.41	243.27	216.63	182.99	...
存货周转率	2.60	3.08	2.99	3.67	5.15	...
存货周转天数	138.66	116.95	120.57	98.23	69.85	...
应收账款周转率	2.97	3.38	2.93	3.04	3.18	...
应收账款周转天数	121.38	106.46	122.70	118.41	113.14	...
总资产周转率	0.70	0.78	0.72	0.77	0.78	...

【例 9-25】对列标题进行排序。

```
1  营运能力分析=营运能力分析.sort_index(axis=1)
2  营运能力分析
```

运行结果：

	...	2018	2019	2020	2021	2022
营业周期(天)	...	182.99	216.63	243.27	223.41	260.04
存货周转率	...	5.15	3.67	2.99	3.08	2.60
存货周转天数	...	69.85	98.23	120.57	116.95	138.66
应收账款周转率	...	3.18	3.04	2.93	3.38	2.97
应收账款周转天数	...	113.14	118.41	122.70	106.46	121.38
总资产周转率	...	0.78	0.77	0.72	0.78	0.70

按照年份(2018—2022 年)对分析表格进行筛选。具体可参照以下 3 种方法,如[例 9-26]至[例 9-28]所示。

【例 9-26】方法 1。

```
1  营运能力分析=营运能力分析.loc[:,'2018':'2022']
2  营运能力分析
```

【例 9-27】方法 2。

```
1  # 筛选索引 2018—2022 年数据
2  营运能力分析=营运能力分析.loc[['营业周期(天)','存货周转率',
3           '存货周转天数','应收账款周转率',
4           '应收账款周转天数','总资产周转率'],'2018':'2022']
5  营运能力分析
```

【例 9-28】方法 3。

```
1  营运能力分析.iloc[:,-5:]
```

运行结果：

	2018	2019	2020	2021	2022
营业周期(天)	182.99	216.63	243.27	223.41	260.04
存货周转率	5.15	3.67	2.99	3.08	2.60
存货周转天数	69.85	98.23	120.57	116.95	138.66
应收账款周转率	3.18	3.04	2.93	3.38	2.97
应收账款周转天数	113.14	118.41	122.70	106.46	121.38
总资产周转率	0.78	0.77	0.72	0.78	0.70

【例 9-29】折线图绘制——对存货周转率和应收账款周转率做折线图分析，如图 9-10 所示。

```
1   import pyecharts.options as opts
2   from pyecharts.charts import Line
3   line = (
4       Line()
5       .add_xaxis(['2018','2019','2020','2021','2022'])
6       .add_yaxis("存货周转率", [5.15,3.67,2.99,3.08,2.60])
7       .add_yaxis("应收账款周转率", [3.18,3.04,2.93,3.38,2.97])
8       .set_global_opts(title_opts=opts.TitleOpts
9               (title="营运能力-存货周转率和应收账款周转率"))
10  )
11  line.render_notebook()
```

运行结果：

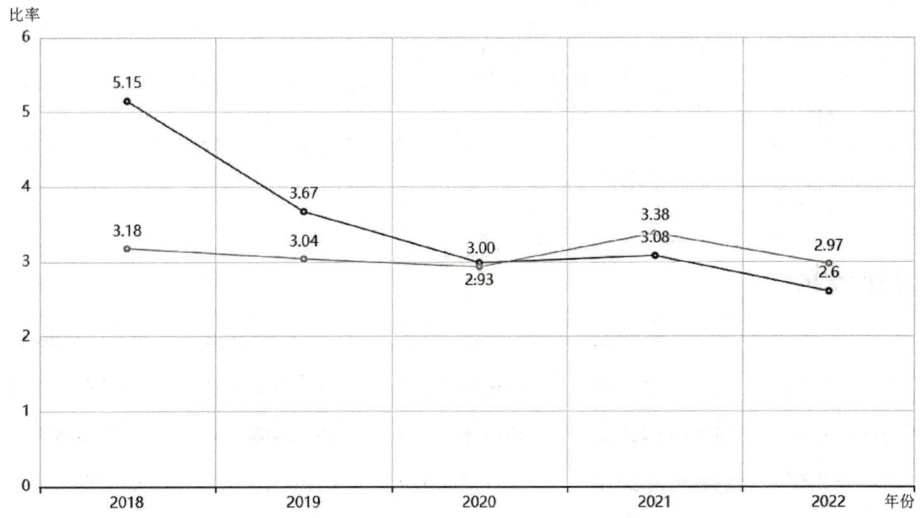

图 9-10　存货周转率和应收账款周转率的折线图

9.7　成长能力分析

成长能力分析的具体分析步骤如下。

【例 9-30】使用 Pandas 读取 Excel 数据到 Jupyter Notebook。

```
1  import pandas as pd
2  with pd.ExcelFile("002415财务数据.xlsx") as xlsx:
3      BS = pd.read_excel(xlsx, "BS", index_col=0,header=0)
4      IS = pd.read_excel(xlsx, "IS", index_col=0,header=0)
5      CFS = pd.read_excel(xlsx, "CFS", index_col=0,header=0)
6      KPIs= pd.read_excel(xlsx, "KPIs", index_col=0,header=0)
```

【例 9-31】索引相关的年份的数据。

```
1  成长能力分析= KPIs.loc[['净利润同比增长率','营业总收入同比增长率']]
2  成长能力分析
```

运行结果：

	2022	2021	2020	2019	2018	...
净利润同比增长率	-23.59%	25.51%	7.82%	9.36%	20.63%	...
营业总收入同比增长率	2.14%	28.21%	10.14%	15.69%	18.93%	...

【例 9-32】计算平均资产总额。

```
1  平均资产总额=BS.loc[["*资产合计(元)"]]
2  平均资产总额.loc['期初资产总额']=平均资产总额.loc["*资产合计(元)"].shift(periods=-1)
3  平均资产总额.loc['平均资产总额']= (平均资产总额.loc['*资产合计(元)']+平均资产总额.loc['期初资产总额'])/2
4  平均资产总额
```

运行结果：

	2022	2021	2020	2019	...
* 资产合计(元)	119233282800	103864543200	88701682400	75358000200	...
期初资产总额	103864543200	88701682400	75358000200	63491508700	...
平均资产总额	111548913000.0	96283112800.0	82029841300.0	69424754450.0	...

【例 9-33】计算增长率。

```
1  成长能力分析.loc['总资产增速'] = 平均资产总额.loc['平均资产总额'].pct_change
   (periods=-1)
2  # 对'总资产增速'转变为百分比并保留两位小数
3  成长能力分析.loc['总资产增速']=成长能力分析.loc['总资产增速'].apply(lambda x:
   format(x, '.2%'))
4  成长能力分析
```

运行结果：

	2022	2021	2020	2019	2018	...
净利润同比增长率	-23.59%	25.51%	7.82%	9.36%	20.63%	...
营业总收入同比增长率	2.14%	28.21%	10.14%	15.69%	18.93%	...
总资产增速	15.86%	17.38%	18.16%	20.67%	23.83%	...

【例 9-34】筛选索引 2018—2022 年数据。

```
1  成长能力分析=成长能力分析.loc[:,'2022':'2018']
2  成长能力分析
```

运行结果：

	2022	2021	2020	2019	2018
净利润同比增长率	-23.59%	25.51%	7.82%	9.36%	20.63%
营业总收入同比增长率	2.14%	28.21%	10.14%	15.69%	18.93%
总资产增速	15.86%	17.38%	18.16%	20.67%	23.83%

【例 9-35】对列标题年份进行排序。

```
1  成长能力分析=成长能力分析.sort_index(axis=1)
2  成长能力分析
```

运行结果：

	2018	2019	2020	2021	2022
净利润同比增长率	20.63%	9.36%	7.82%	25.51%	-23.59%
营业总收入同比增长率	18.93%	15.69%	10.14%	28.21%	2.14%
总资产增速	23.83%	20.67%	18.16%	17.38%	15.86%

【例 9-36】折线图绘制——对营业总收入增速和总资产增速做折线图分析，如图 9-11 所示。

```
1  import pyecharts.options as opts
2  from pyecharts.charts import Line
3
```

```
4  line = (
5      Line()
6
7      .add_xaxis(['2018','2019','2020','2021','2022'])
8      .add_yaxis("营业总收入增速%", [18.93,15.69,10.14,28.21,2.14])
9      .add_yaxis("总资产增速%", [23.83,20.67,18.16,17.38,15.86])
10     .set_global_opts(title_opts=opts.TitleOpts(title="成长能力"))
11     .set_global_opts(
12         tooltip_opts=opts.TooltipOpts(
13             is_show=True, trigger="axis", axis_pointer_type="cross"
14         ),
15         xaxis_opts=opts.AxisOpts(
16             type_="category",
17             axispointer_opts=opts.AxisPointerOpts(is_show=True,
18             type_="shadow"),
19         ),
20         yaxis_opts=opts.AxisOpts(
21             name="增速",
22             type_="value",
23             min_=00,
24             max_=30,
25             interval=5,
26             axislabel_opts=opts.LabelOpts(formatter="{value} %"),
27             axistick_opts=opts.AxisTickOpts(is_show=True),
28             splitline_opts=opts.SplitLineOpts(is_show=True)
29         )
30     )
31 )
32 line.render_notebook()
```

运行结果：

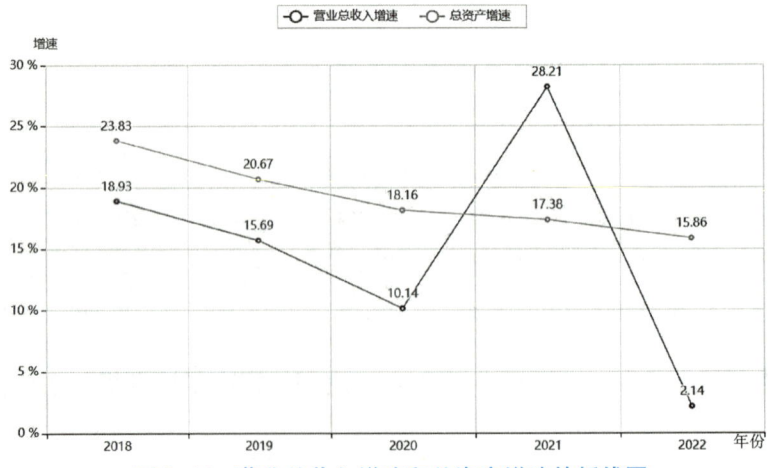

图 9-11　营业总收入增速和总资产增速的折线图

9.8　综 合 分 析

【例 9-37】 雷达图绘制：选取 2021 和 2022 年数据，从盈利、偿债、现金获取、营运、成长等能力维度做雷达图分析。

```
1    import pyecharts.options as opts
2    from pyecharts.charts import Radar
3
4    ana2021 = [[28.99,37.04,0.16,0.78,7.82]]
5    ana2022 = [[19.62,38.80,0.12,0.70,23.59]]
6
7    (
8        Radar(init_opts= opts.InitOpts(bg_color="# ffffff"))
9        .add_schema(
10           schema=[
11               opts.RadarIndicatorItem(name="盈利能力-净资产收益率",
12               max_=50),
13               opts.RadarIndicatorItem(name="偿债能力-资产负债率",
14               max_=50),
15               opts.RadarIndicatorItem(name="现金获取能力-销售现金比率",
16               max_=0.3),
17               opts.RadarIndicatorItem(name="营运能力-总资产周转率",
18               max_=1),
19               opts.RadarIndicatorItem(name="成长能力-净利润同比增长率",
20               max_=40),
21
22           ],
23           splitarea_opt=opts.SplitAreaOpts(
24               is_show=True, areastyle_opts=opts.AreaStyleOpts(opacity=1)
25           ),
26           textstyle_opts=opts.TextStyleOpts(color="# 3333ff"),
27       )
28       .add(
29           series_name="2021",
30           data=ana2021,
31           linestyle_opts=opts.LineStyleOpts(color="# CD0000"),
32       )
33       .add(
34           series_name="2022",
35           data=ana2022,
36           linestyle_opts=opts.LineStyleOpts(color="# 5CACEE"),
37       )
38       .set_series_opts(label_opts=opts.LabelOpts(is_show=False))
39       .set_global_opts(
40           title_opts=opts.TitleOpts(title="财务分析"),
```

```
41              legend_opts=opts.LegendOpts()
42          )
43      .render_notebook()
44  )
```

运行结果：

财务分析

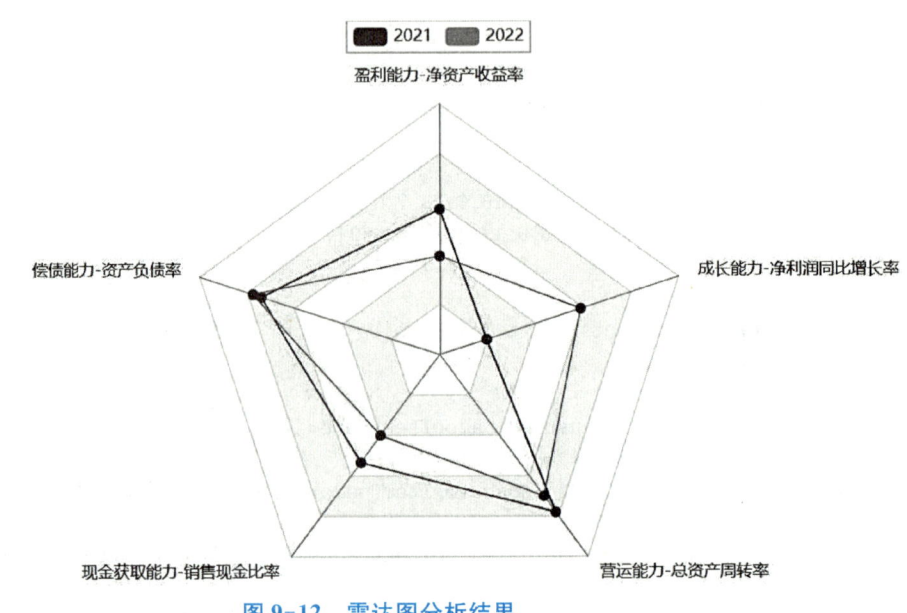

图 9-12　雷达图分析结果

 拓展阅读

人工智能时代会带来哪些风险

人类研发的自动驾驶汽车已经累积了数十万英里的安全驾驶记录,预计数年内这种无需人类驾驶的车辆将广泛投入市场。人工智能时代已经到来,但有关人工智能、机器人的伦理问题显然比技术问题、功能设计问题更难被解决。

智能时代毫无疑问会释放更多的技术应用红利,但风险也不可小觑。杰瑞·卡普兰的《人工智能时代》一书探讨了人工智能时代将带来的两大风险。

第一种风险是因为智能化潮流所造成的持续性失业,很可能急速扩大赤贫群体,继而引发社会震荡。一个简单的事实,大部分自动化作业都会替代工人,从而减少工作机会。这就意味着需要人工作的地方变得更少了。这种威胁很容易被看到,也很容易被度量。

第二种风险更加微妙,更难预测。很多科技进步会通过让商家重组和重建运营方式来改变游戏规则。这样的组织进化和流程改进不仅会淘汰工作岗位,还会淘汰技能——无论是蓝领工作,还是律师、医生等带有很强专业性的技术岗位,传统的技能都将因为智能化的发展,变得低效,这也将迫使学校和职业培训机构改变课程体系,以确保学生、培训对象能够拥有强于智能设备、算法的技能,这意味着无法通过新型教育和培训课程检验的其他人很可能被未来的职场所抛弃。

也就是说,失业的原因并不是完全因为缺少工作机会。真正的问题在于,完成工作所需的技能会快速发展,如果劳动者的培训方式没有随之改变,那么技术改变的速度会远远超过劳动者的适应能力。

杰瑞·卡普兰认为,未来贫富差距进一步拉大,已成为无法避免的事实,关键是能否通过更为有效的再分配政策,来确保所有人获得生存发展机会,而不至于形成一个数量很大的被剥夺者群体,继而引发严重的社会影响。

（资料来源：

杰瑞·卡普兰. 人工智能时代[M]. 李盼,译. 杭州：浙江人民出版社,2016.）

第 10 章

Python 在数据科学中的应用

 章节导读

本章练习使用 Visual Studio Code 和 Jupyter 扩展以及常见的数据科学库来探索基本的数据科学方案。

学习目标

学完本章后,你将能够做到:

1. 设置数据科学环境。
2. 整理和导入数据。
3. 创建用于预测的机器学习模型。
4. 评估生成模型的准确性。

10.1　操 作 准 备

学习本章需要以下程序,请确保在操作前已完成安装。

(1) Visual Studio Code。

(2) 来自 Visual Studio Marketplace 的 VS Code 的 Python 扩展和 VS Code 的 Jupyter 扩展。

(3) Anaconda 与最新版本的 Python。

10.2　设置数据科学环境

10.2　设置环境

VS Code 和 Python 扩展为数据科学方案提供了一个很好的编辑器。通过对 Jupyter 笔记本的原生支持与 Anaconda 相结合,用户将很容易上手。在本节中,我们将创建一个工作区,并使用数据科学模块创建一个 Anaconda 环境,同时创建一个将用于创建机器学习模型的 Jupyter Notebook。具体操作步骤如下。

（1）为数据科学教程创建一个 Anaconda 环境。打开 Anaconda 命令提示符并运行"conda create -n myenv python ＝ 3. 10 pandas jupyter seaborn scikit-learn keras tensorflow"以创建名为 myenv 的环境。

（2）在方便的位置创建一个文件夹，用作本教程的 VS Code 工作区，并将其命名为"hello_ds"。

（3）通过运行 VS Code 并使用文件＞打开文件夹命令，在 VS Code 中打开项目文件夹。用户可以放心地信任打开该文件夹。

（4）VS Code 启动后，创建将用于本教程的 Jupyter Notebook。打开命令面板（Ctrl＋Shift＋P），然后选择"Create：New Jupyter Notebook"，如图 10-1 所示。

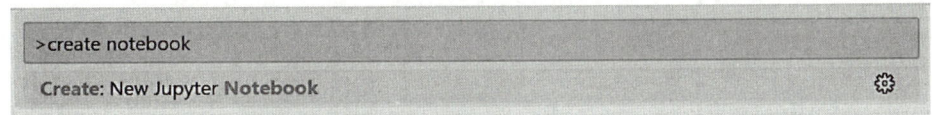

图 10-1　创建 Jupyter Notebook

注意：或者，在 VS Code 文件资源管理器中，用户可以使用新建文件图标创建名为"hello. ipynb"的 Jupyter Notebook 文件。

（5）使用文件＞另存为将文件另存为"hello. ipynb"。

（6）创建文件后，应该会在 Jupyter Notebook 编辑器中看到打开的 Jupyter Notebook，如图 10-2 所示。

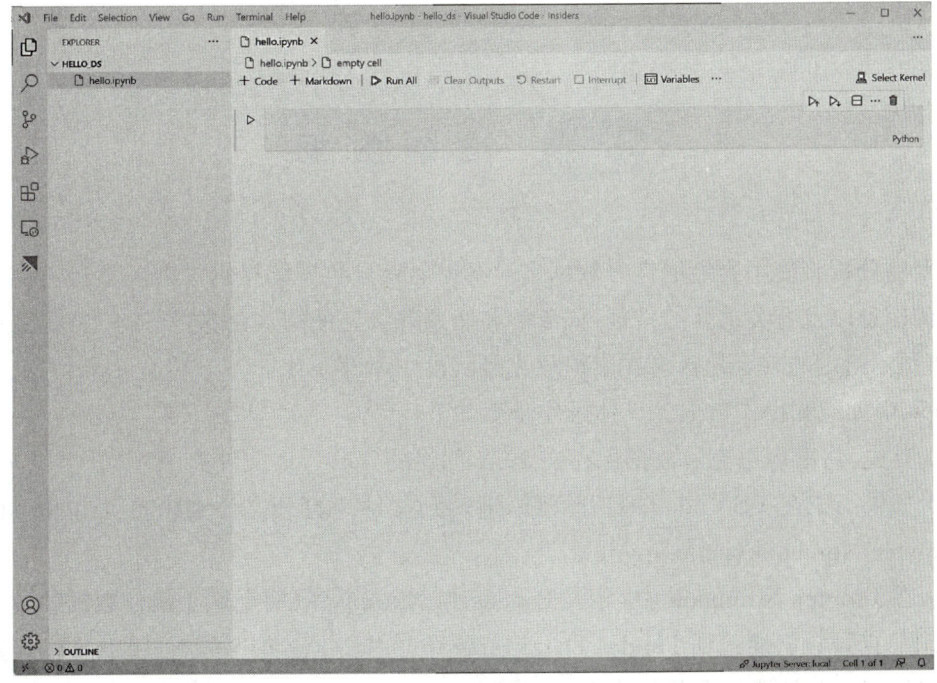

图 10-2　打开的 Jupyter Notebook

（7）选择 Jupyter Notebook 右上角的"Select Kernel"（选择内核），如图 10-3 所示。

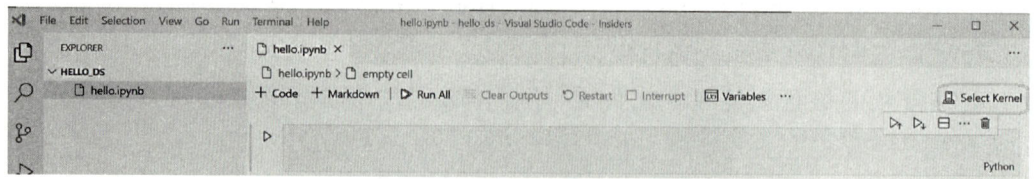

图 10-3　"Select Kernel"界面

（8）选择在上面创建的 Python 环境以在其中运行内核，如图 10-4 所示。

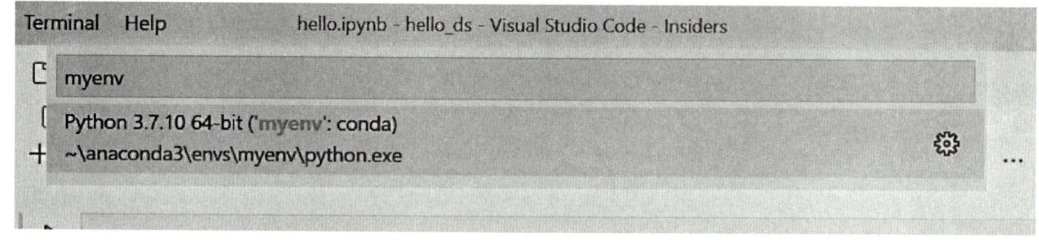

图 10-4　运行内核

（9）若要从 VS Code 的集成终端管理环境，请使用（Ctrl＋'）打开它。如果环境未激活，可以像在终端（conda activate myenv）中一样激活。

（10）本章的分析需要安装 Pandas，Numpy，Seaborn，Matplotlib，Scikit‑learn，Keras，Tensorflow 等第三方库。用户可以参考附录 B 中 ModuleNotFoundError 的解决方法。

10.3　准 备 数 据

10.3　准备数据

本章的分析将使用泰坦尼克号数据集。泰坦尼克号数据集提供了有关泰坦尼克号上乘客生存的信息以及有关乘客的特征，如年龄和船票等级。使用这些数据，本章将建立一个模型，用于预测给定的乘客是否会在泰坦尼克号沉没中幸存下来。本节将介绍如何在 Jupyter Notebook 中加载和操作数据。具体操作步骤如下。

（1）首先，将泰坦尼克号数据保存在 10.2 创建的 hello_ds 文件夹中。

（2）如果尚未在 VS Code 中打开文件，请转到文件＞打开文件夹来打开 hello_ds 文件夹和 Jupyter Notebook（hello. ipynb）。

（3）在 Jupyter Notebook 中，导入 Pandas 和 Numpy 库（两个用于操作数据的常用库），并将泰坦尼克号数据加载到 Pandas DataFrame 中。为此，请将［例 10-1］中的代码复制到 Jupyter Notebook 的第一个单元格中。

【例 10-1】导入 Pandas 和 Numpy 库，并将数据加载到 Pandas DataFrame 中。

```
1    import pandas as pd
2    import numpy as np
3    data = pd.read_csv('titanic3.csv')
```

（4）使用运行单元格图标或"Shift＋Enter"快捷方式，如图 10-5 所示。

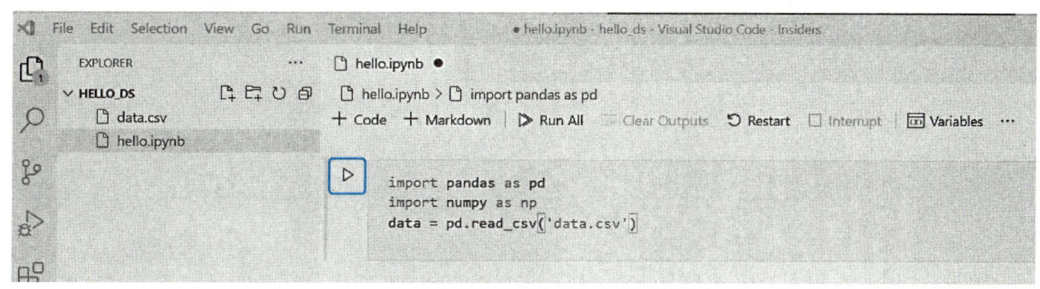

图 10-5　运行程序

（5）单元格完成运行后，可以通过变量管理器和数据查看器查看加载的数据，选择 Jupyter Notebook 上方工具栏中的"Variables"（变量）图标，如图 10-6 所示。

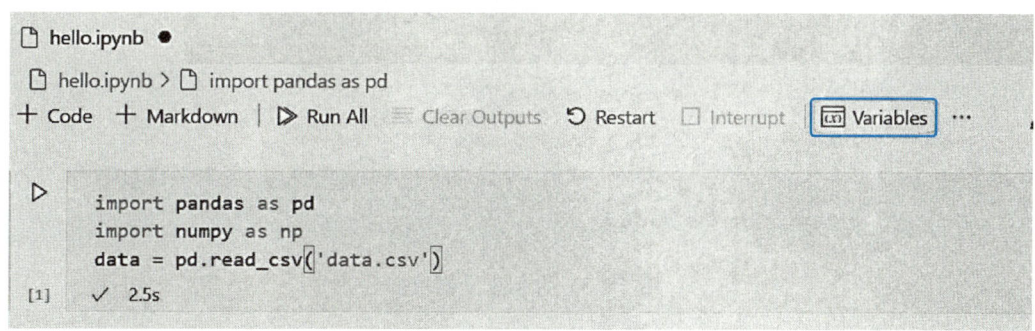

图 10-6　查看加载数据

（6）操作完成后，将会在 VS Code 的底部打开"JUPYTER：VARIABLES"标签。它包含到目前为止在运行的内核中使用的变量列表，如图 10-7 所示。

（7）要查看之前加载的 Pandas DataFrame 中的数据，请选择 data 变量左侧的数据查看器（Data Viewer）图标，如图 10-8 所示。

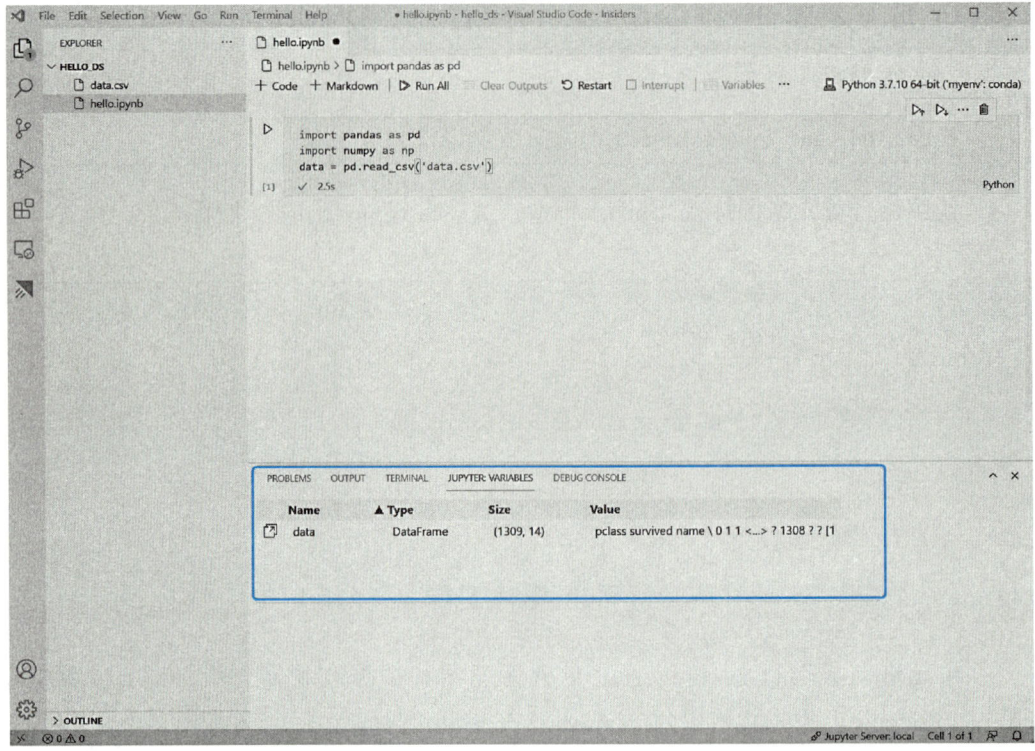

图 10-7　底部打开的 JUPYTER：VARIABLES 标签

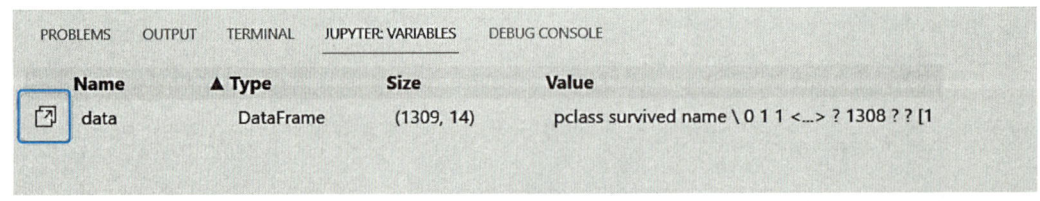

图 10-8　数据查看器图标

（8）使用数据查看器可以查看、排序和筛选数据行。查看数据后，将数据的某些方面绘制成图表可能会有助于可视化不同变量之间的关系，如图 10-9 所示。

（9）在绘制数据之前，需要确保它没有任何问题。如果查看泰坦尼克号 csv 文件，会注意到其中使用了问号（"?"）来标识不可用数据的单元格。

虽然 Pandas 可以将这些值读入 DataFrame，但像 age 这样的列的结果是其数据类型被设置为对象（object）而不是数字类型，这在绘图方面存在问题。

这个问题可以通过将问号替换为 Pandas 可理解的缺失值来纠正。把［例 10-2］中的代码添加到 Jupyter Notebook 中的下一个单元格，将 age（年龄）和 fare（票价）列中的问号替换为 numpy NaN 值。还需注意，在替换值完成后更新列的数据类型。

提示：要添加新单元格，可以使用现有单元格下方左边的插入单元格图标。或者，也可以使用 Esc 进入命令模式，然后按 B 键。

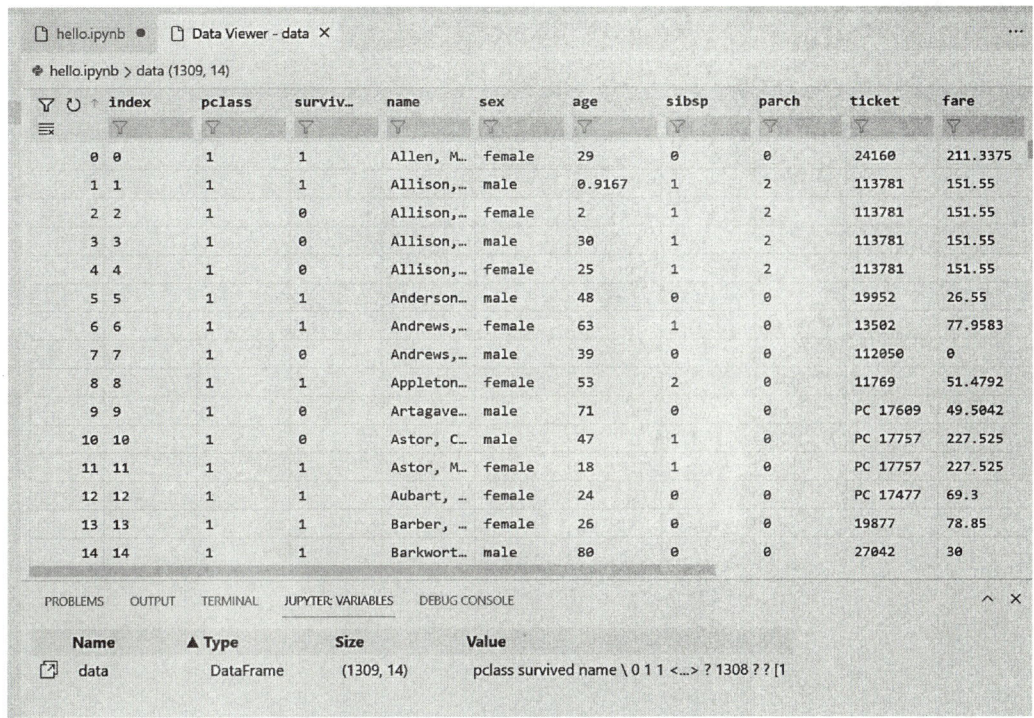

图 10-9　查看、排序和筛选数据行

【例 10-2】 将 age(年龄)和 fare(票价)列中的问号替换为 numpy NaN 值,并在替换值完成后更新列的数据类型。

```
1  data.replace('? ', np.nan, inplace= True)
2  data = data.astype({"age": np.float64, "fare": np.float64})
```

注意:如果需要查看列的数据类型,可以使用和查看"DataFrame dtypes"属性。

(10) 若此时数据处于良好状态,可以使用 Seaborn 和 Matplotlib 来查看数据集的某些列与生存状况的关系。用户将[例 10-3]中的代码添加到 Jupyter Notebook 中的下一个单元格,并运行用以查看生成的绘图,如图 10-10 所示。

【例 10-3】 使用 Seaborn 和 Matplotlib 来查看数据集的某些列与生存状况的关系。

```
1  import seaborn as sns
2  import matplotlib.pyplot as plt
3  fig, axs = plt.subplots(ncols=5, figsize=(30,5))
4  sns.violinplot(x="survived", y="age", hue="sex", data=data, ax=axs[0])
5  sns.pointplot(x="sibsp", y="survived", hue="sex", data=data, ax=axs[1])
6  sns.pointplot(x="parch", y="survived", hue="sex", data=data, ax=axs[2])
7  sns.pointplot(x="pclass", y="survived", hue="sex", data=data, ax=axs[3])
8  sns.violinplot(x="survived", y="fare", hue="sex", data=data, ax=axs[4])
```

运行结果：

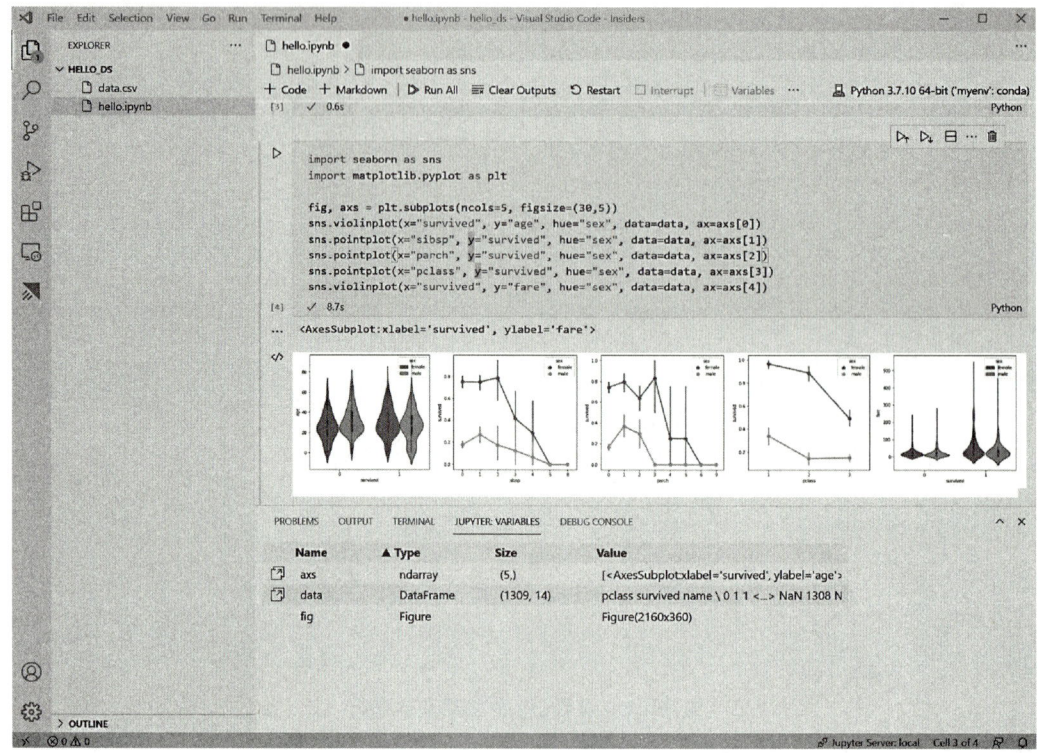

图 10-10　生成的绘图

提示：要快速复制图表，用户可以将鼠标悬停在图表的右上角，然后点击显示的复制到剪贴板（copy to clipboard）按钮。还可以通过单击展开图像（expand image）按钮来更好地查看图表的详细信息，如图 10-11 所示。

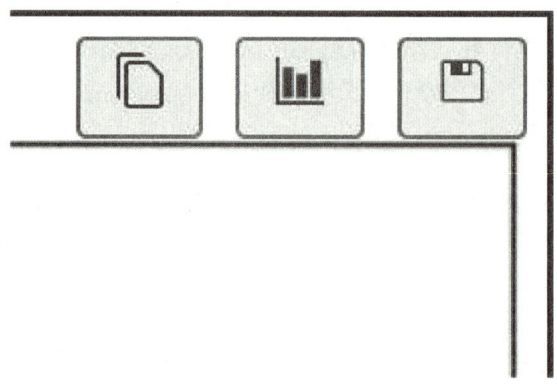

图 10-11　复制到剪贴板按钮和展开图像按钮

（11）这些图表有助于查看生存状况与输入变量之间的一些关系，同时也可以使用 Pandas 来计算相关性。为此，相关性计算的所有变量都需要是数字类型。但是此时 gender

(性别)是字符串类型。要将字符串类型转换为整数,需要添加并运行[例 10-4]中的代码。

【例 10-4】 将字符串类型转换为整数。

```
1  data.replace({'male': 1, 'female': 0}, inplace=True)
```

(12) 现在,用户可以分析所有输入变量之间的相关性,以识别哪些特征将成为机器学习模型的最佳输入。值越接近 1,值与结果之间的相关性就越高。可以使用[例 10-5]中的代码关联所有变量与生存状况之间的关系,运行结果示意如图 10-12 所示。

【例 10-5】 分析所有变量与生存状况之间的相关性。

```
1  data.corr().abs()[["survived"]]
```

运行结果:

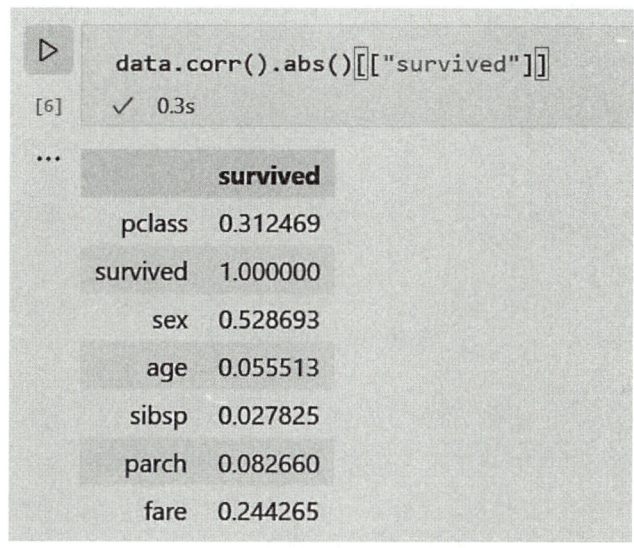

图 10-12　变量与生存状况的关系

(13) 查看相关性结果,会注意到 gender(性别)等一些变量与生存率具有相当高的相关性,而亲戚等其他变量(sibsp = siblings or spouse(兄弟姐妹或配偶),parch = parents or children(父母或孩子))似乎几乎没有相关性。

假设 sibsp(兄弟姐妹或配偶)和 parch(父母或孩子)在它们如何影响生存状况方面是相关的,并将它们分组到一个名为"relatives"(亲戚)的新列中,看看它们的组合是否与生存状况具有更高的相关性。为此,检查给定乘客的 sibsp 和 parch 数量是否大于 0,如果是,可以说他们有亲戚在船上。

使用[例 10-6]中的代码在数据集中创建名为"relatives"(亲戚)的新变量和列,并再次检查相关性,相关性结果示意如图 10-13 所示。

【例 10-6】 在数据集中创建名为"relatives"（亲戚）的新变量和列，并再次检查相关性。

```
1  data['relatives'] = data.apply (lambda row:
2                                  int((row['sibsp'] + row['parch']) > 0),
3                                  axis=1)
4  data.corr().abs()[["survived"]]
```

运行结果：

```
data['relatives'] = data.apply (lambda row: int((row['sibsp'] + row['parch
data.corr().abs()[["survived"]]
```
[7]   ✓ 0.2s

...

	survived
pclass	0.312469
survived	1.000000
sex	0.528693
age	0.055513
sibsp	0.027825
parch	0.082660
fare	0.244265
relatives	0.201719

图 10-13　相关性结果

（14）从步骤（13）可以观察到，事实上从一个人是否有亲人以及有多少亲人的角度来看，其与生存状况的相关性更高。有了这些信息，现在可以从数据集中删除低相关值的 sibsp 和 parch 列，以及任何具有 NaN 值的行，最终得到可用于训练模型的数据集。

【例 10-7】 删除低相关值的 **sibsp** 和 **parch** 列，得到可用于训练模型的数据集。

```
1  data = data[['sex', 'pclass','age','relatives',
2               'fare','survived']].dropna()
```

注意：尽管年龄的直接相关性较低，但被保留了下来，因为它似乎可能与其他输入具有相关性。

10.4　**训练和评估模型**

准备好数据集后，我们就可以开始创建模型了。本节中，将使用 scikit-learn 库（因为它提供了一些有用的程序函数）对数据集进行预处理，训练分类模型以确定泰坦尼克号上的生存状况，然后将该模型与测试数据一起使用以确定其准确性。具体操作步骤如下。

（1）训练模型的常见第一步是将数据集划分为训练数据和验证数据。这允许使用一部分数据来训练模型，并使用另一部分数据来测试模型。如果使用所有数据来训练模型，将无法根据未使用的数据来估计模型的准确性。scikit-learn 库的一个好处是，它提供了一种专门将数据集拆分为训练和测试数据的方法。

【例 10-8】在 Jupyter Notebook 单元格中添加和运行代码以拆分数据。

```
1  from sklearn.model_selection import train_test_split
2  x_train, x_test, y_train, y_test = train_test_split(data[['sex',
3                                      'pclass','age','relatives','fare']],
4                                      data.survived,
5                                      test_size=0.2,
6                                      random_state=0)
```

（2）对输入进行标准化，以便平等对待所有特征。例如，在数据集中，年龄值的范围为 0～100，而性别仅为 1 或 0。通过规范化所有变量，我们可以确保值的范围都相同。在新的代码单元格中使用［例 10-9］所示代码来缩放输入值。

【例 10-9】对输入进行标准化，以便平等对待所有特征。

```
1  from sklearn.preprocessing import StandardScaler
2  sc = StandardScaler()
3  X_train = sc.fit_transform(x_train)
4  X_test = sc.transform(x_test)
```

（3）可以用多种不同的机器学习算法来对数据进行建模。scikit-learn 库还提供对其中许多算法的支持，并提供一个能帮助选择适合方案的图表。现在，使用朴素贝叶斯算法，这是一种用于分类问题的常用算法。添加代码单元格并使用［例 10-10］中的代码用以创建和训练模型。

【例 10-10】使用朴素贝叶斯算法创建和训练模型。

```
1  from sklearn.naive_bayes import GaussianNB
2  model = GaussianNB()
3  model.fit(X_train, y_train)
```

（4）有了经过训练的模型，现在可以针对训练中未使用的验证数据进行试验。添加并运行［例 10-11］中的代码来预测验证数据的结果并计算模型的准确性，运行结果如图 10-14 所示。

【例 10-11】预测验证数据的结果并计算模型的准确性。

```
1  from sklearn import metrics
2  predict_test = model.predict(X_test)
3  print(metrics.accuracy_score(y_test, predict_test))
```

运行结果：

```
☐ hello.ipynb ●
☐ hello.ipynb > ☐ empty cell
+ Code   + Markdown  | ▷ Run All  ☰ Clear Outputs  ↻ Restart  ☐ Interrup

▷     from sklearn.preprocessing import StandardScaler
      sc = StandardScaler()
      X_train = sc.fit_transform(x_train)
      X_test = sc.transform(x_test)
[10]  ✓  0.1s


      from sklearn.naive_bayes import GaussianNB
      model = GaussianNB()
      model.fit(X_train, y_train)
[11]  ✓  0.1s

...   GaussianNB()


      from sklearn import metrics
      predict_test = model.predict(X_test)
      print(metrics.accuracy_score(y_test, predict_test))
[12]  ✓  0.1s

...   0.7464114832535885
```

图 10-14　预测验证数据的结果并计算模型的准确性

查看测试数据的结果，会发现经过训练的算法在估计生存状况方面具有约 75% 的成功率。

10.5　使用神经网络

神经网络是一种使用权重和激活函数对人类神经元进行建模的模型，根据提供的输入确定结果。与之前看到的机器学习算法不同，神经网络是一种深度学习形式，不需要提前知道问题的理想算法。它可以用于许多不同的场景，分类就是其中之一。本节中，将使用

Keras 库和 TensorFlow 来构建神经网络,并探索它如何处理 Titanic 数据集。具体操作步骤如下。

（1）导入所需的库并创建模型。在本例中,将使用顺序神经网络,这是一种分层神经网络,其中有多个层按顺序相互反馈。

【例 10-12】导入所需的库并创建模型。

```
1  from keras.models import Sequential
2  from keras.layers import Dense
3  model = Sequential()
```

（2）添加神经网络的层。为了尽可能简单地展示效果,这里只使用三层。添加［例 10-13］中的代码以创建神经网络的层。

【例 10-13】添加神经网络的层。

```
1  model.add(Dense(5, kernel_initializer = 'uniform',
2                  activation = 'relu', input_dim = 5))
3  model.add(Dense(5, kernel_initializer = 'uniform',
4                  activation = 'relu'))
5  model.add(Dense(1, kernel_initializer = 'uniform',
6                  activation = 'sigmoid'))
```

［例 10-13］中,第一个层的维度将设置为 5,因为有五个输入:性别（sex）、舱位等级（pclass）、年龄（age）、亲属（relatives）和票价（fare）。最后一层必须输出 1,因为需要 1 个一维输出指示乘客是否会幸存下来。为简单起见,中间层保持在 5,尽管该值本可以不同。

整流线性单元（relu）激活函数用作前两层的良好通用激活函数,而最后一层需要 sigmoid 激活函数,因为想要的输出（乘客是否幸存）需要被缩放在 0～1（乘客生存的概率）范围内。

用户还可以使用［例 10-14］中的代码查看构建的模型的摘要,运行结果如图 10-15 所示。

【例 10-14】查看构建的模型的摘要。

```
1  model.summary()
```

运行结果：

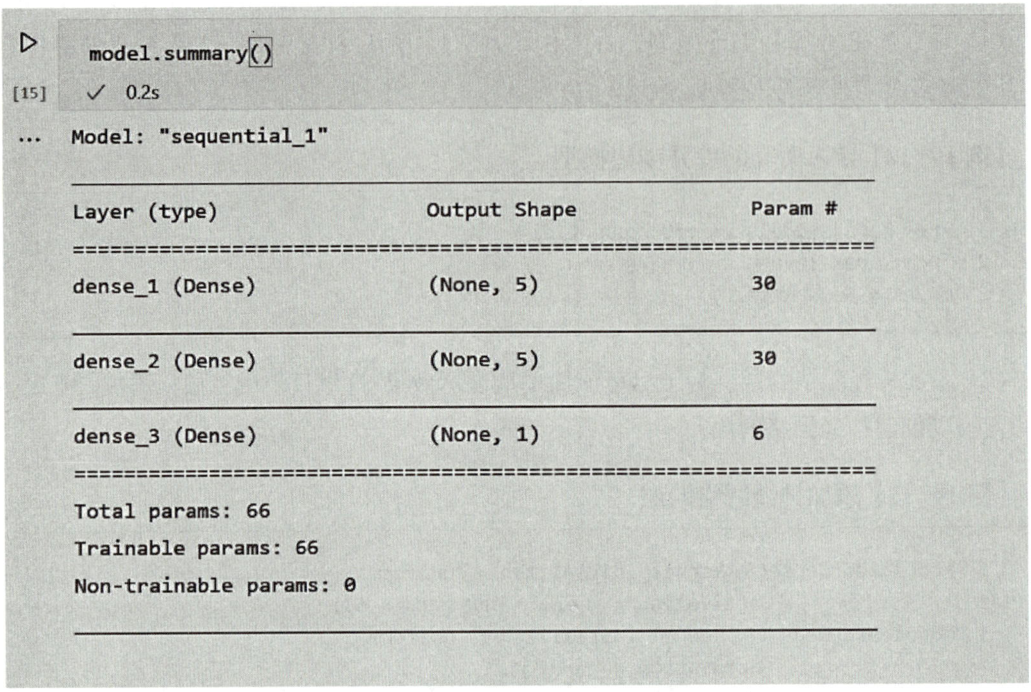

```
▷   model.summary()
[15]  ✓ 0.2s

...  Model: "sequential_1"

     Layer (type)                Output Shape              Param #
     =================================================================
     dense_1 (Dense)             (None, 5)                 30

     dense_2 (Dense)             (None, 5)                 30

     dense_3 (Dense)             (None, 1)                 6
     =================================================================
     Total params: 66
     Trainable params: 66
     Non-trainable params: 0
```

图 10-15　查看构建的模型的摘要

（3）编译模型。编译的内容作为模型的一部分，需要定义使用哪种类型的优化器、如何计算损失以及针对哪些指标进行优化。添加［例 10-15］代码以生成和训练模型，运行结果如图 10-16 所示。训练后，准确率为 61％。

注意：此步骤可能需要几秒钟到几分钟来完成运行，运行时间具体取决于不同计算机的性能。

【例 10-15】生成和训练模型。

```
1  model.compile(optimizer="adam", loss='binary_crossentropy',
2                 metrics=['accuracy'])
3  model.fit(X_train, y_train, batch_size=32, epochs=50)
```

运行结果：

```
hello.ipynb ●

hello.ipynb > model.compile(optimizer="adam", loss='binary_crossentropy', metr...

+ Code  + Markdown  ▷ Run All  ≡ Clear Outputs  ↻ Restart  □ Interrupt  Variables  ···   Python 3.7.10 64-

    Epoch 5/50
    836/836 [==============================] - 0s 101us/step - loss: 0.6598 - accuracy: 0.5861
    Epoch 6/50
    836/836 [==============================] - 0s 96us/step - loss: 0.6345 - accuracy: 0.5861
    Epoch 7/50
    836/836 [==============================] - 0s 88us/step - loss: 0.6068 - accuracy: 0.5861
    Epoch 8/50
    836/836 [==============================] - 0s 83us/step - loss: 0.5830 - accuracy: 0.7069
    Epoch 9/50
    836/836 [==============================] - 0s 99us/step - loss: 0.5662 - accuracy: 0.7656
    Epoch 10/50
    836/836 [==============================] - 0s 83us/step - loss: 0.5532 - accuracy: 0.7739

    show more (open the raw output data in a text editor)···

    836/836 [==============================] - 0s 75us/step - loss: 0.4477 - accuracy: 0.7907
    Epoch 49/50
    836/836 [==============================] - 0s 75us/step - loss: 0.4473 - accuracy: 0.7919
    Epoch 50/50
    836/836 [==============================] - 0s 79us/step - loss: 0.4469 - accuracy: 0.7907

    <keras.callbacks.callbacks.History at 0x27348a7b348>
```

图 10-16　生成和训练模型

（4）查看模型对测试数据的有效程度。

【例 10-16】查看模型对测试数据的有效程度。

```
1  y_pred = np.rint(model.predict(X_test).flatten())
2  print(metrics.accuracy_score(y_test, y_pred))
```

运行结果：

```
    # Test the model
    y_pred = np.rint(model.predict(X_test).flatten())
    print(metrics.accuracy_score(y_test, y_pred))
[37]  ✓ 0.7s                                                              MagicPython
···   7/7 [==============================] - 0s 2ms/step
    0.7894736842105263
```

图 10-17　查看测试数据的有效程度

与模型训练类似，会注意到现在预测乘客生存的准确度约为 79%。使用这个简单的神经网络，结果将优于前面的朴素贝叶斯分类器 75% 的准确率。

 拓展阅读

Python 的使用要义

Python 已经把它的使用要义内置在了 this 模块中，用户只需要输入"import this"就可以显示出来：

The Zen of Python, by Tim Peters

Python 之禅，by Tim Peters

Beautiful is better than ugly.

美丽胜于丑陋（Python 以编写优美的代码为目标）。

Explicit is better than implicit.

直白胜于含蓄（优美的代码应当是明了的，命名规范，风格相似）。

Simple is better than complex.

简单胜于复杂（优美的代码应当是简洁的，不要有复杂的内部结构）。

Complex is better than complicated.

复杂胜于繁琐（如果复杂不可避免，那代码间也不能有难懂的关系，要保持接口简洁）。

Flat is better than nested.

扁平胜于嵌套（优美的代码应当是扁平的，不能有太多的嵌套）。

Sparse is better than dense.

间隔胜于紧凑（优美的代码有适当的间隔，不要奢望一行代码解决问题）。

Readability counts.

可读性很重要（优美的代码是易读的）。

Special cases aren't special enough to break the rules.

即便假借特例的实用性之名，也不可违背这些规则（这些规则至高无上）。

Although practicality beats purity.

Errors should never pass silently.

Unless explicitly silenced.

不要忽视任何错误，除非有意为之（任何时候都要对异常和错误进行处理，不要写except：pass 风格的代码）。

In the face of ambiguity, refuse the temptation to guess.

There should be one – and preferably only one – obvious way to do it.

Although that way may not be obvious at first unless you're Dutch.

面对模棱两可的情况，拒绝享受让别人去猜测的乐趣。

提供有且仅有的一种最明显解决方法（解决一个问题的方法可能会有很多种，但在 Python 中，只选择最明显的那一个）。

虽然这并不容易，因为你不是 Python 之父（这里的 Dutch 是指 Guido）。

Now is better than never. Although never is often better than right now.

动手行动好于什么都不做，但不加思考就行动还不如不做（动手之前要细思量）。

If the implementation is easy to explain, it may be a good idea.

如果你无法向人描述你的方案，那肯定不是一个好方案；反之亦然（方案测评标准）。

Namespaces are one honking great idea – let's do more of those!

命名空间是一种绝妙的理念，我们应当多加利用（倡导与号召）。

Hello World!

你好，世界！

附录 A

VS Code 提示安装 ipykernel package 的问题解决

附录

在 VS code 中执行相应的代码时，最初可能会有提示安装 ipykernel package，选择 Install 即可，如图 A-1 所示。

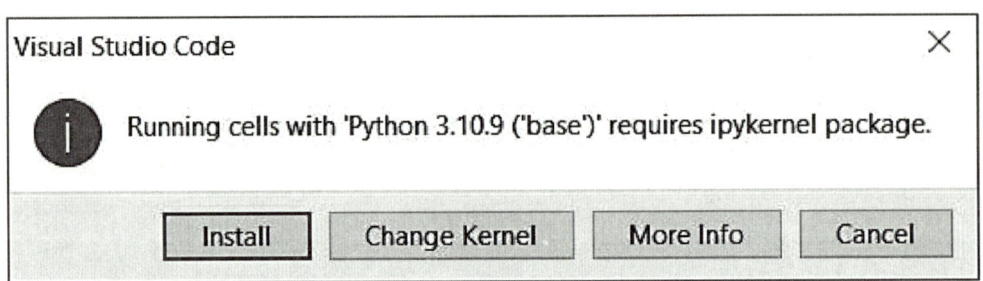

图 A-1　VS Code 提示安装 ipykernel package

如果进一步提示图 A-2 中的问题。

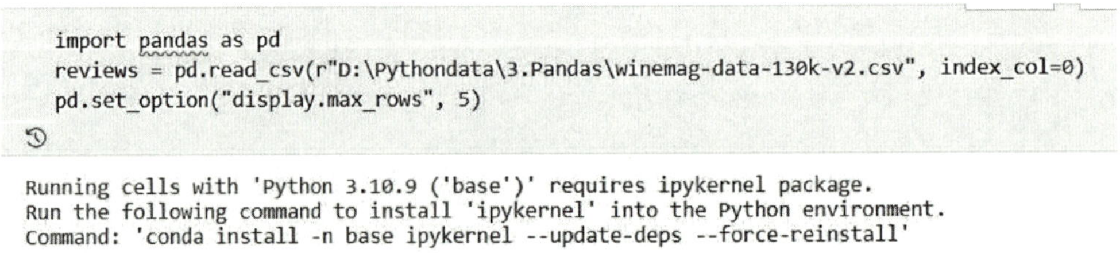

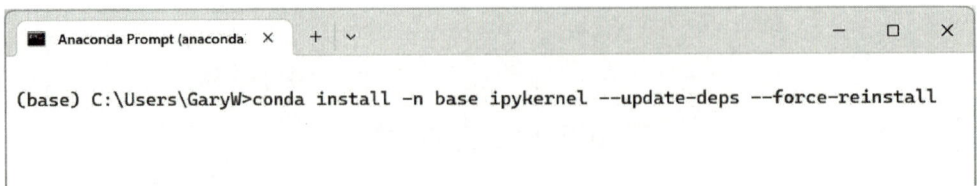

图 A-2　提示问题

解决图 A-2 中问题的方法如下：

首先，在电脑中搜索"Anaconda Prompt"，并运行。

其次，复制粘贴："conda install -n base ipykernel --update-deps --force-reinstall"到命令行，并按下回车键并运行，如图 A-3 所示。

图 A-3　解决方法

最后,需要在 Proceed([y]/n)? 输入 y,并按下回车键确认运行。

命令行会下载安装需要的 Python 库文件,运行结束会出现"done",如图 A-4 所示。

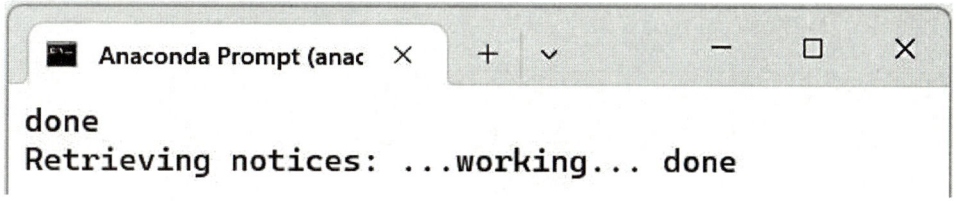

图 A-4　运行下载程序

附录 B

ModuleNotFoundError 的解决

"ModuleNotFoundError"这个错误代码是提示 Python 没有安装相应的模块(库)。

解决方案是:安装相应模块。

使用 pip 在 anaconda 中安装模块,可以参考第 1 章 1.2.4 Anaconda Prompt 安装模块和库。

本书需要安装的模块(库)如表 B-1 所示。

表 B-1　本书需要安装的模块(库)

章节	需要安装的模块(已有的不重复出现)
第 6 章 使用 Pandas 进行数据分析	Pandas, Matplotlib
第 7 章 使用 Seaborn 进行数据可视化	Seaborn
第 8 章 Python 在财务中的应用	Openpyxl
第 9 章 利用 Python 进行财务综合分析	Pyecharts
第 10 章 Python 在数据科学中的应用	Numpy==1.18, Sklearn, Keras, Tensorflow

根据错误代码解决问题

　　程序代码是需要被严格精确规范的。因此很多初学者在学习代码的时候，会遇到很多错误。这些错误以英文规范代码进行显示，并且并不直接对应具体原因，给排查错误带来不少难度。初学者也可以通过搜索引擎来搜索错误代码，尝试使用网络帮助，来调试错误。

　　最常见的错误原因：

　　首先，应当使用英文标点，而错误使用了中文标点。

　　其次，将变量名、关键字输入**拼写错误**，如**数字 0 和字母 O(o)**，**数字 1、小写字母 i 和字母 l 错误**，**小写 x 和大写 X**。

　　Python 常见错误异常代码如表 C-1 所示。

表 C-1　Python 常见错误异常代码

错误异常代码	常见原因
AttributeError	属性错误，特性引用和赋值失败时会引发属性错误。
NameError	试图访问的变量名不存在。
SyntaxError	语法错误，代码形式错误。
KeyError	使用了映射中不存在的关键字(键)时引发的关键字错误。
IndexError	索引错误，使用的索引不存在，常索引超出序列范围。
TypeError	类型错误，内建操作或是函数应用在了错误的类型的对象时会引发类型错误。
ZeroDivisonError	除数为 0，在用除法操作时，第二个参数为 0 时引发了该错误。
ValueError	值错误，传给对象的参数类型不正确，像是给 int()函数传入了字符串数据类型的参数。

　　以下具体列举常见的错误和异常示例，帮助学习者迅速入门。

　　(1) 尝试连接非字符串值与字符串(导致"TypeError：Can't convert 'int' object to str implicitly")。

　　该错误发生在如下代码中：

```
1  # numEggs 是整数，前后是字符串，类型不同，连接会出错。
2  numEggs = 12
3  print('I have ' + numEggs + ' eggs.')
```

而你实际想要这样做：

```
1  numEggs = 12
2  print('I have ' + str(numEggs) + ' eggs.')
```

或者：

```
1  numEggs = 12
2  print('I have % s eggs.' % (numEggs))
```

（2）在字符串首尾忘记加引号（导致"SyntaxError：EOL while scanning string literal"），也就是引号没有成对出现。

该错误发生在如下代码中：

```
print(Hello! ')          # 引号没有成对出现
```

或者：

```
print('Hello!)           # 引号没有成对出现
```

或者：

```
1  myName = 'Al'
2  print('My name is ' + myName + . How are you? ')      # 引号没有成对出现
```

（3）变量或者函数名拼写错误（导致"NameError：name 'fooba' is not defined"）。

该错误发生在如下代码中：

```
1  foobar = 'Al'
2  print('My name is ' + fooba)                # 拼写错误
```

或者：

```
spam = ruond(4.2)                     # 拼写错误
```

或者：

```
spam = Round(4.2)                     # 大小写错误
```

（4）方法名拼写错误（导致 "AttributeError：'str' object has no attribute 'lowerr'"）。

该错误发生在如下代码中：

```
1   spam = 'THIS IS IN LOWERCASE.'
2   spam = spam.lowerr()                          # 拼写错误
```

（5）引用超过 list 最大索引（导致"IndexError：list index out of range"）。

该错误发生在如下代码中：

```
1   spam = ['cat', 'dog', 'mouse']
2   print(spam[6])                    # 列表 3 个数据，却引用标签为 6 的数据
```

（6）使用不存在的字典键值（导致"KeyError:'spam'"）。

该错误发生在如下代码中：

```
1   spam = {'cat': 'Zophie', 'dog': 'Basil', 'mouse': 'Whiskers'}
2   # 字典中没有'zebra'键
3   print('The name of my pet zebra is' + spam['zebra'])
```

（7）忘记在 if，elif，else，for，while，class，def 声明末尾添加 ":"，（导致 "SyntaxError：invalid syntax"）。

该错误将发生在类似如下代码中：

```
1   if spam = = 42                                  # 末尾没有加":"
2   print('Hello!')
```

（8）使用"= "而不是"= = "（导致"SyntaxError：invalid syntax"）。

"="是赋值操作符而"=="是比较是否相等操作。

该错误发生在如下代码中：

```
1   if spam = 42:        # 应当使用"= ="作为判断是否等于，"="是赋值的含义
2   print('Hello!')
```

（9）使用错误的缩进量（导致"IndentationError：unexpected indent""IndentationError：unindent does not match any outer indentation level"以及"IndentationError：expected an indented block"）。

记住缩进增加只用在：完毕的语句之后，而之后必须恢复到之前的缩进格式。该错误发生在如下代码中：

```
1  print('Hello! ')
2    print('Howdy! ')                          # 错误的缩进量
```

或者：

```
1  if spam = = 42:
2    print('Hello!')                           # 错误的缩进量
3  print('Howdy!')
```

（10）缺少安装包。

```
import pandas as pd
```

如果并没有安装 requests 库，程序在执行时就会报错"ImportError：No module named requests"，使用 pip 安装这个库就好了。

（11）文件路径错误。

```
1  f = open('a.txt')            # 路径中不存在这个文件
2  print(f.read())
```

如果根本不存在 a. txt 这个文件，那么就会报错"FileNotFoundError：No such file or directory：'a. txt'"，打开一个不存在的文件，就会引发 FileNotFoundError。需要检查路径里究竟用的是/还是\，另外需要检查是不是隐藏了文件的拓展名。

FileNotFoundError 的问题解决

在用 Python 读取文件的时候，容易遇到的一个错误是 FileNotFoundError，也就是无法找到文件的错误。这个错误的出现与路径的操作密切相关。

Python 当中分为绝对路径和相对路径。

1. 相对路径

本书前面的代码在读取文件时，很多没有指明文件所在的目录。默认情况下，Python会以执行 Python 命令的目录为起点查找文件。

实际使用时，把数据文件和 Python 文件以及 Jupyter Notebook 的 .ipynb 文件放到同一个路径（同一个文件夹）可以实现最简单的相对路径，如图 D-1 所示。

名称	修改日期	类型	大小
002415FinancialRatios	2023/6/28 10:06	Microsoft Excel 工...	11 KB
附录	2023/6/18 10:43	Jupyter 源文件	31 KB

图 D-1　文件放在同一目录

代码实现：

```
1  import pandas as pd
2  df=pd.read_excel("002415FinancialRatios.xlsx")
3  df
```

2. 绝对路径

相对路径虽然方便，但也有很大的局限性，在不同的目录下执行程序可能会产生不同的结果。为了稳定可靠，我们可以指定文件的完整目录，也就是绝对路径。这样不管在哪里执行程序，都能够正确地读取到文件。有关代码及运行结果如下。

代码实现：

```
1  import pandas as pd
2  df=pd.read_excel(r"D:\Pythondata\002415FinancialRatios.xlsx")
3  df
```

运行结果：

	Unnamed: 0	2022	2021	2020	2019	2018	2017
0	科目\时间	NaN	NaN	NaN	NaN	NaN	NaN
1	销售净利率	16.30%	21.51%	21.54%	21.62%	22.84%	22.38%
2	销售毛利率	42.29%	44.33%	46.53%	45.99%	44.85%	44.00%
3	存货周转天数(天)	138.66	116.95	120.57	98.23	69.85	67.23
4	应收账款周转天数(天)	121.38	106.46	122.7	118.41	113.14	111.46
5	流动比率	2.85	2.58	2.39	2.72	2.17	2.6
6	速动比率	2.23	1.97	1.97	2.18	1.88	2.06
7	净资产收益率	19.62%	28.99%	27.72%	30.53%	33.99%	34.96%
8	资产负债率	38.80%	37.04%	38.58%	39.66%	40.20%	40.66%

上述代码的第二行是在设置数据集的绝对访问路径。在这种情况下，文件路径需要用英文引号引起来。这种访问形式被称为绝对引用。

3. 转义字符

文件路径以字符串方式进行存储，注意在字符串的最左边加上 r，是告诉解释器所有字符按照原本的样子进行解释。"r"是"raw"的简写，意思是"未加工的，原料"。在 Python 字符串前面，表示"按原样输出字符串"。Python 不会去对一些符号转义。

4. 快速获得文件路径

采用绝对路径来读取文件时，需要获得文件路径，主要有以下两种方法：

1）通过文件右键菜单获得文件路径

win11 直接获得文件绝对路径的方法。在资源管理器中选定文件后右键点击，找到复制文件地址(Copy as path)(快捷键为 Ctrl＋Shift＋C)，即可获得文件地址。

win10 直接获得文件绝对路径的方法。步骤 1：在资源管理器中，选择需要提取路径的文件夹或文件，按下 Shift 键，同时单击右键。步骤 2：出现并选择"复制文件地址"，如图 D-2 所示。

2）资源管理器选中文件时通过菜单复制路径

具体步骤如下：

步骤 1：选择需要提取路径的文件，点击选择"主页"标签。

步骤 2：点击"复制路径"，如图 D-3 所示。

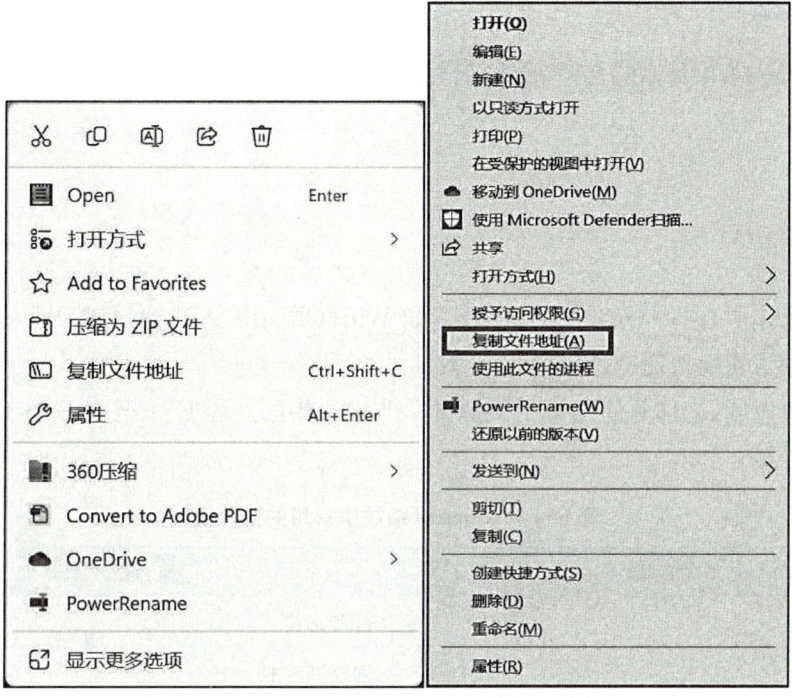

图 D-2   Win11/Win10 右键复制文件地址

图 D-3   资源管理器主页标签"复制路径"

附录 E

常 用 快 捷 键

计算机操作中有些十分常用的快捷键,如 Win11 调用输入法快捷键:Win+Space(空格键);中英文输入切换快捷键:Shift。

为了加快速度,记住并使用常用快捷键是非常有用的。表 E-1 至表 E-6 列示了常用的快捷键。

表 E-1　Windows 系统中常用的快捷键

快捷键	执行的操作
Ctrl+O	打开文档
Ctrl+N	创建新文档
Ctrl+S	保存文档
Ctrl+W	关闭文档
Ctrl+X	将所选内容剪切到剪贴板
Ctrl+C	将所选内容复制到剪贴板
Ctrl+V	粘贴剪贴板的内容
Ctrl+A	选择所有文档内容
Ctrl+B	对文本应用加粗格式
Ctrl+I	将斜体格式应用于文本
Ctrl+U	对文本应用下划线格式
Ctrl+左括号([)	逐磅减小字号
Ctrl+右括号(])	逐磅增大字号
Ctrl+E	居中文本
Ctrl+L	将文本向左对齐
Ctrl+R	将文本向右对齐
Esc	取消命令
Ctrl+Z	撤消上一个操作
Ctrl+Y	如果可能,请恢复上一个操作

（续表）

快捷键	执行的操作
Alt＋W、Q,然后使用"缩放"对话框中的 Tab 键转到所需的值	调整缩放比例
Ctrl＋Alt＋S	拆分文档窗口
Alt＋Shift＋C 或 Ctrl＋Alt＋S	撤消拆分文档窗口

表 E-2　导航文档快捷键

快捷键	执行的操作
Ctrl＋向左键	将光标向左移动一个单词
Ctrl＋向右键	将光标向右移动一个单词
Ctrl＋向上键	将光标向上移动一个段落
Ctrl＋向下键	将光标向下移动一个段落
End	将光标移动到当前行的末尾
主页	将光标移动到当前行的开头
Ctrl＋Alt＋Page Up	将光标移动到屏幕顶部
Ctrl＋Alt＋Page Down	将光标移动到屏幕底部
Page up	通过将文档视图向上滚动一个屏幕来移动光标
Page down	通过将文档视图向下滚动一个屏幕来移动光标
Ctrl＋Page Down	将光标移动到下一页的顶部
Ctrl＋Page up	将光标移动到上一页的顶部
Ctrl＋End	将光标移动到文档的末尾
Ctrl＋Home	将光标移动到文档的开头

表 E-3　选定文字和图形快捷键

快捷键	执行的操作
Shift＋箭头键	选择文本
Ctrl＋Shift＋向左键	选择左侧的单词
Ctrl＋Shift＋向右键	选择右侧的单词
Shift＋Home	从当前位置选择当前行的开头
Shift＋End	从当前位置选择当前行的末尾
Ctrl＋Shift＋向上箭头键	从当前位置选择当前段落的开头
Ctrl＋Shift＋向下箭头键	从当前位置选择当前段落的末尾

（续表）

快捷键	执行的操作
Shift＋Page up	从屏幕顶部的当前位置选择
Shift＋Page down	从屏幕底部的当前位置选择
Ctrl＋Shift＋Home	从当前位置选择文档的开头
Ctrl＋Shift＋End	从当前位置选择文档末尾
Ctrl＋Alt＋Shift＋Page down	从窗口底部的当前位置选择
Ctrl＋A	选择所有文档内容

表 E-4　向左/右删除一个字词的快捷键

快捷键	执行的操作
Ctrl＋Backspace	向左删除一个字词
Ctrl＋Delete	向右删除一个字词

表 E-5　复制、粘贴及其他常规的快捷键

快捷键	执行的操作
Ctrl＋X	剪切选定项
Ctrl＋C(或 Ctrl＋Insert)	复制选定项
Ctrl＋V(或 Shift＋Insert)	粘贴选定项
Ctrl＋Z	撤消操作
Alt＋Tab	在打开的应用之间切换
Alt＋F4	关闭活动项,或者退出活动应用
Windows 徽标键＋L	锁定你的电脑
Windows 徽标键＋D	显示和隐藏桌面
F2	重命名所选项目
F3	在文件资源管理器中搜索文件或文件夹
F4	在文件资源管理器中显示地址栏列表
F5	刷新活动窗口
F6	循环浏览窗口中或桌面上的屏幕元素
F10	激活活动应用中的菜单栏
Alt＋F8	在登录屏幕上显示你的密码
Alt＋Esc	按项目打开顺序循环浏览
Alt＋带下划线的字母	执行该字母相关的命令

（续表）

快捷键	执行的操作
Alt＋Enter	显示所选项目的属性
Alt＋空格键	打开活动窗口的快捷菜单
Alt＋向左键	返回
Alt＋向右键	前进
Alt＋Page Up	向上移动一个屏幕
Alt＋Page Down	向下移动一个屏幕
Ctrl＋F4	关闭活动文档（在可全屏显示并允许你同时打开多个文档的应用中）
Ctrl＋A	选择文档或窗口中的所有项目
Ctrl＋D(或 Delete)	删除选定项,将其移至回收站
Ctrl＋E	打开搜索（在大多数应用中）
Ctrl＋R(或 F5)	刷新活动窗口
Ctrl＋Y	恢复操作
Ctrl＋向右键	将光标移动到下一个字词的起始处
Ctrl＋向左键	将光标移动到上一个字词的起始处
Ctrl＋向下键	将光标移动到下一段落的起始处
Ctrl＋向上键	将光标移动到上一段落的起始处
Ctrl＋Alt＋Tab	使用箭头键在所有打开的应用之间进行切换
Alt＋Shift＋箭头键	当组或磁贴的焦点放在"开始"菜单上时,可将其朝指定方向移动
Ctrl＋Shift＋箭头键	当磁贴的焦点放在"开始"菜单上时,将其移到另一个磁贴即可创建一个文件夹
Ctrl＋箭头键	打开"开始"菜单后调整其大小
Ctrl＋箭头键(移至某个项目)＋空格键	选择窗口中或桌面上的多个单独项目
Ctrl＋Shift(及箭头键)	选择文本块
Ctrl＋Esc	打开"开始"菜单
Ctrl＋Shift＋Esc	打开任务管理器
Ctrl＋Shift	如果多种键盘布局可用,则可切换键盘布局
Ctrl＋空格键	打开或关闭中文输入法编辑器（IME）
Shift＋F10	显示选定项的快捷菜单
按 Shift 与任何箭头键	在窗口中或桌面上选择多个项目,或在文档中选择文本

（续表）

快捷键	执行的操作
Shift＋Delete	删除选定项，无需先移动到回收站
向右键	打开右侧的下一个菜单，或打开子菜单
向左键	打开左侧的下一个菜单，或关闭子菜单
Esc	停止或离开当前任务

表 E-6　常用及易忽略快捷键

情况	使用
VS code 界面文字过大或过小	Ctrl＋'＋'或 Ctrl＋'－'（按下 Ctrl 不松开，再点击加号或减号）。
VS code 误操作导致全屏（找不到任务栏及开始菜单）	F11（退出全屏）。
启用及禁用行号：单个单元格	命令模式下，点击 L 键。
启用及禁用行号：整个 Jupyter Notebook	命令模式下，点击 Shift＋L。